校企合作双元开发新形态“互联网+”创新型教材
高等职业教育机械设计制造类“十四五”应用型人才培养规划教材

工程材料及热处理

（智媒体版）

主　　编　许桂云　宋绍峰　杨　阳
副 主 编　袁　秋　马朝平　刘秀珍　柳光利
参　　编　陈亚茹　黄　印　孙汇彬
主　　审　林昌华
企业顾问　谢志敏　张德勇　孟晓敏　袁国兵
　　　　　宁国松　马一龙

西南交通大学出版社
·成　都·

内容简介

本书以培养适应现代机械制造业发展的应用型高层次技术技能人才为目标，以工程材料的选用及实践技能训练为重点，注重培养学生分析问题、解决问题的能力，使其具备工程材料的选择应用能力和工程实践能力，既保证足够的理论知识深度，又强化专业技能实践。本书共分为9个项目，内容包括工程材料及其性能、金属与合金、钢的热处理、工业用钢、铸铁、有色金属及其合金、非金属材料、新型材料、工程材料的合理选用，各项目由浅入深讲解理论基础知识，并设置针对性强的技能训练任务，强化学生实践技能的培养，以满足当前及未来制造业发展需要，助力"中国制造2025"。

本书可作为本科层次职业技术院校机械类、机电类及近机类专业教材，也可作为应用型本科院校、高职专科院校自学用书和职业技能培训用书。

图书在版编目（CIP）数据

工程材料及热处理：智媒体版 / 许桂云，宋绍峰，杨阳主编. —成都：西南交通大学出版社，2022.3

校企合作双元开发新形态"互联网+"创新型教材 高等职业教育机械设计制造类"十四五"应用型人才培养规划教材

ISBN 978-7-5643-8465-4

Ⅰ. ①工… Ⅱ. ①许… ②宋… ③杨… Ⅲ. ①工程材料－高等职业教育－教材②热处理－高等职业教育－教材 Ⅳ. ①TB3②TG15

中国版本图书馆 CIP 数据核字（2021）第 253517 号

校企合作双元开发新形态"互联网+"创新型教材
高等职业教育机械设计制造类"十四五"应用型人才培养规划教材

Gongcheng Cailiao ji Rechuli（Zhimeiti Ban）

工程材料及热处理（智媒体版）

主编 许桂云 宋绍峰 杨 阳

责任编辑 李 伟
封面设计 何东琳设计工作室

出版发行 西南交通大学出版社
（四川省成都市金牛区二环路北一段 111 号
西南交通大学创新大厦 21 楼）
邮政编码 610031
发行部电话 028-87600564 028-87600533
网址 http://www.xnjdcbs.com
印刷 四川煤田地质制图印刷厂

成品尺寸 185 mm × 260 mm
印张 15.5
字数 405 千
版次 2022 年 3 月第 1 版
印次 2022 年 3 月第 1 次
书号 ISBN 978-7-5643-8465-4
定价 49.00 元

课件咨询电话：028-81435775
图书如有印装质量问题 本社负责退换

前言
PREFACE

“工程材料及热处理”是高等职业教育机械类专业的一门基础课。本书针对国家关于职业教育强化实践教学的要求，开展校企合作开发教学内容，让学生在完成具体项目理论基础知识的过程中，掌握金属材料性能及测试，二元合金相图、金相组织观察分析，热处理工艺知识，工业用钢、铸铁、有色金属及其合金、非金属材料及新型材料的性能及应用，机械零件材料选择原则及方法，了解新材料、新技术、新工艺及其发展概况，培养工程应用专业技能。

《国家职业教育改革实施方案》指明职业本科教育要注重实践教育、促进校企合作，《职业教育提质培优行动计划（2020—2023 年）》提出培养高素质创新型技术技能人才的要求，我校与企业工程技术人员进行深度合作，坚持理论知识够用、实践技能规范的原则，应用“互联网＋”技术作为辅助教学手段，对项目的知识重点与难点配置了三维可视化图像及视频，可通过二维码扫码获取，有利于学生自学或课前预习、课后复习。教材体系结构分为两部分：理论基础知识和实践技能训练，注重实践教学，创新意识培养。

本书包括 9 个项目，每个项目内容按照基础理论知识、实践技能任务的顺序编写，基本按照企业真实的工作环境来设置实践训练项目。

本书由许桂云、宋绍峰、杨阳担任主编，袁秋、马朝平、刘秀珍、柳光利担任副主编，具体分工如下：项目 1 由柳光利编写，项目 2 由马朝平编写，项目 3、项目 7 由袁秋编写，项目 4 由刘秀珍编写，绪论、项目 5 及项目 8 由宋绍峰编写，项目 6、项目 9 由许桂云编写，杨阳参与项目 1、5、6 的编写，陈亚茹、黄印、孙汇彬参与教材编写、教学资源收集和整理工作等，许桂云、宋绍峰负责统稿。全书由林昌华教授担任主审，重庆红宇精密工业集团有限公司品质部部长谢志敏高级工程师、重庆嘉陵特种装备有限公司国家级大师工作室领衔人/高级技师张德勇、重庆诺奖二维材料研究院有限公司工程师孟晓敏、北京元道航空科技有限责任公司工程师袁国兵、重庆华数机器人有限公司工程师宁国松、重庆长安汽车股份有限公司工程师马一龙等担任企业顾问。

由于编者水平有限，书中难免存在疏漏和不足之处，敬请广大读者批评指正。

编　者

2021 年 10 月

数字资源列表

序号	项目	资源名称	资源类型	页码
1	项目 1	低碳钢拉伸各阶段试样的变化	动画	008
2		拉伸曲线	动画	008
3		布氏硬度测量过程	动画	010
4		布氏硬度试验原理	动画	010
5		洛氏硬度测量过程	动画	010
6		洛氏硬度试验原理	动画	010
7		维氏硬度试验原理	动画	010
8		摆锤式冲击试验原理	动画	011
9		项目 1 答案	文本	020
10	项目 2	晶胞动画	动画	023
11		体心立方晶胞模型	动画	024
12		螺型位错	动画	028
13		渗碳体	动画	043
14		Fe-Fe_3C 相图分析　铁碳相图组织转变	动画	044
15		项目 2 答案	文本	057
16	项目 3	共析钢中奥氏体形成过程	动画	060
17		下贝氏体的形成过程	动画	066
18		片状马氏体的形成过程	动画	067
19		退火	视频	068
20		淬火	视频	071
21		调质处理	视频	074
22		感应淬火	视频	074
23		项目 3 答案	文本	084

续表

序号	项目	资源名称	资源类型	页码
24	项目 4	项目 4 答案	文本	119
25	项目 5	铸铁冶炼	视频	121
26		铸铁石墨化过程	动画	123
27		铸铁的分类	动画	124
28		灰铸铁和球墨铸铁	视频	126
29		可锻铸铁与灰口铸铁	视频	134
30		项目 5 答案	文本	139
31	项目 6	项目 6 答案	文本	166
32	项目 7	螺杆式注射机注射成型	视频	174
33		挤出成型原理	视频	175
34		项目 7 答案	文本	190
35	项目 8	形状记忆合金	视频	194
36		超导材料	动画	197
37		非晶态合金	动画	202
38		储氢合金	动画	205
39		纳米材料	动画	207
40		项目 8 答案	文本	213
41	项目 9	减速器主要零件选材	视频	221
42		项目 9 答案	文本	237

目录
CONTENTS

0 绪论

0.1 概述

现代材料种类繁多，据统计，目前世界上的材料总和已达 40 万种，而工程材料是机械产品制造所必需的物质基础，是工业的“粮食”。工程材料的使用与人类文明进步密切相关，人类文明的历史就是材料发展的历史，其众多成果标志着人类文明的发展水平。至此，历史学家们将人类的历史按材料的使用情况划分成了石器时代、陶器时代、青铜器时代、铁器时代、新材料时代和纳米时代等。早在公元前 2000 年左右的青铜器时代，人类就开始对材料进行冶炼和加工制造。在夏代，我国就掌握了青铜冶炼术，到距今 3000 多年的殷商、西周时期，该技术达到了当时的世界高峰，用青铜制造的生产工具、生活用具、兵器和马饰得到普遍应用。河南安阳武官村挖掘出来的重达 875 kg 的后母戊鼎，不仅体积庞大，而且花纹精巧、造型美观。湖北江陵楚墓中发现的埋藏 2000 多年的越王勾践的宝剑仍金光闪闪，说明当时人们已掌握了锻造和热处理技术。春秋战国时期，我国开始大量使用铁器，白口铸铁、灰口铸铁、可锻铸铁等相继出现。公元 1637 年，明代科学家宋应星编著了闻名世界的《天工开物》，该书详细记载了冶铁、铸造、锻铁、淬火等各种金属加工制造方法，是最早涉及工程材料及成型技术的著作之一。对于陶瓷及天然高分子材料（如丝绸），我国也曾远销欧亚诸国，踏出了举世闻名的丝绸之路，为世界文明史添上了光辉的一页。19 世纪以来，工程材料获得了高速发展，到 20 世纪中期，金属材料的使用达到鼎盛时期，在机械制造业（如电工设备、农用机械、化工和纺织机械等）中，钢铁材料使用占比约 90%，有色金属占比约 5%；而汽车制造业中，有色金属与塑料的比例稍稍提高。工程材料的发展趋势将是传统材料不断扩大品种规模，降低成本提高性能质量；新材料应用推广特别是人工合成材料等的快速发展，形成金属、高分子、陶瓷及复合材料三分天下的时代。另外，功能材料、纳米材料等高科技材料的加速研究，逐渐成熟并获得应用。显然，工程材料已成为所有科技进步的核心关键。

实践证明，生产制造中往往由于选材不当或热处理不妥，致使机械零件使用性能达不到规定技术要求，从而导致零件在使用服役过程中诱发过量变形、过早磨损或诱发裂纹等而早期失效。所以，在生产实践中合理选定材料和热处理方法、正确制定工艺路线，对充分发挥材料本身的性能潜力，保证材料具有良好的加工性能，获得理想可靠的使用性能，对提高产品质量、节约材料、降低成本等都起着至关重要的作用。

目前，金属材料仍是机械产品应用中最主要的材料，它包括铁和以铁为基的合金（俗称黑色金属），如钢、铸铁和铁合金等；非铁金属材料（俗称有色金属），如铜及铜合金、铝及铝合金等。金属材料的性能与其化学成分、显微组织及加工工艺之间有着密切的联系，了解它们之间的关系，掌握它们之间的一些变化规律，是有效使用材料的必备之需。本书在概括阐述材料及合金的一般规律的基础上，以最常用的金属材料钢为实例，较详细地介绍了钢的性能与化学成分、显微组织和热处理工艺之间的关系。

0.2 本课程在教学中的地位

随着机械化生产规模的日益扩大，机械工业正朝着高速、自动、精密方向迅速发展，在机械产品的设计制造过程中，所遇到的材料及热处理方面的问题日益增多。在冶金、动力、化工、石油、轻纺、采矿、食品等许多部门工作的工作人员，都会经常触及不同类型的材料，这要求他们必须对材料具备一定的基础知识。因此，工程材料及热处理如同机械设计、机械制造、电工学、计算机应用技术一样，是高等学校工科的一门重要的技术基础课。

工程材料及热处理将为有关专业学生学习机械类、机电类课程提供必要的理论基础。

工程材料及热处理将使从事产品设计、工艺制定、管理等技术人员在了解产品结构、选材、选购设备、使用维护、产品故障分析等方面获得必要的基本知识。

通过本课程的基础理论和课程实践学习，学生可初步掌握材料性能知识、材料热处理工艺设计、工程材料的选用及维护等知识和技能，为日后产品技术革新创造条件。

工程材料及热处理是机械类多学科理论和实践的基础。其应放在机械类主干专业课程前先修，之后再进行机械设计、机械制造、金属切削机床、金属切削原理及刀具等课程的学习。

更加广泛地应用低成本、高效率、高性能、高可靠的材料于工程各界，升级优化传统、研发推广更加先进适用的材料，全面实现机械化、自动化，对发展我国国民经济、加速推进实现我国现代化建设具有十分重要的意义。可以预见，在实现我国第二个百年奋斗目标的进程中，工程材料及热处理这门学科必将发挥越来越大的作用，而它自身也将会得到更大的发展。

0.3 本课程的内容及学习要求

本书包括 9 个项目，项目 1 重点阐述了工程材料的性能及其对应关系；项目 2 重点阐述了金属与合金相关知识；项目 3 重点阐述了钢的热处理原理，常见工程材料的热处理方法及应用；

项目 4 重点阐述了工业用钢分类、特性及其应用；项目 5 重点阐述了铸铁的相关知识；项目 6 重点阐述了有色金属及其合金；项目 7 重点阐述了非金属材料；项目 8 重点阐述了新型材料；项目 9 重点阐述了工程材料的合理选用。

工程材料及热处理的教学目的和任务是使学生获得常用工程材料的基础知识，为学习其他有关课程和将来从事生产技术工作奠定必要的基础。学完本课程后应达到下列基本要求：

（1）掌握常用工程材料的成分、组织结构、热处理工艺与性能之间的关系及变化规律；

（2）掌握常用工程材料的性能与应用，具备选用常用机械工程材料和改变材料性能方法的初步能力；

（3）了解与课程有关的新材料、新技术、新工艺及其发展概况。

0.4 本课程的学习方法

本课程立足实践性和实用性，强化实践环节，坚持科学性、适用性、特色性原则，以培养适应现代智能制造业发展的高层次技术技能人才为目标，注重培养学生分析问题、解决问题的能力，既保证足够的理论知识深度，又强化了专业技能实践。因此，学习本书时必须重视实践环节，必须通过试验、现场实习、金工实习及工厂实训来更好地体会、理解，在不断的实训中加深对书中理论知识的理解和应用。

本书体系结构分为两部分：理论基础知识和技能实践。重点项目设置了针对性强的技能训练任务，强化学生实践技能培养，以满足当前及未来制造业发展需要。为了强化理论性效果，增强学生的学习直观性，提高学生的学习兴趣，结合“互联网 +”技术，在书中增加模拟动画、视频等数字化教学资源，通过扫描二维码即可查看。

各类学校不同专业在应用本书时，可根据需要灵活安排项目和学时。书中有些项目除可以采取课堂教授外，还可根据学校资源酌情采取认知实习、专家讲座、参与企业活动、课程设计等方式强化学习。

项目 1 工程材料及其性能

知识目标

- 了解工程材料的概念、分类及常用性能。
- 掌握金属材料的常用力学性能指标。
- 了解金属材料的物理、化学及工艺性能。

技能目标

- 熟练掌握金属材料的力学性能等基本概念。
- 能够根据零件的使用条件，选择金属材料的使用性能指标。
- 能够根据零件的使用条件，选择金属材料的工艺性能指标。

素养目标

- 培养听课专注、思维积极、独立完成作业、刻苦耐劳的精神。
- 培养科学严谨、勤劳务实、坚忍不拔的品格，遵守纪律、忠恕任事。
- 培养工匠精神，养成“怀匠心、铸匠魂、守匠情、践匠行”的精神，促进学生生成“匠意、匠思、匠智”。

任务导航

- 任务 1.1　工程材料及其分类认知学习
- 任务 1.2　金属材料的性能认知学习
- 任务 1.3　实践技能训练

引导案例

1998 年 6 月 3 日，由慕尼黑开往汉堡的德国 ICE884 次高速列车，以速度 200 km/h 运行至距汉诺威东北方向附近的小镇埃舍德时，发生了第二次世界大战后德国最为惨重的列车脱轨行车事故。该列车由 2 节机车和 12 节车厢组成，事故发生后 12 节车厢全部脱轨。第一节车厢被抛向空中，接着又摔落在地面，后面的车厢则相互碰撞，扭曲地挤压在一起。在短短 100 多秒的时间里，车厢内的 400 名乘客有 101 人丧生，105 人受重伤。

事后经过调查，人们发现造成事故的原因竟然是因为一节车厢的车轮“内部疲劳断裂”引起的。首先是一个车轮的轮箍发生断裂，导致车轮脱轨，进而造成车厢横摆，此时列车正好过桥，横摆的车厢以其巨大的力量将桥墩撞断，造成桥梁坍塌，压住了通过的列车车厢，并使已通过桥洞的车头及前 5 节车厢断开，而后面的几节车厢则在巨大惯性的推动下接二连三地撞在坍塌的桥体上，从而导致了这场惨重的铁路事故，如图 1-1 所示。

（a）事故现场

（b）损坏的车轮

图 1-1　事故现场及损坏的车轮

造成事故的原因是车轮“内部疲劳断裂”，属于金属疲劳现象。金属疲劳是工程材料的一项力学性能指标，那什么是“金属疲劳”呢？除了金属疲劳，工程材料还有哪些性能指标呢？这些问题就是本项目所要讲解的内容：工程材料及其性能。

知识导学

任务 1.1　工程材料及其分类认知学习

材料是人类赖以生存和发展的物质基础。20 世纪 70 年代，人们把信息、材料和能源誉为当代文明的三大支柱。80 年代以高技术群为代表的新技术革命，又把新材料、信息技术和生物技术并列为新技术革命的重要标志。这主要是因为材料与国民经济建设、国防建设和人民生活密切相关。

工程材料是指在机械、船舶、化工、建筑、车辆、仪表、航空航天等工程领域中用于制造工程构件和机械零件的材料。工程材料有各种不同的分类方法，一般都将工程材料按化学成分分为金属材料、非金属材料、高分子材料和复合材料四大类。

1. 金属材料

金属材料具有良好的导电性、导热性、塑性和金属光泽，是目前用量最大、应用最广泛的工程材料，包括金属和以金属为基的合金。工业上把金属和其合金分为两大部分：

（1）黑色金属材料：铁和以铁为基的合金（钢、铸铁和铁合金）。

（2）有色金属材料：黑色金属以外的所有金属及其合金。

应用最广的是黑色金属。以铁为基的合金材料占整个结构材料和工具材料的 90.0%以上。黑色金属材料的工程性能比较优越，价格也较便宜，是最重要的工程金属材料。有色金属按照性能和特点可分为轻金属、易熔金属、难熔金属、贵金属、稀土金属和碱土金属。它们是重要的有特殊用途的材料。

2. 非金属材料

非金属材料也是重要的工程材料。它包括耐火材料、耐火隔热材料、耐蚀（酸）非金属材料和陶瓷材料等。

3. 高分子材料

高分子材料为有机合成材料，也称聚合物。它具有较高的强度、良好的塑性、较强的耐腐蚀性能、很好的绝缘性和质量轻等优良性能，在工程上是发展最快的一类新型结构材料。高分子材料种类很多，工程上通常根据机械性能和使用状态将其分为三大类：塑料、橡胶、合成纤维。

4. 复合材料

复合材料就是用两种或两种以上不同材料组合的材料，其性能是其他单质材料所不具备的。复合材料可以由各种不同种类的材料复合组成。它在强度、刚度和耐蚀性方面比单纯的金属、陶瓷和聚合物都优越，是特殊的工程材料，具有广阔的发展前景。复合材料分为金属基复合材料、陶瓷基复合材料、石墨基复合材料和聚合物基复合材料。

工程材料的常用性能主要指材料的使用性能和工艺性能。

使用性能指材料在使用条件下表现出的性能，包括强度、塑性和韧性等力学性能，声、光、电磁等物理性能，以及耐蚀性、抗氧化、耐热性等化学性能。

工艺性能指材料在加工过程中表现出的性能，如金属材料的铸造性能、锻造性能等。

任务 1.2 金属材料的性能认知学习

金属材料的性能一般分为使用性能和工艺性能两类。所谓使用性能，是指机械零件在使用条件下金属材料表现出来的性能，包括力学性能、物理性能和化学性能等。金属材料使用性能的好坏，决定了它的使用范围与使用寿命。所谓工艺性能，是指机械零件在加工制造过程中，金属材料在特定的冷、热加工条件下表现出来的性能。金属材料工艺性能的好坏，决定了它在制造过程中加工成型的适应能力。由于加工条件不同，要求的工艺性能也就不同，如铸造性能、可焊性、可锻性、热处理性能、切削加工性等。

1.2.1 使用性能

1. 力学性能

材料的力学性能是指材料在不同环境（温度、介质、湿度）下，承受各种外加载荷（拉伸、压缩、弯曲、扭转、冲击、交变应力等）时所表现出的力学特征。衡量材料力学性能的主要指标有强度、塑性、硬度、冲击韧性和疲劳强度等。材料的力学性能是零件设计、材料选择及工艺评定的主要依据。

1）强度和塑性

材料在外力作用下抵抗永久变形和破坏的能力称为强度。根据外力性质不同，强度可分为抗拉强度、抗压强度、抗弯强度、抗剪强度等。当承受拉力时，强度性能指标主要表现为屈服强度和抗拉强度。塑性是指材料在断裂前发生永久变形的能力。常用的塑性指标有断后伸长率（延伸率）和断面收缩率。

材料的强度指标和塑性指标是通过拉伸试验测定的。拉伸试验的试件要按国家标准规定的形状和尺寸，做成标准试样，以便比较不同材料的试验结果。对于金属材料，通常采用如图 1-2 所示的圆柱形标准试样。低碳钢是工程上使用最广泛的材料，同时，低碳钢试样在拉伸试验中所表现出的变形与抗力间的关系也比较典型。下面就以低碳钢的拉伸试验为例，介绍材料的强度指标和塑性指标。

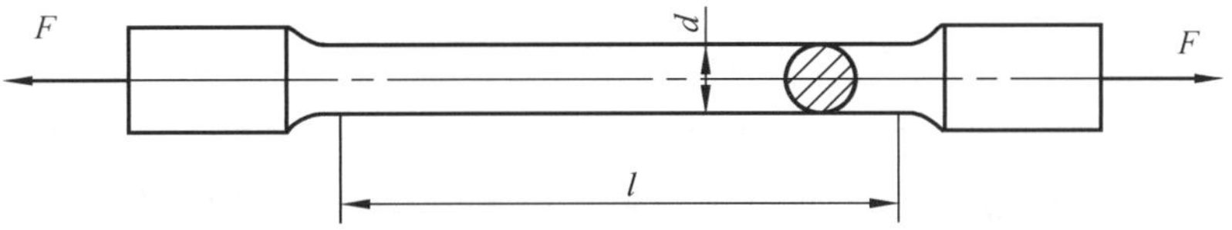

图 1-2 标准拉伸试样

在拉伸试验机上夹紧试样两端，缓慢施加轴向载荷，使之发生变形直至断裂。通过试验可以得到拉力与试样伸长量之间的关系曲线（即拉伸图）。试样的拉伸图与试样的几何尺寸有关，为了消除试样几何尺寸的影响，将拉伸过程中试样所受的力转化为试样单位截面面积上所受的力（称为应力），试样伸长量转化为试样单位长度上的伸长量（称为应变），得到应力-应变曲线，如图 1-3 所示，其形状与拉伸图完全一致。

低碳钢的拉伸试验大致可分为以下 4 个阶段。

（1）弹性阶段。由图 1-3 可知，应力-应变曲线中 OP 段为一条倾斜直线，此时应力和应变成比例关系，P 点所对应的应力为保持这种比例关系的最大应力，称为比例极限，用 R_P 表示。图中的 PA 段，应力超过比例极限 R_P，应力与应变不再是线性关系。但当应力不超过 A 点所对应的应力时，卸载后，变形仍可完全消失，这种变形为弹性变形，R_A 称为弹性极限。

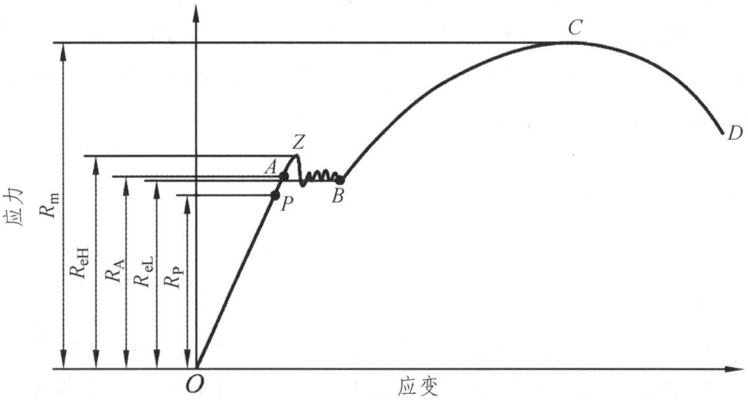

图 1-3　低碳钢的应力-应变曲线

低碳钢拉伸各阶段试样的变化

拉伸曲线

材料在 *OP* 段，其应力和应变成正比，其比值称为弹性模量，用 *E* 表示，单位符号为 MPa。刚度是指材料在受力时抵抗弹性变形的能力，是材料产生弹性变形难易程度的表征。材料的刚度通常用弹性模量 *E* 来衡量。弹性模量越大，材料产生一定量的弹性变形所需的应力就越大，表明材料越不易产生弹性变形，即材料的刚度大。如果材料的刚度不足，则易发生过大的弹性变形而产生失效。弹性模量的大小主要取决于材料的本性，一些处理方法（如热处理、合金化、冷热加工等）对它影响很小。常见金属的弹性模量见表 1-1。

表 1-1　常见金属的弹性模量

金　属	弹性模量 *E*/MPa	金　属	弹性模量 *E*/MPa
铝（Al）	72 000	铁（Fe）	214 000
铜（Cu）	132 400	镍（Ni）	210 000
镁（Mg）	45 000	钛（Ti）	118 000

（2）屈服阶段。当应力超过 *A* 点增加到某一数值时，在应力-应变曲线上出现锯齿形线段 *ZB*，此时应力几乎不变，而应变却显著增大，暂时失去抵抗变形的能力，这种现象称为屈服或流动。若卸去外加载荷，则试样会留下不能恢复的残余变形，这种不能随载荷去除而消失的残余变形称为塑性变形。在金属材料呈现屈服现象时，在试验期间发生塑性变形而力不增加的应力点称为屈服点，其所对应的强度称为屈服强度，屈服强度又分为上屈服强度 R_{eH} 和下屈服强度 R_{eL}，单位符号为 MPa。

对没有明显屈服现象的材料，国家标准规定取试样产生 0.2%的塑性应变时的应力值作为该材料的名义屈服强度，用 $R_{P0.2}$ 表示。机械零件在使用时，一般不允许发生塑性变形，所以屈服强度是衡量材料强度的一个重要指标。

（3）强化阶段。屈服阶段后，材料抵抗变形的能力有所恢复，在应力-应变曲线上自 *B* 点开始继续升高到 *C* 点为止。这种材料又恢复抵抗变形的能力的现象称为材料的强化。曲线最高点 *C* 对应的应力值用 R_m 表示，称为材料的抗拉强度，单位符号为 MPa，它是材料所能承受的最大应力。抗拉强度是衡量材料强度的另一个重要指标。

屈服强度与抗拉强度的比值称为屈强比。其值越大，越能发挥材料的潜力，减小结构的自重，其值越小，零件工作时的可靠性越高；其值太小，材料强度的有效利用率就会降低。因此，低合金结构钢的屈强比一般取 0.65 ~ 0.75。

（4）颈缩阶段。应力达到抗拉强度后，在试样的某一局部范围内，截面突然急剧缩小，这种现象称为颈缩。颈缩后，材料完全丧失承载能力，因而应力-应变曲线为一急剧下降的曲线 *CD*，直至试样被拉断。试样拉断后，弹性变形消失，塑性变形保留下来。根据拉断后的有关尺寸，定义以下两个塑性指标：

① 断后伸长率。断后伸长率是指试样拉断后标距长度的伸长量与原始标距长度的百分比，用 A 表示，即

$$A = \frac{L_u - L_0}{L_0} \times 100\% \tag{1-1}$$

式中，L_0 为试样原始标距长度（mm）；L_u 为试样拉断后最终标距长度（mm）。

断后伸长率的数值和试样标距长度有关。短试样的断后伸长率大于长试样的断后伸长率，所以相同试样的断后伸长率才能进行比较。

② 断面收缩率。断面收缩率是指断后试样横截面面积最大缩减量与原始横截面面积的百分比，用 Z 表示，即

$$Z = \frac{S_0 - S_u}{S_0} \times 100\% \tag{1-2}$$

式中，S_0 为试样原始横截面面积（mm^2）；S_u 为试样拉断后最终截面面积（mm^2）。

断后伸长率 A 和断面收缩率 Z 越大，材料的塑性越好。两者相比，用断面收缩率表示塑性比伸长率更接近真实变形。

金属材料具有一定的塑性才能进行各种变形加工。另一方面，材料具有一定的塑性，可以提高零件的使用可靠性，防止零件突然断裂破坏。

2）硬　度

材料局部抵抗硬物压入其表面的能力称为硬度。固体对外界物体入侵的局部抵抗能力，是比较各种材料软硬的指标。由于规定了不同的测试方法，所以有不同的硬度标准。各种硬度标准的力学含义不同，相互不能直接换算，但可通过试验加以对比。硬度分为以下 3 种：

（1）划痕硬度：主要用于比较不同矿物的软硬程度，方法是选一根一端硬一端软的棒，将被测材料沿棒划过，根据出现划痕的位置确定被测材料的软硬。定性地说，硬物体划出的划痕长，软物体划出的划痕短。

（2）压入硬度：主要用于金属材料，方法是用一定的载荷将规定的压头压入被测材料，以材料表面局部塑性变形的大小比较被测材料的软硬。由于压头、载荷以及载荷持续时间的不同，压入硬度有多种，主要是布氏硬度、洛氏硬度、维氏硬度和显微硬度等几种。

（3）回跳硬度：主要用于金属材料，方法是使一个特制的小锤从一定高度自由下落冲击被测材料的试样，并以试样在冲击过程中储存（继而释放）应变能的多少（通过小锤的回跳高度测定）确定材料的硬度。

硬度试验设备简单，操作方便，一般不需要破坏零件或构件，而且对于大多数金属材料，硬度与其他力学性能（如强度等）以及工艺性能（如切削加工性、焊接性等）之间存在着一定的对应关系。因此，在工程上，硬度被广泛用以检验原材料和热处理件的质量，

鉴定热处理工艺的合理性以及作为评定工艺性能的参考。

① 布氏硬度。布氏硬度的试验原理如图 1-4 所示。用一定大小的载荷 F 将直径为 D 的硬质合金球压入被测材料的表面，保持规定时间后卸去载荷，测量被测试样表面上所形成的压痕直径 d，用载荷值和压痕面积（mm^2）之比定义硬度值，用符号 HB 表示。布氏硬度 HB 的计算式为

$$\mathrm{HB}=\frac{2P}{\pi D\left(D-\sqrt{D^2-d^2}\right)} \qquad (1\text{-}3)$$

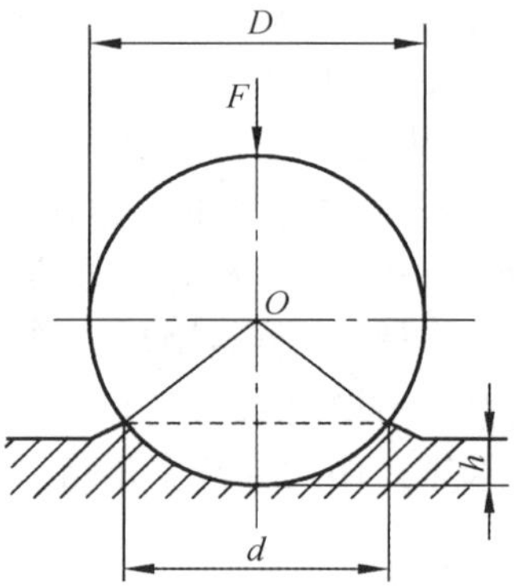

图 1-4　布氏硬度试验原理

布氏硬度测量过程

布氏硬度试验原理

布氏硬度试验的优点是具有较高的测量精度，数据重复性好，与强度之间存在一定的换算关系。缺点是不能测试较硬的材料；压痕较大，不适于成品检验。布氏硬度通常用来检验铸铁、有色金属、低合金钢等原材料和调质件的硬度。

② 洛氏硬度。洛氏硬度是以压痕塑性变形深度来确定硬度值的指标，以 0.002 mm 作为一个硬度单位。在洛氏硬度试验中采用不同的压头和不同的试验力，会产生不同的组合，对应于洛氏硬度不同的标尺。常用的有 3 个标尺，其应用涵盖了几乎所有常用的金属材料。

洛氏硬度（HR）测试，当被测样品过小或者布氏硬度（HB）大于 450 时，就改用洛氏硬度计量。洛氏硬度的试验原理如图 1-5 所示。用一个顶角为 120° 的金刚石圆锥体或直径为 1.5875 mm/3.175 mm/6.35 mm/12.7 mm 的钢球，在一定载荷下压入被测材料表面，由压痕深度求出材料的硬度。最常用的三种标尺为 A、B、C，即 HRA、HRB、HRC，要根据试验材料硬度的不同，选用不同硬度范围的标尺来表示。

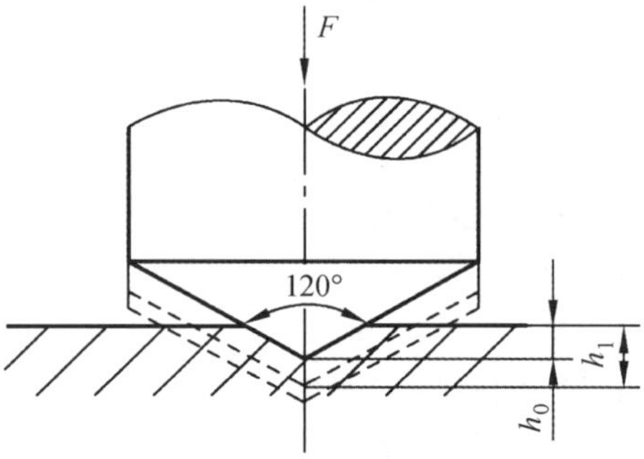

图 1-5　洛氏硬度试验原理

洛氏硬度测量过程

洛氏硬度试验原理

HRA：是采用 60 kg 载荷和钻石锥压入器求得的硬度，用于硬度较高的材料，如钢材薄板、硬质合金。

HRB：是采用 100 kg 载荷和直径 1.5875 mm 淬硬的钢球求得的硬度，用于硬度较低的材料，如软钢、有色金属、退火钢等。

HRC：是采用 150 kg 载荷和钻石锥压入器求得的硬度，用于硬度较高的材料，如淬火钢、铸铁等。

洛氏硬度试验操作简便、迅速，测量硬度值范围大，压痕小，可直接测量成品和较薄工件。但由于试验载荷较大，洛氏硬度试验不宜用来测定极薄工件及氮化层、金属镀层等的硬度。而且由于压痕小，对内部组织和硬度不均匀的材料，其测定结果波动较大，故需在不同位置测试多点的硬度值，最后取其算术平均值。洛氏硬度无单位，各标尺之间没有直接的对应关系。

③ 维氏硬度。维氏硬度的试验原理（见图1-6）与布氏硬度基本相同，也是根据压痕单位面积上的载荷来计算硬度值。所不同的是维氏硬度试验所用压头是一个相对面夹角为 136°的金刚石四棱锥体，在规定载荷 F 作用下压入被测试样表面，保持一定时间后卸除载荷，测量压痕对角线长度 d，进而计算出压痕表面积，最后求出压痕表面积上的平均压力，即为金属的维氏硬度值，用符号 HV 表示。在实际测量中，维氏硬度并不需要进行计算，而是根据所测 d 值，直接进行查表得到所测硬度值。

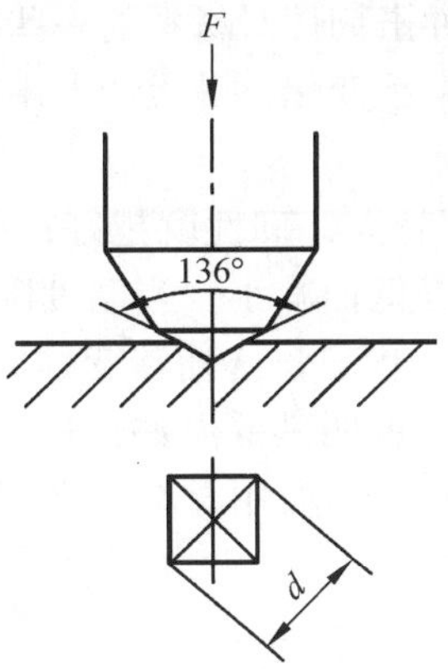

图 1-6　维氏硬度试验原理

维氏硬度试验原理

维氏硬度试验对试样表面质量要求较高，测试方法较为麻烦，但因所施加的试验载荷小，压入深度较浅，故可测定较薄或表面硬度值较大的材料的硬度。维氏硬度试验测定的硬度为 0 ~ 1000 HV，且连续性好，准确性高，弥补了布氏硬度因压头变形不能测高硬度材料及洛氏硬度受试验载荷与压头直径比的约束而硬度值不能换算的不足。

3）冲击韧性

强度、塑性、硬度都是在静载荷作用下测量的静态力学性能指标。许多零部件和工具在使用中要受到冲击载荷的作用，冲击载荷是在很短的时间内以很大的速度作用在构件上的载荷。材料在冲击载荷作用下吸收塑性变形功和断裂功的能力，称为冲击韧性，用 a_k 表示，反映材料内部的细微缺陷和抗冲击性能。工程上常用一次摆锤冲击弯曲试验来测定材料抵抗冲击载荷的能力，试验原理如图 1-7 所示。

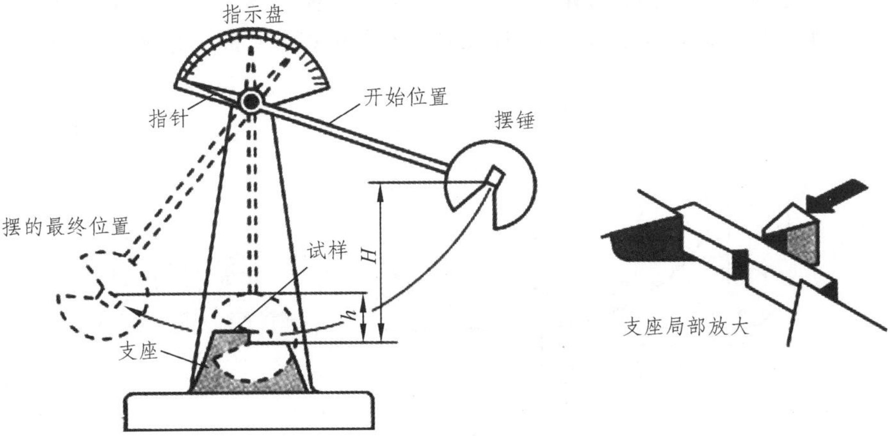

摆锤式冲击试验原理

图 1-7　摆锤式冲击试验原理

试验时，将试样放在试验机两支座上。将质量为 m 的摆锤升至一定高度 H，使它获得的位能为 mgH；再将摆锤释放，冲断试样后摆锤在另一边的高度为 h，相应位能为 mgh。冲断试样前后的能量差即为摆锤对冲击试样所做的功，称为冲击吸收功 A_k，即 $A_k = mgH - mgh$，单位符号为 J。试验时，冲击吸收功的数值可从冲击试验机的指示盘上直接读出。冲击韧性是指冲断试样时，在缺口处单位面积上所消耗的冲击吸收功，即 $a_k = A_k/S_0$，单位符号为 J/cm^2 或 kJ/m^2。

实践表明，冲击韧性对材料的一些缺陷很敏感，能够灵敏地反映出材料品质、宏观缺陷和显微组织方面的微小变化，是生产上用来检验冶炼、热加工得到的半成品和成品质量的有效方法之一。

材料的 a_k 值越大，韧性就越好；材料的 a_k 值越小，脆性就越大。研究表明，材料的 a_k 值随试验温度的降低而减小。当温度降至某一数值或范围时，a_k 值会急剧下降，材料则由韧性状态转变为脆性状态，这种转变称为冷脆转变，相应的温度称为冷脆转变温度。材料的冷脆转变温度越低，说明其低温冲击性能越好，允许使用的温度范围越大。因此，对于寒冷地区的桥梁、车辆等机件所用材料，必须进行低温（一般为 –40 °C）冲击弯曲试验，以防止低温脆性断裂。

4）疲　劳

（1）疲劳的概念。许多机械零件，如轴、齿轮、轴承、叶片、弹簧等，在工作过程中各点的应力随时间做周期性的变化。这种随时间做周期性变化的应力称为交变应力（也称循环应力）。在交变应力作用下，虽然零件所承受的应力低于材料的屈服强度，但经过较长时间的工作后产生裂纹或突然发生完全断裂的现象称为金属的疲劳。疲劳破坏是机械零件失效的主要原因之一。据统计，在机械零件失效中大约有 80%以上属于疲劳破坏，而且疲劳破坏前没有明显的变形，所以疲劳破坏经常造成重大事故，因此，对于轴、齿轮、轴承、叶片、弹簧等承受交变载荷的零件，要选择疲劳强度较好的材料来制造。

疲劳断裂的过程是一个损伤积累的过程。起初，在零件的表面或内部存在一些薄弱环节（如微裂纹），随着交变应力循环次数的增加，裂纹沿零件的某一截面向深处扩展，至某时刻剩余截面承受不了所受的应力，便会突然断裂。即零件的疲劳断裂过程可分为裂纹产生、裂纹扩展和瞬间断裂三个阶段。

（2）疲劳强度。在测定材料的疲劳强度时要用较多的试样，在不同循环应力作用下进行试验，做出疲劳曲线（材料所受交变应力 S 与其断裂前的应力循环次数 N_f 的关系曲线），如图 1-8 所示。

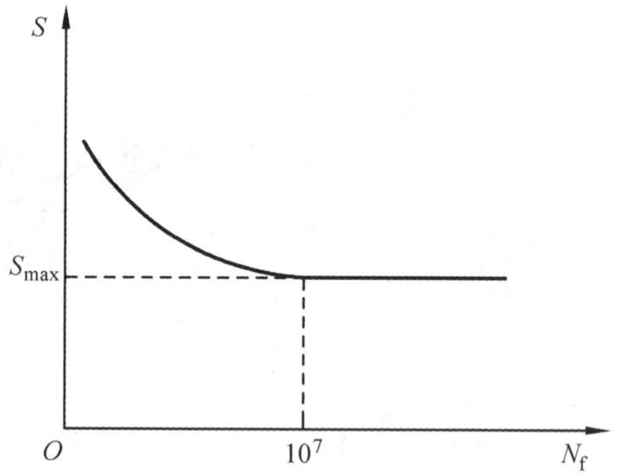

图 1-8　疲劳曲线

由图 1-8 可以看出，交变应力值越低，断裂前的循环次数越多；当应力降低到某一值后，曲线近乎水平直线，这表示当应力低于此值时，材料可经受无数次应力循环而不断裂。试样承受无数次应力循环或达到规定的循环次数才断裂的最大应力称为材料的疲劳强度。在疲劳强度的试验中，循环次数不可能无穷大，因此规定以一定的循环次数作为基数，超过这个基数就认为不再发生疲劳破坏。常用钢材的循环基数为 10^7，有色金属和某些超高强度钢材的循环基数为 10^8。影响疲劳强度的因素很多，除设计时在结构上注意减小零件应力集中外，改善零件表面粗糙度和进行热处理（如高频淬火、表面形变强化、化学热处理以及各种表面复合强化等）也是提高疲劳强度的方法。钢的疲劳强度为抗拉强度的 40% ~ 50%，有色金属的疲劳强度为抗拉强度的 25% ~ 50%。

2. 物理性能和化学性能

为了保证机械零件能正常工作，金属材料除了具备相应的力学性能外，还应具备一定的物理性能和化学性能。

1）物理性能

金属材料的物理性能是指金属在重力、电磁场、热力（温度）等物理因素作用下所表现出的性能或固有的属性。它包括密度、熔点、导热性、导电性、热膨胀性和磁性等。

（1）密度。材料单位体积的质量称为密度。密度是金属材料的特性之一，不同金属材料的密度是不同的。工程上通常用密度来计算零件毛坯的质量。金属材料的密度直接关系到由它所制成的零件或构件的质量或紧凑程度，这对要求减轻机件自重的航空和宇航工业制件（如飞机、火箭）具有特别重要的意义。用密度小的铝合金制作的零件质量比钢材制作的同样零件的质量轻 1/4 ~ 1/3。

（2）熔点。金属和合金从固态向液态转变时的温度称为熔点。纯金属都有固定的熔点，而合金的熔点取决于它的化学成分。如钢和生铁虽然都是铁和碳的合金，但由于含碳量不同，其熔点也不同。熔点是金属和合金冶炼、铸造、焊接时的重要工艺参数。熔点高的金属称为难熔金属（如钨、钼、钒等），可用来制造耐高温零件，它们在火箭、导弹、燃气轮机和喷气飞机等方面得到广泛应用；熔点低的金属称为易熔金属（如锡、铅等），它们可用来制造印刷铅字（铅与锑的合金）、熔丝（铅、锡、铋、镉的合金）和防火安全阀等。

（3）导热性。金属传导热量的能力称为导热性。金属导热能力的大小常用热导率（也称导热系数）λ 表示。金属材料的热导率越大，说明其导热性越好。一般来说，金属越纯，其导热能力越强。合金的导热能力比纯金属要差。金属的导热能力以银为最好，铜、铝次之。

导热性好的金属，其散热性也好。如在制造散热器、热交换器及活塞等时，就要注意选用导热性好的金属。在制定焊接、铸造、锻造和热处理工艺时，也必须考虑金属材料的导热性，防止金属材料在加热或冷却过程中形成较大的内应力，以免金属材料发生变形或开裂。

（4）热膨胀性。金属材料随温度变化而膨胀、收缩的特性称为热膨胀性。一般来说，金属受热时膨胀，体积增大；冷却时收缩，体积减小。

在实际工作中，考虑热膨胀性的地方很多，如铺设钢轨时，在两根钢轨衔接处应留有一定的空隙，以使钢轨在长度方向有膨胀的余地；在制定焊接、热处理、铸造等工艺时也必须考虑材料热膨胀的影响，尽量减少工件的变形与分裂；测量工件的尺寸时也要注意热膨胀因素，尽量减小测量误差。

（5）导电性。金属能够传导电流的性能，称为导电性。金属导电性的好坏常用电阻率 ρ 表示。电阻率越小，导电性就越好。导电性和导热性一样，是随合金化学成分的复杂化而降低的。纯金属的导电性总比合金要好。因此，工业上常用纯铜、纯铝作导电材料，而用导电性差的镍铬合金和铁铬铝合金作电热元件。

（6）磁性。金属材料在磁场中被磁化而呈现磁性强弱的性能称为磁性，通常用磁导率 μ 表示。根据金属材料在磁场中受到磁化程度的不同，金属材料可分为：

铁磁性材料——在外加磁场中能强烈地被磁化到很大程度的材料，如铁、镍、钴等。

顺磁性材料——在外加磁场中呈现十分微弱磁性的材料，如锰、铬、钼等。

抗磁性材料——能够抗拒或减弱外加磁场的磁化作用的金属，如铜、金、银、铅、锌等。

铁磁性材料可用于制造变压器、电动机、测量仪表等，抗磁性材料则可用作要求避免电磁场干扰的零件和结构材料。

2）化学性能

化学性能是指反映材料与各种化学试剂发生化学反应的可能性和反应速度大小的相关参数，主要有耐腐蚀性和抗氧化性。

（1）耐腐蚀性。金属材料在常温下抵抗氧、水蒸气及其他化学介质腐蚀破坏作用的能力，称为耐腐蚀性。金属材料的耐腐蚀性是一个重要的性能指标，尤其是在腐蚀介质（如酸、碱、盐、有毒气体等）中工作的零件，其腐蚀现象比在空气中更为严重。因此，在选择金属材料制造这些零件时，应特别注意金属材料的耐腐蚀性，并合理使用耐腐蚀性良好的金属材料来进行制造。一般来说，非金属材料的耐腐蚀性高于金属材料。在金属材料中，碳钢、铸铁的耐腐蚀性较差，而不锈钢、铝合金、铜合金、钛及其合金的耐腐蚀性较好。

（2）抗氧化性。金属材料抵抗高温氧化的能力称为抗氧化性。抗氧化性强的金属材料常在表面形成一层致密的保护性氧化膜，阻碍氧的进一步扩散，这类材料的氧化随时间的变化一般遵循抛物线规律，而多孔疏松或挥发性氧化物材料的氧化则遵循直线规律。氧化不仅会造成材料过量损耗，还会形成各种缺陷，为此应采取措施，避免金属材料发生氧化。

耐腐蚀性和抗氧化性统称为金属材料的化学稳定性。高温下的化学稳定性称为热化学稳定性。在高温下工作的热能设备（如锅炉、汽轮机、喷气发动机等）上的零件应选择热稳定性好的材料制造；在海水、酸、碱等腐蚀环境中工作的零件，必须采用化学稳定性良好的材料，如化工设备通常采用不锈钢来制造。

1.2.2 工艺性能

金属材料的一般加工过程如图 1-9 所示。

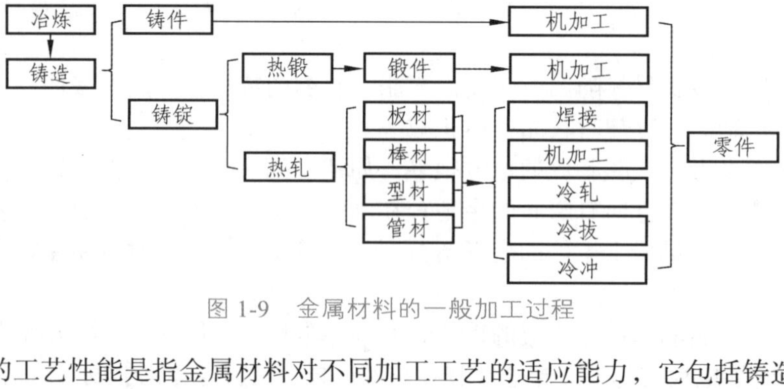

图 1-9　金属材料的一般加工过程

金属材料的工艺性能是指金属材料对不同加工工艺的适应能力，它包括铸造性能、锻压性能、焊接性能、切削加工性能和热处理性能等。工艺性能直接影响零件制造的工艺、质量及成本，是选材和制定零件工艺路线时必须考虑的重要因素。

1. 铸造性能

铸造性能是指铸造成型过程（见图 1-10）中获得外形准确、内部完好的铸件的能力。对于金属材料而言，评价铸造性能好坏的主要指标有金属液体的流动性、收缩特性、偏析倾向等。

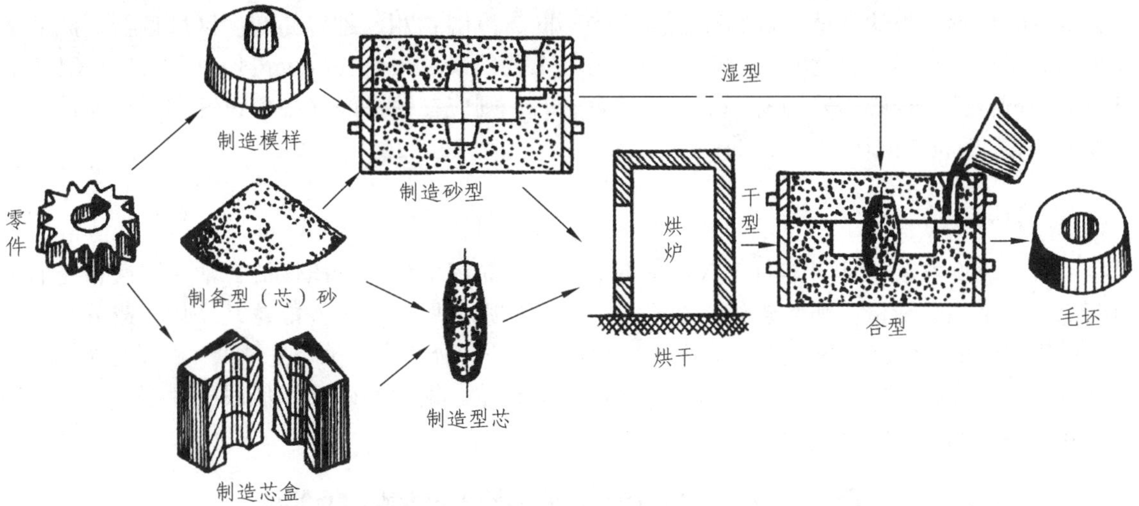

图 1-10　齿轮毛坯的砂型铸造过程

1）流动性

熔融金属的流动能力称为流动性。流动性好的金属充型能力强，能获得轮廓清晰、尺寸精确、外形完整的铸件，不易产生冷隔、浇不足等铸造缺陷，并对防止其他类缺陷（如缩孔、夹渣、气孔等）的产生也较为有利。在设计铸件的结构形状和轮廓尺寸时，尤其在确定铸件壁厚时要充分考虑金属材质的流动性。影响流动性的因素主要是化学成分和浇注的工艺条件。受化学成分的影响，通常各元素比例能达到同时结晶的成分（共晶成分）的合金的流动性最好。常用铸造合金中，灰铸件的流动性最好，铝合金次之，铸钢最差。浇注的工艺条件包括浇注温度、浇注压力、铸型的热导率及铸件复杂程度等。在已定金属成分的情况下，可通过调整这些工艺条件达到改善流动性的目的。

2）收缩特性

铸造合金由液态凝固及冷却至室温的过程中体积和尺寸减小的现象，称为收缩。合金从浇注温度冷却至常温的收缩共分为三个阶段：由浇注温度至凝固温度期间的收缩称为液态收缩，凝固温度范围内的收缩称为凝固收缩，从凝固终了温度冷却至常温阶段的收缩称为固态收缩。液态和凝固收缩通常以体收缩表示，其收缩值大小对铸件产生缩孔和缩松起决定性影响，而固态收缩通常以线收缩表示，又称为收缩率，它对铸件的尺寸精度、变形和铸件残留应力及冷裂纹的形成起主要作用。不同化学成分的合金所表现出的收缩倾向不同，如普通碳素钢的体收缩值为 10%～14.5%，线收缩率为 2%。而灰铸铁的体收缩率为 5%～8%，线收缩率约为 1%。合金的收缩特性除与化学成分有关外，还主要与铸件的结构形状、浇注温度、浇注速度、冷却方式等工艺条件有关。因此，在选择零件的合金时，要充分考虑它的收缩特性，优先选用收缩倾向小的合金。在设计铸件结构时，也要避免采用厚大截面，或局部凸厚、热节集中的结构，以减少缩孔、缩松等铸造缺陷的产生。

3）偏析倾向

铸件凝固后，在截面上各个部分及晶粒内部往往出现化学成分和组织不均匀的现象称为偏析。偏析可分为晶内偏析、区域偏析和比重偏析三种类型，后两者为宏观偏析。偏析使铸件的各部分性能不一致，严重影响铸件质量，往往使铸件报废。偏析的产生主要与合金的化学成分有关。不同化学成分的合金，其结晶温度范围不同，范围越宽，越容易产生区域偏析。此外，偏析倾向还与冷却凝固速度和凝固时所受压力等工艺因素有关。在确定铸件材质时应认真考虑材质的偏析特性，若必须采用易产生偏析的合金时，则应在铸件断面结构设计和选择铸造方法时充分注意，采取措施减少偏析的产生。

2. 锻压性能

用锻压成型方法（见图 1-11）获得优良锻件的难易程度称为锻压性能，常用塑性和变形抗力两个指标来综合衡量。塑性越好，变形抗力越小，则金属的锻压性能越好。化学成分会影响金属的锻压性能，纯金属的锻压性能优于一般合金。铁碳合金中，含碳量越低，锻压性能越好；合金钢中，合金元素的种类和含量越多，锻压性能越差。钢中的硫会降低锻压性能，金属组织的形式也会影响锻压性能。

图 1-11　水压机锻造

3. 焊接性能

焊接（见图 1-12）性能是指金属材料对焊接加工的适应性，也就是在一定的焊接工艺条件下获得优质焊接接头的难易程度。对于碳钢和低合金钢而言，焊接性能主要与其化学成分有关（其中碳的影响最大）。如低碳钢具有良好的焊接性能，而高碳钢和铸铁的焊接性能则较差。

图 1-12　手工电弧焊焊接

4. 切削加工性能

切削金属材料的难易程度称为金属材料的切削加工性能，一般用工件切削时的切削速度、切削抗力的大小、断屑能力、刀具的耐用度及加工后的表面粗糙度来衡量。影响切削加工性能的因素主要有化学成分、组织状态、硬度、韧性、导热性等。硬度低、韧性好、塑性好的材料，切屑黏附于刀刃而形成积屑瘤，切屑不易折断，致使表面粗糙度变差，并降低刀具的使用寿命；而硬度高、塑性差的材料，消耗功率大，产生热量多，并降低刀具的使用寿命。一般认为材料具有适当的硬度（160 ~ 230 HBW）和一定的脆性时，其切削加工性能较好，如灰铸铁比钢的切削加工性能好。

5. 热处理性能

热处理是改善钢切削加工性能的重要途径，也是改善材料力学性能的重要途径。热处理性能包括淬透性、淬硬性、变形开裂倾向、回火脆性倾向、氧化脱碳倾向等。碳钢热处理变形的程度与其含碳量有关。一般情况下，含碳量越高，变形与开裂倾向越大，而碳钢又比合金钢的变形开裂倾向严重。钢的淬硬性也主要取决于含碳量。含碳量高，材料的淬硬性好。

在金属材料的性能中，力学性能往往是选材的主要标准。但对于某些有特殊性能要求的零件，物理、化学性能又可能成为主要考虑的因素。材料的工艺性能往往也会影响到材料的选择，故在选材时要综合考虑。

案例释疑

造成德国高速列车事故的原因是车轮“内部疲劳断裂”，属于金属疲劳现象。由于金属材料表面或内部微观组织在冶炼、轧制或机械加工过程中，往往会产生一些气孔、砂眼、夹渣和划痕等缺陷。缺陷使金属组织不均匀，形成所谓应力集中。显然，在应力集中区，金属的承载能力最小，缺陷处会最先出现裂纹。裂纹使一部分金属失去承载能力，余下部分的应力将随之增加。由于金属还有一定的剩余强度，所以，出现裂纹后并不会立刻破坏。但是，在裂纹的端头，必定有尖锐的切口，于是这里又形成了新的应力集中区，在连续使用下，又继续裂开。这样，裂纹越来越大，金属能够传递应力的部分越来越少，直到剩余部分不足以传递载荷时，金属构件就全部彻底崩溃了。因此疲劳是一个应力集中→裂缝→新的应力集中→裂纹扩大→构件破坏的恶性循环过程。

随着科学技术的发展，现已出现了一种金属“免疫疗法”的新技术，即引入残余压应力，如喷丸、表面冷滚压、干涉配合、预应力涂层以及应力挤压等方法，预先增强金属的疲劳强度，以抵抗疲劳破坏。此外，应用无损探伤技术检查零部件表面和内部的显微裂纹、气孔、砂眼等缺陷，对防止疲劳也很有好处。

技能提升

任务 1.3 实践技能训练

1. 任务内容

利用万能材料试验机（见图 1-13）测定低碳钢的强度指标和塑性指标，低碳钢采用圆形截面试件（见图 1-2），试件的尺寸为：$d = 10$ mm，$L = 10d$。其中，L 是标距长度，d 为试件直径。

图 1-13　万能材料试验机

2. 任务准备

（1）实训设备：液压万能材料试验机。
（2）教学设备：多媒体机房。
（3）实训用具：圆形截面试件、刻线机、游标卡尺。

3. 训练目的

（1）测定低碳钢的屈服极限 R_e、强度极限 R_m、断后伸长率 A 和断面收缩率 Z。
（2）观察低碳钢在拉伸过程中所出现的各种变形现象。
（3）观察试件的断口情况，分析其破坏原因。

4. 训练过程

（1）准备试件。用刻线机在原始标距范围内刻划圆周线（或用小钢冲打小冲点），将标距内分为等长的 10 格。用游标卡尺在试件原始标距内的两端及中间处两个相互垂直的方向上各测一次直径，取其算术平均值作为该处截面的直径，然后选用三处截面直径的最小值来计算试件的原始截面面积（取三位有效数字）。

（2）调整试验机。根据低碳钢的抗拉强度 R_m 和原始横截面面积估算试件的最大载荷，配置相应的摆锤，选择合适的测力度盘。开动试验机，使工作台上升 10 mm 左右，以消除工作台系统自重的影响。调整主动指针对准零点，从动指针与主动指针靠拢，调整好自动绘图装置。

（3）装夹试件。先将试件装夹在上夹头内，再将下夹头移动到合适的夹持位置，最后夹紧试件下端。

（4）检查与试车。请指导教师检查以上步骤完成情况。开动试验机，预加少量载荷（载荷对应的应力不能超过材料的比例极限），然后卸载到零，以检查试验机工作是否正常。

（5）进行试验。开动试验机，缓慢而均匀地加载，仔细观察测力指针转动和绘图装置的绘图情况。注意捕捉屈服荷载值，将其记录下来用以计算屈服点应力值 R_e，屈服阶段注意观察滑移现象。过了屈服阶段，加载速度可以快些。将要达到最大值时，注意观察“缩颈”现象。试件断裂后立即停车，记录最大荷载值。

（6）取下试件和记录纸。

（7）用游标卡尺测量断后标距。

（8）用游标卡尺测量缩颈处最小直径。

（9）结束试验。请指导教师检查试验记录。将试验设备、工具复原，清理试验场地。最后整理数据，完成试验报告。

项目小结

（1）工程材料是指在机械、船舶、化工、建筑、车辆、仪表、航空航天等工程领域中用于制造工程构件和机械零件的材料。

（2）金属材料的常用力学性能指标有强度、塑性、硬度、冲击韧性和疲劳强度等。材料的力学性能是零件设计、材料选择及工艺评定的主要依据。

（3）金属材料工艺性能的好坏直接影响零件的加工方法、质量及成本。

思考与练习

一、名词解释

强度、塑性、硬度、冲击韧性、冷脆转变、疲劳

二、判断题

1. 弹性模量 E 是一个比例常数，对于某种金属来说，它是一种固有的特性。（　　）
2. 工程上所用的材料，一般要求其屈强比越大越好。（　　）
3. 适于测试硬质合金、表面淬火钢及薄片金属的硬度的测试方法是布氏硬度。（　　）
4. 金属的韧性通常随加载速度提高、温度降低、应力集中程度加剧而变差。（　　）
5. 材料的冲击韧度越大，其韧性就越差。（　　）
6. 金属疲劳的判断依据是疲劳强度。（　　）
7. 材料的物理性能包括密度、熔点、导热性、导电性和耐蚀性。（　　）
8. 可锻性的好坏取决于材料的塑性与变形抗力。（　　）

三、单项选择题

1. 下列不是金属力学性能的是（　　）。

A. 强度　　B. 硬度　　C. 韧性　　D. 压力加工性能

2. 金属材料的刚度越大，则其变形量（　　）。

A. 越大　　B. 越小　　C. 不变　　D. 不一定

3. 根据拉伸试验过程中拉伸试验力和伸长量关系，画出的力-伸长曲线（拉伸图）可以确定出金属的（　　）。

A. 强度和硬度　　B. 强度和塑性　　C. 强度和韧性　　D. 塑性和韧性

4. 常用的塑性判断依据是（　　）。

A. 断后伸长率和塑性　　B. 塑性和韧性

C. 断面收缩率和塑性　　D. 断后伸长率和断面收缩率

5. 不宜用于成品与表面薄层硬度测试方法（　　）。

A. 布氏硬度　　B. 洛氏硬度　　C. 维氏硬度　　D. 以上方法都不宜

6. 判断韧性的依据是（　　）。

A. 强度和塑性　　B. 冲击韧度和塑性

C. 冲击韧度和多冲抗力　　D. 冲击韧度和强度

7. 下列指标属于金属材料的物理性能的是（　　）。

A. 强度　　B. 硬度　　C. 热膨胀性　　D. 耐腐蚀性

8. 下列指标属于金属材料的工艺性能的是（　　）。

A. 热膨胀性　　B. 冲击韧性　　C. 铸造性　　D. 耐腐蚀性

四、简答题

1. 什么是工程材料？工程材料按化学成分可分为哪几类？
2. 什么是金属材料的力学性能？金属材料常用的力学性能有哪些？
3. 低碳钢的拉伸试验大致可分为哪几个阶段？材料的强度指标和塑性指标分别是什么？
4. 什么是疲劳断裂？如何提高零件的疲劳强度？

项目 1 答案

项目 2 金属与合金

知识目标

- 了解纯金属与合金的晶体结构，熟悉二元合金相图。
- 了解铁碳合金基本相，熟悉铁碳合金基本相的晶体结构、溶碳能力、力学性能等。
- 掌握铁碳合金相图的画法，熟悉特性点、特性线的含义，能够正确填写相区组织。

技能目标

- 学会分析铁碳合金成分、组织、性能之间的关系以及典型铁碳合金的平衡结晶过程。
- 掌握含碳量与铁碳合金平衡组织、机械性能的关系。

素养目标

- 培养静心、耐心、细心的品质，独立完成金相制备、组织观察。
- 培养一丝不苟的品格，明白千里之堤，溃于蚁穴的道理。
- 培养学生刻苦钻研的学习态度，善于思考的学习方法，脚踏实地的工作作风。

任务导航

- 任务 2.1　纯金属的晶体结构与结晶认知学习
- 任务 2.2　合金的相结构与结晶认知学习
- 任务 2.3　铁碳合金相图认知学习
- 任务 2.4　实践技能训练

引导案例

1938 年 3 月 14 日，比利时东北部的哈塞尔特正被零下 15 °C 的严寒包围着。突然，从市中心横跨阿尔伯特运河的钢桥下传来了惊天动地的金属断裂轰隆声，紧接着是桥身剧烈抖动，桥面出现了裂缝，人们惊恐万分，争先向桥的两端奔去，一座建成不到两年的钢桥，竟然在不到几分钟的时间内折成三截，坠入河中。时隔两年，还是在这条阿尔伯特运河上，另一座钢铁大桥在严寒中遭到了同样的命运。

1954 年寒冬腊月的一天，爱尔兰海面上寒风凛冽，一艘三万两千吨级的英国邮轮——“世界协和号”乘风破浪航行在广阔的海面上。忽然，有个水手气喘吁吁地向船长报告：“船长先生，快去看吧，邮轮的中部出现了裂缝!”话音未落，一阵刺耳的巨响击破长空，邮轮顿时一分为二，许多水手纷纷跳进大海。就这样，邮轮上的人还没有来得及用无线电发出求援信号，就和邮轮一起葬身波涛汹涌的大海中。

是什么原因导致了上述大钢桥垮塌和邮轮断裂的事故呢?

知识导学

任务 2.1 纯金属的晶体结构与结晶认知学习

不同的金属材料具有不同的力学性能；同一种金属材料，在不同的条件下其力学性能也是不同的。材料的结构决定着材料的性能。因此，材料的结构研究是材料科学研究的重要组成部分，研究金属的晶体结构及其变化规律，是了解金属性能、正确选用金属材料、合理确定加工方法的基础。

2.1.1 金属的晶体结构

1. 晶体的特性

谈到晶体，人们很容易联想到价格昂贵的钻石和晶莹剔透的各种宝石。这些的确都是晶体，并且这些天然的晶体往往都具有规则的几何外形。事实上，在我们周围，各种晶体物质比比皆是，例如，人们吃的食盐、冬天河里结的冰、天上飞舞的雪花、各种金属制品等。金属制品与天然晶体的主要差别是，它们一般都不具有规则的几何外形，但是研究表明，金属制品内部的原子确实是呈规则排列的。人们将这种原子在三维空间做有规则的周期性排列的物质称为晶体，而将内部原子散乱无规则分布的物质称为非晶体。

晶体与非晶体的主要区别在于内部的原子排列情况。在性能方面，晶体具有一定的熔点（熔点就是晶体向非结晶状态的液体转变的临界温度）及各向异性的特征，而非晶体没有固定的熔点且具有各向同性的特征。

虽然晶体与非晶体之间存在着本质的差别，但这并不是说两者之间必然存在着不可逾越的鸿沟。在一定条件下，可以将原子呈不规则排列的非晶体转变为原子呈规则排列的晶体，反之亦然。例如，玻璃经长时间高温加热后能形成晶态玻璃；用特殊的设备，使液态金属以极快的速度冷却下来，可以制出非晶态金属。当然，这些转变的结果，必然使其性能发生极大的变化。

2. 晶体结构与空间点阵

晶体结构是指晶体中原子在三维空间有规律的周期性的具体排列方式。在研究金属的晶体结构时，为了方便分析问题，通常将金属中的原子近似地看成是刚性的小球，晶体就是由这些刚性小球堆垛而成，如图 2-1（a）所示，这种模型无法看出原子排列的规律和特点。为了研究原子在三维空间上排列的规律性，可将刚性小球抽象为纯粹的集合点，称之为阵点。用假想的线将这些点连接起来，构成有明显规律性的空间格架。这种表示原子在晶体中排列规律的空间格架称为晶格，如图 2-1（b）所示。晶格是由许多形状、大小相同的最小几何单元重复堆积而成的，这种能够完整地反映晶格特征的最小几何单元称为晶胞，如图 2-1（c）所示。

晶胞的大小和形状常以晶胞的棱边长度 a、b、c 及棱边夹角 α、β、γ 表示，如图 2-1（c）所示。图中沿着晶胞三条相交于一点的棱边设置了三个坐标轴（或晶轴）X、Y、Z。习惯上，以原点的前、右、上方向为正方向，反之为负方向。晶胞的棱边长度一般称为晶格常数或点阵常数，在 X、Y、Z 轴上以 a、b、c 表示。晶胞的棱间夹角又称为轴间夹角，通常 Y-Z 轴、Z-X 轴和 X-Y 轴之间的夹角分别用 α、β 和 γ 表示。

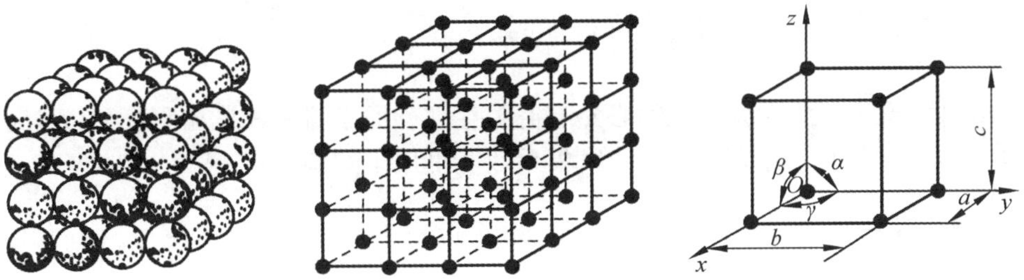

晶胞动画

片（a）晶体结构　　（b）晶格　　（c）晶胞

图 2-1　晶体中原子排列示意图

3. 典型的金属晶体结构

在金属晶体中，由于原子趋于紧密排列，所以常见的金属材料中，除了极少数具有复杂的晶体结构外，绝大多数都具有比较简单的晶体结构，其中最典型、最常见的金属晶体结构有：体心立方结构、面心立方结构和密排六方结构。前两种属于立方晶系，后一种属于六方晶系。

1）体心立方结构

体心立方结构的晶胞模型如图 2-2 所示。晶胞的三个棱边长度相等，三个轴间夹角均为 90°，构成一个立方体。在晶胞的 8 个角上和立方体中心各有 1 个原子。具有体心立方结构的金属有 α-Fe、Cr、V、Nb、Mo、W 等 30 多种。

（1）原子半径。

在体心立方结构中，原子沿立方体的对角线紧密接触，如图 2-2（a）所示，设晶胞的点阵常数为 a，则立方体对角线的长度为 $\sqrt{3}a$，等于 4 个原子半径，所以体心立方晶胞中原子半径 $r=\dfrac{\sqrt{3}}{4}a$。

（a）质点模型　　（b）钢球模型　　（c）晶胞原子数

图 2-2　体心立方晶胞示意图

体心立方晶胞模型

（2）原子数。

在体心立方结构中，晶胞 8 个角上的原子为相邻 8 个晶胞所共有，故只有 1/8 个原子属于这个晶胞，晶胞中心的原子完全属于这个晶胞，所以一个体心立方晶胞中的原子数为 $8 \times 1/8 + 1 = 2$，如图 2-2（c）所示。

（3）配位数和致密度。

晶胞中原子排列的紧密程度也是反映晶体结构特征的一个重要因素，通常用配位数和致密度来表征。

① 配位数。

所谓配位数，是指晶体结构中与任一个原子最近邻、等距离的原子数目。配位数越大，晶体中的原子排列便越紧密。在体心立方结构中，以立方体中心的原子来看，与其最近邻、等距离的原子数有 8 个，所以体心立方结构的配位数为 8。

② 致密度。

若把原子看作刚性圆球，那么原子之间必然有空隙存在，原子排列的紧密程度可以用原子所占体积与晶胞体积之比表示，称为致密度或密集系数。可用下式表示：

$$K = \frac{nV_1}{V} \tag{2-1}$$

式中，K 为晶体的致密度；n 为一个晶胞实际包含的原子数；V_1 为一个原子的体积；V 为晶胞的体积。

体心立方结构的晶胞中包含有 2 个原子，晶胞的棱边长度为 a，原子半径为 $r = \frac{\sqrt{3}}{4}a$，其致密度为

$$K = \frac{nV_1}{V} = \frac{2 \times \frac{4\pi r^3}{3}}{a^3} = \frac{2 \times \frac{4\pi}{3}\left(\frac{\sqrt{3}}{4}a\right)^3}{a^3} \approx 0.68 \tag{2-2}$$

这表明，在体心立方结构中，有 68%的体积被原子所占据，其余 32%为间隙体积。

2）面心立方结构

面心立方结构的晶胞模型如图 2-3 所示。在晶胞的 6 个面中心和 8 个角上各有 1 个原子，构成 1 个立方体。γ-Fe、Cu、Ni、Al、Ag 等约 20 种金属具有这种晶体结构。

从图 2-3（c）中可以看出，每个角上的原子为 8 个晶胞所共有，只有 1/8 个原子属于这个晶胞，位于每个面中心的原子为相邻两个晶胞所共有，所以每个晶胞只分到面心原子的 1/2，所以一个面心立方晶胞中的原子数为 $8 \times 1/8 + 6 \times 1/2 = 4$。

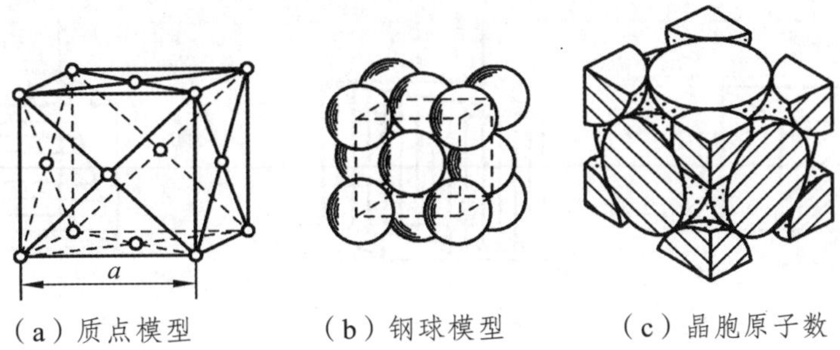

图 2-3　面心立方晶胞示意图

在面心立方晶胞中，只有沿着晶胞 6 个面的对角线方向，原子是互相接触的，面对角线的长度为 $\sqrt{2}a$，它与 4 个原子半径的长度相等，所以面心立方晶胞的原子半径为 $r=\dfrac{\sqrt{2}}{4}a$。

面心立方结构的配位数为 12，致密度为 0.74。

3）密排六方结构

密排六方结构的晶胞模型如图 2-4 所示。在晶胞 12 个角上各有 1 个原子，构成六方柱体，上底面和下底面中心各有 1 个原子，晶胞内还有 3 个原子。具有密排六方结构的金属有 Zn、Mg、Be、α-Ti、α-Co、Cd 等。

晶胞中的原子数如图 2-4（c）所示，六方柱每个角上的原子均属 6 个晶胞所共有，上、下底面中心的原子同时为 2 个晶胞所共有，再加上晶胞内的 3 个原子，故晶胞中的原子数为 $12\times1/6+2\times1/2+3=6$。

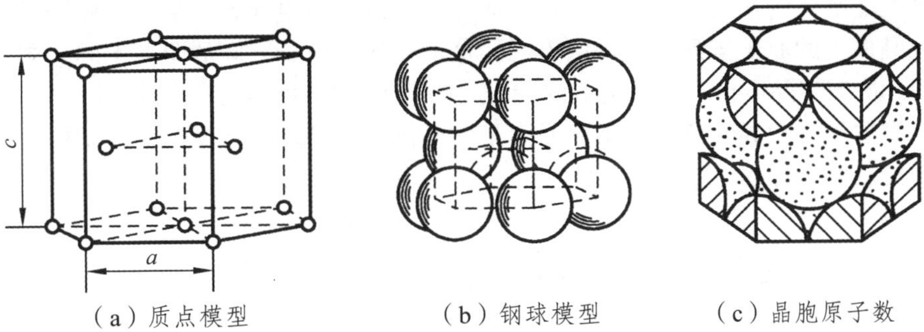

图 2-4　密排六方晶胞示意图

密排六方结构的晶格常数有两个：一个为正六边形的边长 a，另一个是上下底面之间的距离 c。c 与 a 之比 c/a 称为轴比。对于典型的密排六方金属，其原子半径为 $a/2$，配位数为 12，致密度和面心立方结构相同，也为 0.74。

4. 晶体的各向异性

在晶体中，由一系列原子组成的平面称为晶面。图 2-5 所示为简单立方晶格中的一些晶面。

通过两个或两个以上原子中心的直线，可代表晶格排列空间的一定方向，称为晶向，如图 2-6 所示。

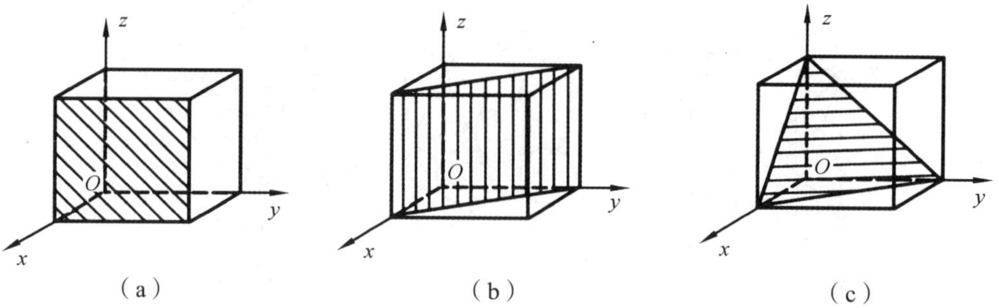

图 2-5　简单立方晶格中的晶面

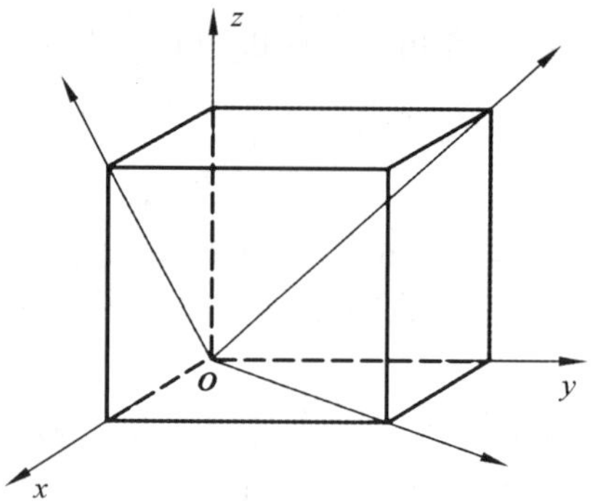

图 2-6　简单立方晶格中的晶向

各向异性是晶体的重要特性，是区别于非晶体的一个重要标志。从前面原子堆垛模型可以看出，不同晶向上的原子排列紧密程度不同，这就意味着原子之间的距离不同，则会导致原子结合力不同，从而使晶体在不同晶向上的物理、化学和力学性能不同。在工业用的金属材料中，通常却见不到这种各向异性特征，主要原因是前面讲述的是理想状态的晶体结构，而实际金属的晶体结构比这复杂得多。

2.1.2　实际金属的晶体结构

如果一个晶体内部晶向是完全一致的，则这种晶体称为单晶体。在工业生产中，只有采用特殊方法才能获得单晶体，如单晶硅、单晶锗等。实际使用的金属材料即使体积很小，其内部仍包含了许许多多颗粒状的小晶体，每个小晶体的内部晶向是一致的，而各个小晶体彼此之间晶向不同，小晶体的外形呈不规则的颗粒状，通常称为晶粒。晶粒与晶粒之间的界面称为晶界，这种实际上由许多晶粒组成的晶体称为多晶体，一般金属材料都是多晶体结构。

由于实际金属材料是多晶体结构，其内部包含了大量彼此位向不同的晶粒，一个晶粒的各向异性在许多位向不同的晶粒之间可以互相抵消或补充，因此，整个金属的性能则是这些晶粒性能的平均值，故实际金属材料表现为各向同性，称为伪各向同性。

由于晶粒与晶粒之间存在着晶向上的差异，所以在晶界处原子的排列就不可能是规则的，这种原子排列不规则的区域称为晶体缺陷。根据晶体缺陷的几何特征，可将晶体缺陷分为点缺陷、线缺陷和面缺陷。

1. 点缺陷

点缺陷的特征是三个方向上的尺寸都很小，相当于原子尺寸。常见的点缺陷有三种，即空位、间隙原子和置换原子。

在任何温度下，金属晶体中的原子都是以其平衡位置为中心不间断地进行着热振动。原子的振幅大小与温度有关，温度越高，振幅越大。在一定的温度下，每个原子的振动能量并不完全相同，在某一瞬间，某些原子的能量可能高些，其振幅就要大些；而另一些原子的能量可能低些，振幅就要小些。对于一个原子来说，这一瞬间能量可能高些，另一瞬间可能反而低些，这种现象叫能量起伏。根据统计规律，在某一温度下的某一瞬间，总有一些原子具有足够高的能量，以克服周围原子对它的约束，脱离开原来的平衡位置迁移到别处，于是，在原位置上出现了空节点，这就是空位。在形成空位的同时，在晶格的某些间隙处又会出现多余的原子，这种不占有晶格正常节点位置而处在晶格间隙中的原子称为间隙原子，如图 2-7 所示。

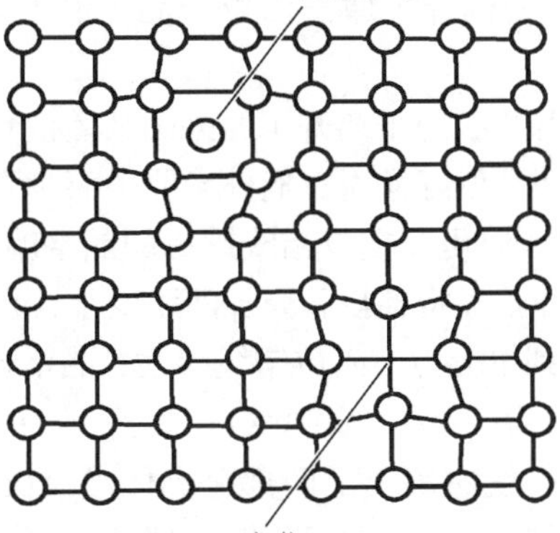

图 2-7　空位和间隙原子示意图

在空位和间隙原子附近，由于原子间作用力的平衡被破坏，使其周围的原子都离开了原来的平衡位置，这种现象称为晶格畸变。

占据在原来基体原子平衡位置上的异类原子称为置换原子，由于置换原子的大小与基体原子的大小不可能完全相同，因此在置换原子附近也会产生晶格畸变。

综上所述，不管是哪类点缺陷，都会造成晶格畸变，这将会对金属的性能产生影响，如使屈服强度升高、电阻增大、体积膨胀等。

2. 线缺陷

线缺陷特征是两个方向上的尺寸很小，另一个方向上的尺寸相对很大。属于这一类的主要缺陷是位错。位错是指晶体中某处有一列或若干列原子发生了有规律的错排现象，使长度达几百至几万个原子间距、宽约几个原子间距范围内的原子离开其平衡位置，发生了有规律的错动。位错最简单、最基本的类型有两种：一种是刃型位错，另一种是螺型位错。

1）刃型位错

刃型位错的模型如图 2-8 所示。设有一简单立方晶体，某一原子面在晶体内部中断，这个原子平面中断处的边缘就是一个刃型位错，犹如用一把锋利的钢刃将晶体的上半部分切开，沿切口硬插入一额外的半原子面，将刃口处的原子列称为刃型位错，*EF* 线称为刃型位错线。

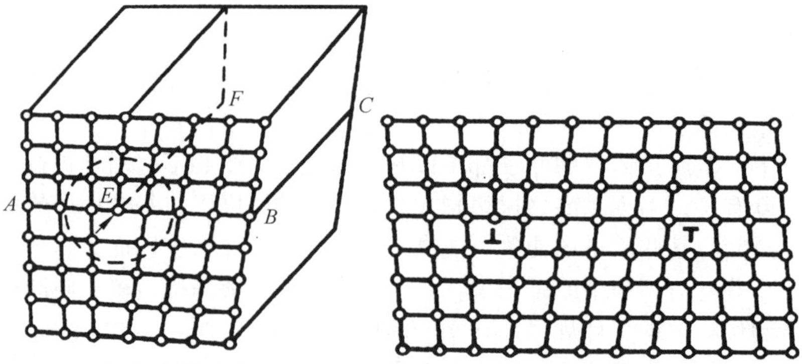

（a）立体示意图　　（b）垂直于位错线的原子平面

图 2-8　刃型位错示意图

刃型位错有正负之分，若额外半原子面位于晶体的上半部，则此处的位错线称为正刃型位错，以符号“⊥”表示。反之，若额外半原子面位于晶体的下半部，则称为负刃型位错，用符号“⊤”表示。

在位错线周围一个有限的区域内，原子离开了原来的平衡位置，产生了晶格畸变，并且在额外半原子面左右两边的畸变是对称的。就好像通过额外半原子面对周围原子施加一弹性应力，这些原子就产生一定的弹性应变一样，所以可以把位错线周围的晶格畸变区看成是存在着一个弹性应力场。就正刃型位错而言，上部的原子显得拥挤，原子间距变小，晶格受到压应力；下部的原子则显得稀疏，原子间距变大，晶格受到拉应力。离位错线越远，晶格畸变的程度越小，应力也就越小。

2）螺型位错

螺型位错如图 2-9 所示，*BC* 线右侧上下两部分晶体沿 *ABCD* 晶面发生了错动。*ab* 线右侧上下层原子相对移动了一个原子间距；在 *BC* 线和 *ab* 线之间形成了上下层原子不相吻合的过渡区，晶面被扭成了螺旋面，故称为螺型位错。螺型位错附近区域的晶格也发生了畸变，形成了一个应力集中区。

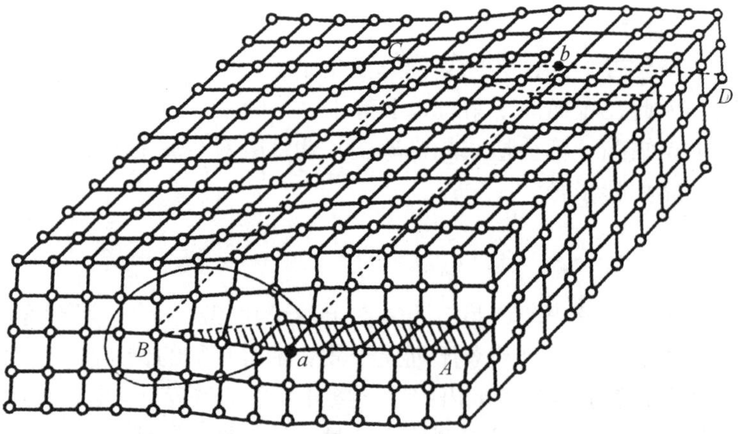

螺型位错

图 2-9　螺型位错示意图

试验表明，在实际金属晶体中存在着大量的位错。晶体中位错数量的多少，可用单位体积内位错线的总长度来表示，称为位错密度。位错的存在，对金属材料的力学性能、扩散及相变等过程有着重要的影响。

3. 面缺陷

面缺陷特征是在一个方向上的尺寸很小，另外两个方向上的尺寸相对很大，通常是指晶界和亚晶界。

实际金属大多是多晶体，多晶体中两个相邻晶粒的晶向不同，故晶界处原子排列的规律性就不可能一致，必然是从一种晶向逐步过渡到另一种晶向，因此，晶界实际上是不同位向晶粒间原子排列无规则的过渡层，如图 2-10 所示。晶界处原子排列得不规则，使晶格处于畸变状态，因而晶界与晶粒内部有着一系列不同的特性，如晶界在常温下的强度、硬度较高，而在高温下强度、硬度较低；晶界容易被腐蚀；晶界的熔点低等。

试验证明，晶粒内部的晶向也不是完全一致的，每个晶粒都是由尺寸更小、位向差也更小的小晶块组成的，这些小晶块称为亚晶粒或亚结构。亚晶粒与亚晶粒之间的界面称为亚晶界。亚晶界是由一系列刃型位错组成的小角度晶界，如图 2-11 所示。亚晶界处同样产生晶格畸变，对金属的性能同样有重要影响。

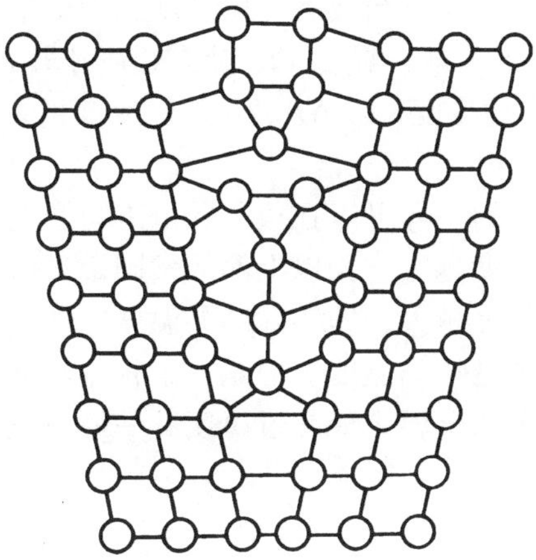

图 2-10　晶界结构示意图

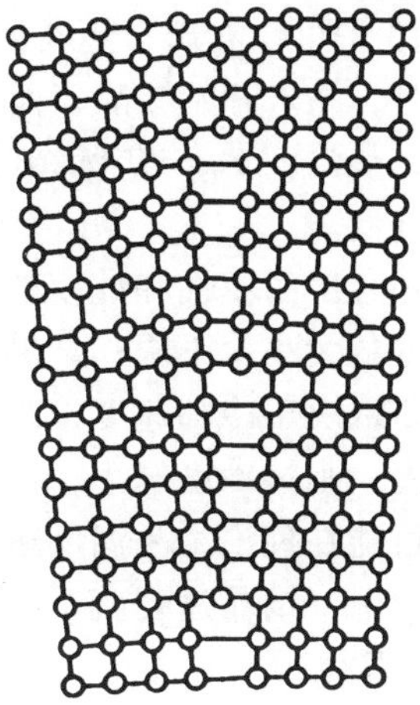

图 2-11　亚晶界结构示意图

2.1.3　纯金属的结晶

金属由液态转变为固态的过程称为凝固，由于凝固后的固态金属通常是晶体，所以又将这一转变过程称为结晶。

金属的性能与结晶后所形成的组织有密切的关系，因此，研究和控制金属的结晶过程，已成为提高金属力学性能和工艺性能的一个重要手段。

1. 金属结晶的宏观现象

利用图 2-12 所示的试验装置，先将纯金属放入坩埚中加热熔化成液态，然后插入热电偶以测量温度，让液态金属缓慢而均匀地冷却，并用 *X-Y* 记录仪将冷却过程中的温度与时间记录下来，便获得了图 2-13 所示的冷却曲线。这一试验方法称为热分析法，冷却曲线又称热分析曲线。从热分析曲线可以看出结晶过程的两个十分重要的宏观特征。

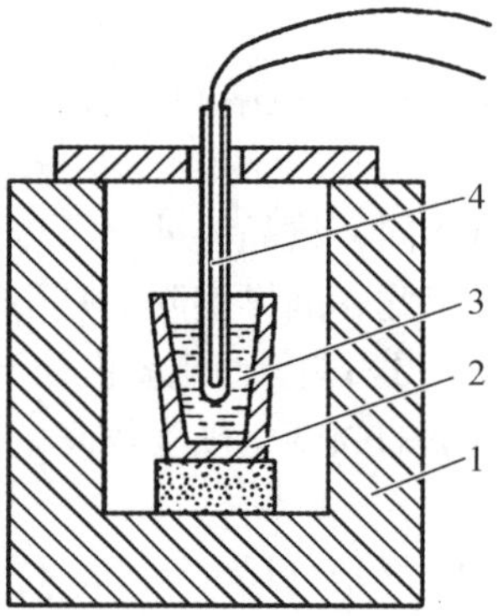

1—电炉；2—坩埚；3—液态金属；4—热电偶。

图 2-12　热分析装置示意图

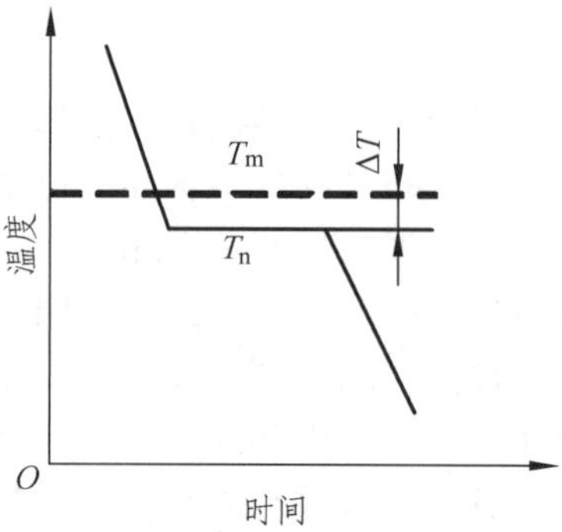

图 2-13　纯金属结晶时的冷却曲线示意图

1）过冷现象

从图 2-13 中可以看出，金属在结晶之前，温度连续下降，当液态金属冷却到理论结晶温度 T_m（熔点）时，并未开始结晶，而是需要冷却到 T_m 之下的某一温度 T_n，液态金属才开始结晶。金属的理论结晶温度 T_m 与实际结晶温度 T_n 之差，称为过冷度，以 ΔT 表示。过冷度越大，则实际结晶温度越低。

过冷度随金属的本性和纯度的不同，以及冷却速度的差异可以在很大的范围内变化。金属不同，过冷度的大小也不同；金属的纯度越高，则过冷度越大。当以上两因素确定之后，过冷度的大小主要取决于冷却速度，冷却速度越大，则过冷度越大，即实际结晶温度越低。反之，冷却速度越慢，则过冷度越小，实际结晶温度越接近理论结晶温度。但是，不管冷却速度多么缓慢，也不可能在理论结晶温度进行结晶，即对于一定的金属来说，过冷度有一最小值，若过冷度小于这个值，结晶过程就不能进行。

2）结晶潜热

从图 2-13 中可以看出，当液态金属冷却到实际结晶温度 T_n 时，金属开始结晶，在此后一段时间内，温度不再降低而是保持恒温一段时间，这是由于金属在由液相变为固相时，放出一定的热量，这部分热量补偿了散失到周围环境的热量，所以在冷却曲线上出现了平台。这种金属结晶时，从液相转变为固相时放出的热量称为结晶潜热。结晶潜热释放完毕的时间即为结晶的终了时间。结晶潜热的释放和散失，是影响结晶过程的一个重要因素，应在研究金属结晶时予以重视。

2. 金属结晶的微观现象

在 20 世纪 20 年代，人们为了搞清楚结晶的微观过程进行了大量的研究，后来发现，无论是金属还是非金属，结晶时都遵循着相同的规律，即结晶过程是形核与长大的过程，如图 2-14 所示。液态金属在冷却到某一温度时，首先在液体中形成一些稳定的微小晶体，称为晶核，随后这些晶核逐渐长大，与此同时，在其余液体中又不断形成新的稳定晶核并长大，就这样液态金属中不断形核并长大，使液态金属越来越少，直到各个晶体相互接触，液态金属耗尽，结晶过程便结束。由一个晶核长大的晶体就是一个晶粒，晶粒间的界面称为晶界。

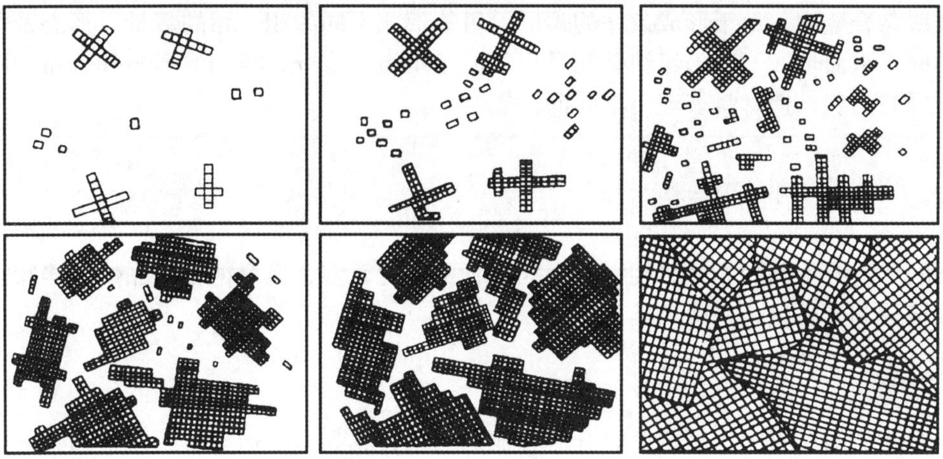

图 2-14　纯金属结晶过程示意图

任务 2.2　合金的相结构与结晶认知学习

虽然纯金属在工业生产上获得了一定的应用，但由于其强度一般都很低，如铁的抗拉强度约为 200 MPa，而铝还不到 100 MPa，显然都不适合作结构材料。因此，目前应用的金属材料绝大多数是合金。所谓合金，是指两种或两种以上的金属，或金属与非金属，经熔炼或烧结，或用其他方法组合而成的具有金属特性的物质。例如，应用最广泛的碳钢和铸铁是由铁和碳组成的合金，黄铜是由铜和锌组成的合金等。

2.2.1　合金中的相

组成合金最基本、独立的物质叫作组元，或简称元。一般说来，组元就是组成合金的元素，也可以是稳定的化合物。例如，铜和锌是黄铜的两个组元，Fe_3C 和铁是碳钢和铸铁的两个组元。由两个组元组成的合金称为二元合金，由三个组元组成的合金称为三元合金，由三个以上组元组成的合金称为多元合金。

由若干个给定的组元，按照不同的比例配制成一系列成分不同的合金，这一系列合金就构成一个合金系统，简称合金系。两个组元组成的为二元系，三个组元组成的为三元系，三个以上组元组成的为多元系。

当不同的组元经熔炼或烧结组成合金时，这些组元间由于物理的和化学的相互作用，形成具有一定晶体结构和一定成分的相。相是指合金中结构相同、成分和性能均一并以界面相互分开的组成部分。如纯金属在固态时为一个相（固相），在熔点以上为另一个相（液相）。而在熔点时，固体与液体共存，两者之间有界面分开，它们各自的结构不同，所以此时为固相和液相共存的混合物。由一种固相组成的合金称为单相合金，由几种不同固相组成的合金称为多相合金。

在金属与合金中，由于形成条件的不同，可能形成不同的相，相的数量、形态及分布状态也可能不同，从而形成不同的组织。相是组织的基本组成部分，当相的形态和分布不同时，就会出现不同的组织，使材料表现出不同的性能。

2.2.2 合金的相结构

不同的相具有不同的晶体结构，合金相的种类极为繁多，但根据相的晶体结构特点可以将其分为固溶体和金属化合物两大类。

1. 固溶体

合金组元之间以不同比例相互混合后形成的固相，其晶体结构与组成合金的某一组元的相同，这种相就称为固溶体，这种组元称为溶剂，其他的组元即为溶质。

按溶质原子在晶格中所占的位置可以将固溶体分为间隙固溶体和置换固溶体两类。

1）间隙固溶体

间隙固溶体是指溶质原子不是占据溶剂晶格的正常节点位置，而是填入溶剂晶格的一些间隙中所形成的固溶体，如图 2-15（a）所示。

2）置换固溶体

置换固溶体是指溶质原子位于溶剂晶格的某些节点位置所形成的固溶体，犹如这些节点上的溶剂原子被溶质原子所置换一样，因此称为置换固溶体，如图 2-15（b）所示。

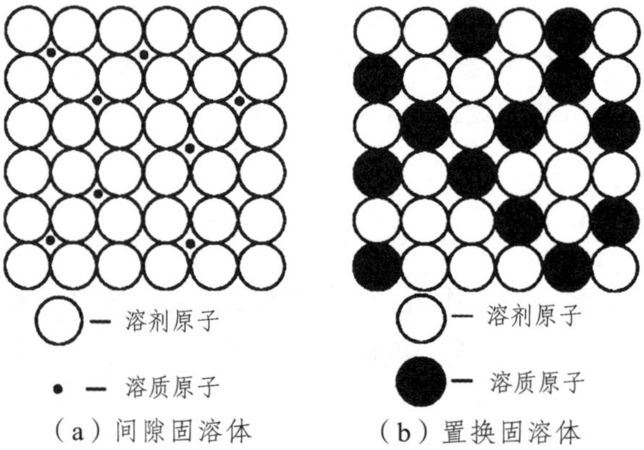

图 2-15　固溶体的两种类型

金属元素彼此之间一般都能形成置换固溶体，但溶解度大小往往相差悬殊。溶解度的大小主要取决于溶质元素和溶剂元素的原子尺寸、晶格类型和化学元素周期表中的位置。一般说来，溶质原子和溶剂原子尺寸差别越小，溶解度就越大。如果溶质元素和溶剂元素在化学元素周期表中的位置靠近，且晶格类型相同，往往按任意比例配置都能相互溶解，形成无限固溶体。

由于溶剂晶格的间隙一般都很小，因此形成间隙固溶体的溶质元素，都是一些原子半径较小的非金属元素，如氢、氮、碳、硼，而溶剂元素则都是过渡族元素。溶剂晶格的间隙是有限的，因此能溶入的溶质原子数量也有限，故间隙固溶体都是有限固溶体。

3）固溶体的性能

虽然固溶体仍保持着溶剂的晶格类型，但随着溶质原子的溶入，由于溶质原子与溶剂原子的尺寸不可能完全相同，必然导致在溶质原子附近的局部范围内造成晶格畸变，并因此形成一个弹性应力场，如图 2-16 所示。晶格畸变使位错移动时的阻力增大，变形抗力增加，结果导致金属的强度、硬度提高。这种在固溶体中，随着溶质浓度的增加，固溶体的强度、硬度增加，而塑性、韧性有所下降的现象，称为固溶强化。

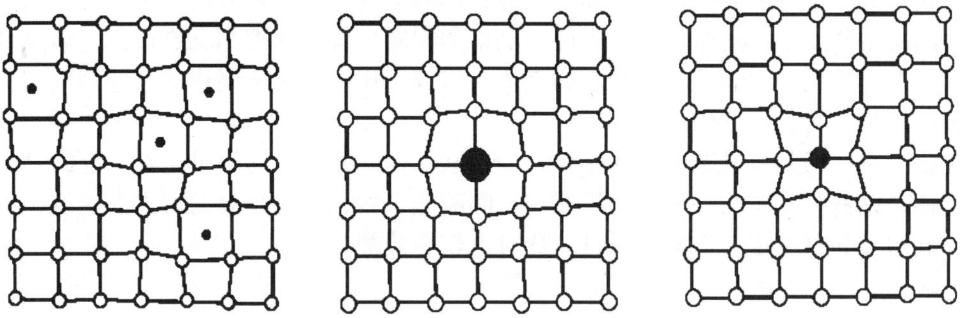

（a）置换固溶体　　（b）间隙固溶体

图 2-16　固溶体晶格畸变示意图

2. 金属化合物

合金组元间相互作用，除可形成固溶体外，当超过固溶体的固溶度极限时，还可形成金属化合物，又称为中间相。金属化合物的晶体结构及性能均不同于任一组元，一般可以用分子式来大致表示其组成。金属化合物的原子间结合方式是金属键与离子键或共价键相混合的方式，因此它具有一定的金属性质，所以称之为金属化合物。如碳钢中的 Fe_3C、黄铜中的 CuZn、铝合金中的 $CuAl_2$ 等都是金属化合物。

金属化合物一般具有较高的熔点、硬度和脆性，当合金中出现金属化合物时，将使合金的强度、硬度、耐磨性及耐热性提高，因此金属化合物已是新的功能材料中不可缺少的合金相。

金属化合物的种类很多，下面主要介绍三种。

1）正常价化合物

正常价化合物通常是由金属元素与周期表中ⅣA、ⅤA、ⅥA 族元素组成的，例如 MgS、MnS、Mg_2Si、Mg_2Sn、Mg_2Pb 等。正常价化合物具有严格的化合比，成分固定不变，可用化学式表示。这类化合物一般具有较高的硬度，脆性较大。

2）电子价化合物

电子价化合物是由ⅠB 族或过渡族金属元素与ⅡB、ⅢA、ⅣA 族元素形成的金属化合物，它不遵守原子价规律，而是按照一定的电子浓度的比值形成。电子浓度不同，所形成的化合物的晶体结构也不相同。所谓电子浓度，是指化合物中价电子数与原子数的比值。例如电子浓度为 3/2（21/14）时，具有体心立方结构，称为 β 相（CuZn）；电子浓度为 21/13 时，为复杂立方结构，称为 γ 相（Cu_5Zn_8）；电子浓度为 7/4（21/12）时，则为密排六方结构，称为 ε 相。电子价化合物虽然可以用化学式表示，但其成分可以在一定范围内变化，因此可以把它看作是以化合物为基的固溶体。电子价化合物通常具有很高的熔点和硬度，但脆性很大。

3）间隙相和间隙化合物

间隙相和间隙化合物一般是由原子尺寸较大的过渡族金属元素（铁、铬、钼、钨、钒）与原子直径较小的非金属元素（氢、碳、氮、硼等）组成的。根据金属元素（以 x 表示）与非金属元素（以 m 表示）原子半径的比值，可将其分为两类：当 $r_x/r_m<0.59$ 时，形成具有简单结构的化合物，称为间隙相；当 $r_x/r_m > 0.59$ 时，则形成具有复杂晶体结构的化合物，称为间隙化合物。

间隙相具有简单的晶体结构，如面心立方、体心立方、密排六方或简单六方等，金属原子位于晶格的正常节点上，非金属原子则位于晶格的间隙位置。间隙相具有极高的熔点和硬度，具有明显的金属特性。它们是硬质合金的重要相组成，用硬质合金制作的高速切削刀具、拉丝模及各种冷冲模已得到广泛的应用。

间隙化合物一般具有复杂的晶体结构，Cr、Mn、Fe 的化合物均属此类。它的种类很多，其中渗碳体是钢铁材料中的一种基本组成相。间隙化合物也具有很高的熔点和硬度，但与间隙相相比，其熔点和硬度都要低些，而且加热时也较易分解。

2.2.3　二元合金相图

纯金属结晶后只能得到单相的固体，合金结晶后，既可获得单相的固溶体，也可获得单相的金属化合物，但更常见的是获得既有固溶体又有金属化合物的多相组织。组元不同，获得的固溶体和化合物的类型也不同，即使组元确定之后，结晶后所获得的相的性质、数目及其相对含量也随着合金成分和温度的变化而变化，即在不同的成分和温度时，合金将以不同的状态存在。为了研究不同合金系中的状态与合金成分和温度之间的变化规律，就要利用相图这一工具。

相图是表示在平衡条件下合金系中合金的状态与温度、成分间关系的图解，又称为状态图或平衡图。利用相图，可以一目了然地了解到不同成分的合金在不同温度下的平衡状态，它存在哪些相，相的成分及相对含量如何，以及在加热或冷却时可能发生哪些转变等。显然，相图是研究金属材料的一个十分重要的工具。

1. 二元合金相图的建立

1）二元合金相图的表示方法

合金存在的状态通常由合金的成分、温度和压力三个因素确定，合金的化学成分变化时，则合金中所存在的相及相的相对含量也随之发生变化；同样，当温度和压力发生变化时，合金所存在的状态也要发生改变。由于合金的熔炼、加工处理等都是在常压下进行的，所以合金的状态可由合金的成分和温度两个因素确定。对于二元系合金来说，通常用横坐标表示成分，纵坐标表示温度，如图 2-17 所示。横坐标上的任一点均表示一种合金的成分，如 A、B 两点表示组成合金的两个组元，C 点的成分为 $w_B = 40\%$，$w_A = 60\%$，D 点的成分为 $w_B = 60\%$，$w_A = 40\%$等。

在成分和温度坐标平面上的任意一点称为表象点，一个表象点的坐标值表示一个合计的成分和温度，如图 2-17 中的 E 点表示合金的成分为 $w_B = 60\%$，$w_A = 40\%$，温度为 500 °C。

2）二元合金相图的测定方法

目前使用的相图一般都是通过试验的方法得到的，现以 Cu-Ni 合金为例，说明用热分析试验法测定及绘制合金相图的过程。

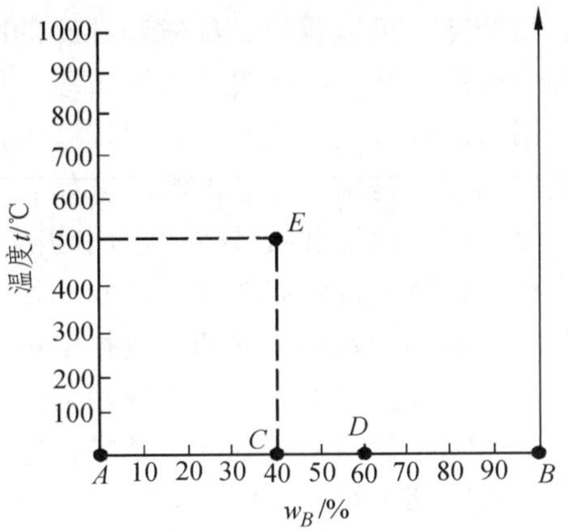

图 2-17　二元合金相图的坐标

（1）配制一系列不同成分的 Cu-Ni 合金，如表 2-1 所示。

（2）用热分析试验法测出各成分 Cu-Ni 合金的冷却曲线，如图 2-18（a）所示。

表 2-1　Cu-Ni 二元合金的成分和试验结果

序号	合金成分/%		临界点/ ℃	
	w_{Cu}	w_{Ni}	开始结晶温度	结晶终了温度
1	100	0	1083	1083
2	80	20	1175	1130
3	60	40	1260	1195
4	40	60	1340	1270
5	20	80	1410	1360
6	0	100	1455	1455

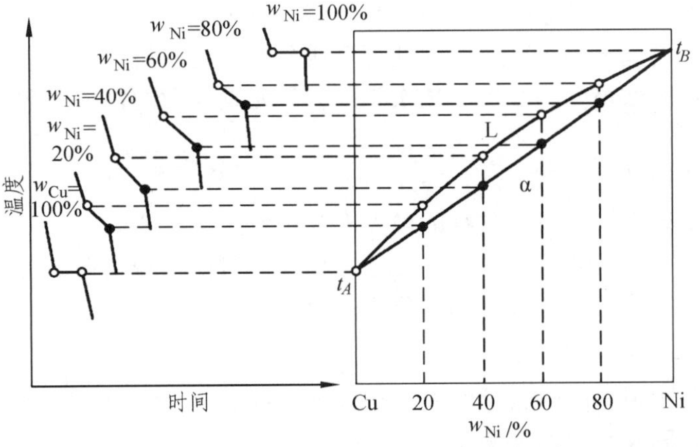

（a）冷却曲线　（b）相图

图 2-18　Cu-Ni 二元合金相图的测定

（3）找出各冷却曲线上的相变点。可以看出，纯铜和纯镍的冷却曲线都有一水平阶段，表示其结晶的临界点。其他四种合金的冷却曲线都没有水平阶段，但有两次转折，两个转折点对应的温度表示两个临界点，表明这四种合金都是在一定温度范围内结晶的，温度较高的临界点是结晶开始的温度，温度较低的临界点是结晶终了的温度，如表 2-1 所示。

（4）将各个合金的临界点分别标注在温度-成分坐标图中相应的合金线上。

（5）连接各意义相同的临界点，就可得到如图 2-18（b）所示的 Cu-Ni 相图。其中上临界点的连线称为液相线，表示合金结晶的开始温度或加热过程中熔化终了的温度；下临界点的连线称为固相线，表示合金结晶的终了温度或加热过程中开始熔化的温度。

从上述测定合金相图的方法可知，配制的合金数目越多，所用金属纯度越高，热分析时冷却的速度越缓慢，则测得的合金相图越精确。目前，已通过试验的方法测定出了许多二元合金相图和三元合金相图，其形式一般都比较复杂，然而复杂的合金相图可以看作是由若干个简单的基本相图组成的。

2. 相律及杠杆定律

1）相律及其应用

相律是检验、分析和使用相图的重要工具，所测定的相图是否正确，要用相律检验。在研究和使用相图时，也要用到相律。相律是表示在平衡条件下，系统的自由度数、组元数和相数之间的关系，是系统的平衡条件的数学表达式。相律可用下式表示：

$$F = C - P + 2 \tag{2-3}$$

式中，F 为平衡系统的自由度数；C 为平衡系统的组元数；P 为平衡系统的相数。

相律的含义是：在只受外界温度和压力影响的平衡系统中，它的自由度数等于系统的组元数和相数之差再加上 2。平衡系统的自由度数是指平衡系统的独立可变因素（如温度、压力、成分等）的数目。这些因素可在一定范围内任意独立地改变而不会影响到原有的共存相数。当系统的压力为常数时，相律可表达为

$$F = C - P + 1 \tag{2-4}$$

此时，合金的状态由成分和温度两个因素确定。因此，对纯金属而言，成分固定不变，只有温度可以独立改变，所以纯金属的自由度数最多只有 1 个。而对二元系合金来说，已知一个组元的含量，则合金的成分即可确定，因此合金成分的独立变量只有 1 个，再加上温度因素，所以二元合金的自由度数最多为 2 个，依次类推，三元系合金的自由度数最多为 3 个，四元系为 4 个……

下面讨论应用相律的几个例子。

（1）利用相律确定系统中可能共存的最多平衡相数。

例如，对单元系来说，组元数 $C = 1$，由于自由度不可能出现负值，所以当 $F = 0$ 时，同时，共存的平衡相数应具有最大值，代入相律公式，即得

$$P = 1 - 0 + 1 = 2 \tag{2-5}$$

可见，对单元系来说，同时共存的平衡相数不超过 2 个。例如，纯金属结晶时，温度固定不变，自由度为零，同时共存的平衡相为液、固两相。

同样，对二元系来说，组元数 $C = 2$，当 $F = 0$ 时，$P = 2 - 0 + 1 = 3$，说明二元系中同时共存的平衡相数最多为 3 个。

（2）利用相律解释纯金属与二元合金结晶时的一些差别。

例如，纯金属结晶时存在液、固两相，其自由度为零，说明纯金属在结晶时只能在恒温下进行。二元合金结晶时，在两相平衡条件下，其自由度 $F=2-2+1=1$，说明温度和成分中只有一个独立可变因素，即在两相区内任意改变温度，则成分随之而变，反之亦然。此时，二元合金将在一定温度范围内结晶。如果二元合金出现三相平衡共存，则其自由度 $F=2-3+1=0$，说明此时的温度不但恒定不变，而且三个相的成分也恒定不变，结晶只能在各个因素完全恒定不变的条件下进行。

2）杠杆定律

在合金的结晶过程中，随着结晶过程的进行，合金中各个相的成分以及它们的相对含量都在不断地发生着变化。为了了解某一具体合金中相的成分及其相对含量，需要应用杠杆定律。在二元系合金中，杠杆定律主要适用于两相区，因为对单相区来说无此必要，而三相区又无法确定，这是由于三相恒温线上的三个相可以以任何比例相平衡。

要确定相的相对含量，首先必须确定相的成分。根据相律可知，当二元系处于两相共存时，其自由度为 1，这说明只有一个独立变量。例如温度变化，那么两个平衡相的成分均随温度的变化而改变；当温度恒定时，自由度为零，两个平衡相的成分也随之固定不变。两个相成分点之间的连线（等温线）称为连接线。实际上两个平衡相成分点即为连接线与两条平衡曲线的交点，下面以 Cu-Ni 合金为例进行说明。

如图 2-19（a）所示，在 Cu-Ni 二元相图中，液相线是表示液相的成分随温度变化的平衡曲线，固相线是表示固相的成分随温度变化的平衡曲线，含 Ni 量为 x% 的合金在温度 T_x 时，处于两相平衡状态，即 $L \rightleftharpoons \alpha$，要确定液相 L 和固相 α 的成分，可通过温度 T_x 作一水平线段 x_1xx_2，分别交液相线和固相线于两点，此两点在横坐标上的投影为 x_1 和 x_2，即含量为 x 的合金在 T_x 温度时相互平衡的液相和固相的化学成分含量。

下面计算液相和固相在温度 T_x 时的相对含量。设合金的总质量为 1，液相的质量为 w_L，固体的质量为 w_α，则有

$$w_L + w_\alpha = 1 \qquad (2\text{-}6)$$

此外，该合金中的含镍量应等于液相中镍的含量与固相中镍的含量之和，即

$$w_L \cdot x_1 + w_\alpha \cdot x_2 = x \qquad (2\text{-}7)$$

由式（2-6）、（2-7）可以得出

$$\frac{w_L}{w_\alpha} = \frac{xx_2}{x_1x} \qquad (2\text{-}8)$$

如果将该合金成分的 x 点看作支点，将 w_L、a_α 看作作用于 x_1 和 x_2 的力，则按力学的杠杆原理就可得出式（2-8）。因此将式（2-8）称为杠杆定律，但这只是一种比喻。杠杆原理示意图如图 2-19（b）所示。

式（2-8）也可以换写成下列形式：

$$w_L = \frac{xx_2}{x_1x_2} \times 100\% \qquad (2\text{-}9)$$

$$w_\alpha = \frac{x_1x}{x_1x_2} \times 100\% \qquad (2\text{-}10)$$

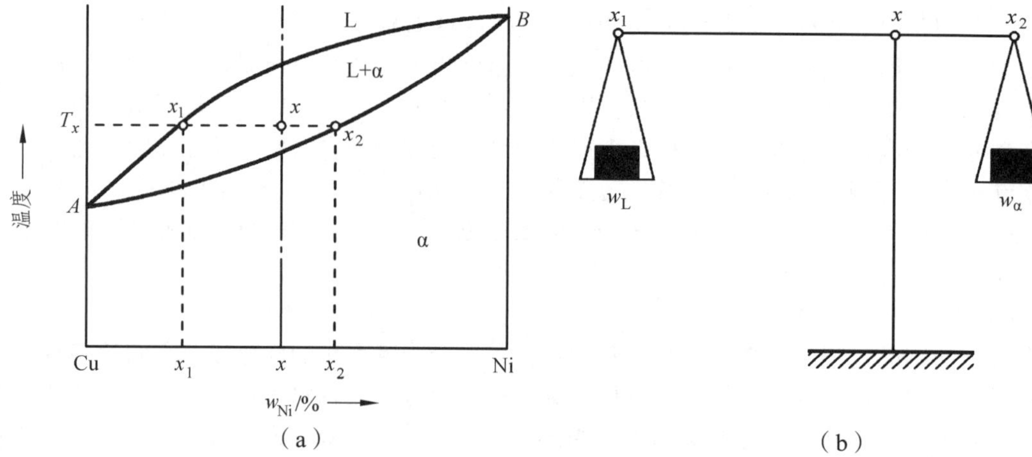

图 2-19　杠杆定律的证明及力学比喻

这两式可以直接用来求出两相的含量。

值得注意的是，在推导杠杆定律的过程中，并没有涉及 Cu-Ni 相图的性质，而是基于相平衡的一般原理导出的。因而不管怎样的系统，只要满足相平衡的条件，那么在两相共存时，其两相的含量都能用杠杆定律确定。

3. 匀晶相图

两组元不但在液态无限互溶，而且在固态也无限互溶的二元合金系所形成的相图，称为匀晶相图。具有这类相图的二元合金系主要有：Cu-Ni、Ag-Au、Cr-Mo、Cd-Mg、Fe-Ni、Mo-W 等。现以 Cu-Ni 相图为例进行分析。

Cu-Ni 二元合金相图如图 2-20 所示，该相图十分简单，只有两条曲线，上面一条是液相线，下面一条是固相线，液相线和固相线把相图分成三个区域，即液相区 L、固相区 α 以及液、固两相并存区 L + α。

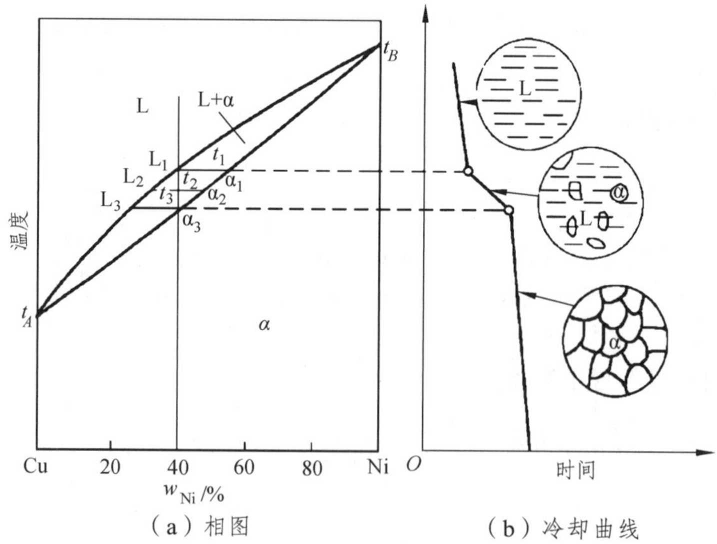

图 2-20　Cu-Ni 合金相图及结晶过程分析

平衡结晶是指合金在极缓慢冷却条件下进行结晶的过程。下面以 $w_{Ni}=30\%$的 Cu-Ni 合金为例进行分析。

从图 2-20（a）中可以看出，当合金自高温缓慢冷却至 t_1 温度时，开始从液相中结晶出 α 固溶体，此时液相成分为 L_1，固相成分 $α_1$ 的含量为零。说明在温度 t_1 时，结晶刚刚开始，实际固相尚未形成。当缓慢冷却至 t_2 温度时，便有一定数量的 α 固溶体结晶出来，此时固相成分为 $α_2$，液相成分为 L_2，当冷却至 t_3 温度时，最后一滴液体结晶成固溶体，结晶终了，得到了与原合金成分相同的 α 固溶体。图 2-20（b）示意地说明了该合金平衡结晶时的组织变化过程。

4. 共晶相图

两组元在液态时相互无限互溶，在固态时相互有限互溶，发生共晶转变，形成共晶组织的二元系相图，称为二元共晶相图。Pb-Sn、Pb-Sb、Ag-Cu、Pb-Bi 等合金系的相图都属于共晶相图，在 Fe-C、Al-Mg 等相图中，也包含有共晶部分。下面以 Pb-Sn 相图为例，对共晶相图进行分析说明。

图 2-21 为 Pb-Sn 二元共晶相图，图中 *AEB* 为液相线，*AMENB* 为固相线，*MF* 为 Sn 在 Pb 中的溶解度曲线，也叫固溶度曲线，*NG* 为 Pb 在 Sn 中的溶解度曲线。

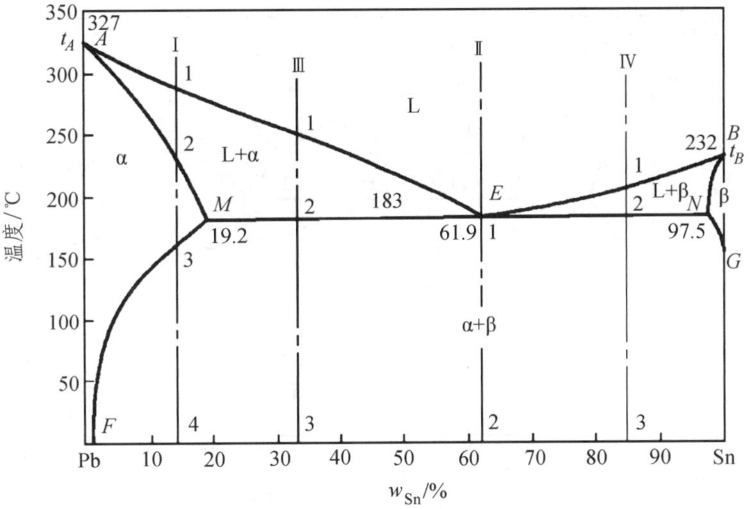

图 2-21　Pb-Sn 二元共晶相图

相图中有三个单相区：即液相 L、固溶体 α 相和固溶体 β 相。α 相是 Sn 溶于 Pb 中的固溶体，β 相是 Pb 溶于 Sn 中的固溶体。各个单相区之间有三个两相区，即 L + α、L + β 和 α + β。在 L + α、L + β 与 α + β 两相区之间的水平线 *MEN* 表示 α + β + L 三相共存区。

在三相共存水平线所对应的温度下，成分相当于 *E* 点液相 L_E 同时结晶出与 *M* 点相对应的 $α_M$ 和 *N* 点对应的 $β_N$ 两个相，形成两个固溶体的混合物。这种转变的反应式为

$$L_E \xrightleftharpoons{t_E} α_M + β_N \tag{2-11}$$

这一转变是在恒温下进行的，而且三个相的成分是恒定值，在相图上的特征是三个单相区

与水平线只有一个接触点，其中液相单相区在中间，位于水平线之上，两端是两个固相单相区。这种在一定温度下，由一定成分的液相同时结晶出成分一定的两个固相的转变过程，称为共晶转变或共晶反应。共晶转变的产物为两个固相的混合物，称为共晶组织。

相图中的 *MEN* 水平线称为共晶线，*E* 点称为共晶点，*E* 点对应的温度称为共晶温度，成分对应于共晶点的合金称为共晶合金，成分位于共晶点 *E* 以左、*M* 点以右的合金称为亚共晶合金，成分位于共晶点 *E* 以右、*N* 点以左的合金称为过共晶合金。

图 2-21 中的合金Ⅱ即为共晶合金，合金Ⅲ为亚共晶合金，合金Ⅳ为过共晶合金，从相图中可以看出，在缓慢冷却时，都会发生共晶转变。

5. 包晶相图

在一定温度下，由一个液相包着一个固相生成另一新固相的反应称包晶转变或包晶反应。当两组元在液态下相互无限溶解，在固态下相互有限溶解并发生包晶反应时所构成的相图称作包晶相图。具有包晶转变的二元合金系有 Pt-Ag、Sn-Sb、Cu-Sn、Cu-Zn 等。下面以 Pt-Ag 合金系为例，对包晶相图及其合金的结晶过程进行分析。

Pt-Ag 二元合金相图如图 2-22 所示。图中 *ACB* 为液相线，*APDB* 为固相线，*PE* 及 *DF* 分别是 Ag 溶于 Pt 中和 Pt 溶于 Ag 中的溶解度曲线。

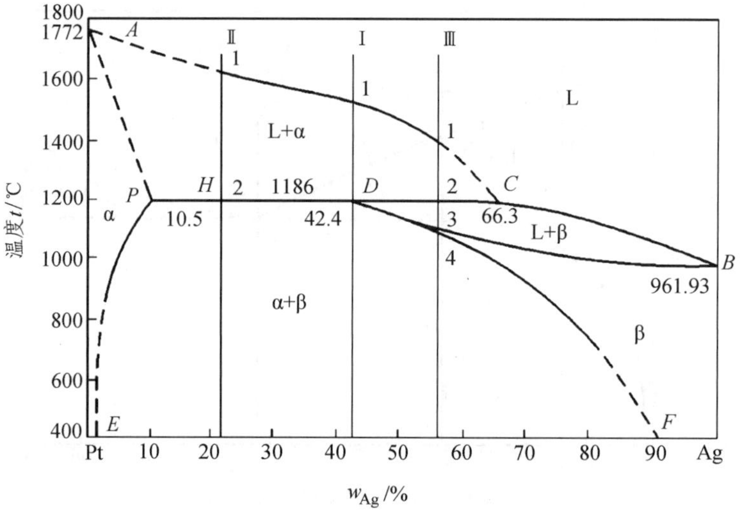

图 2-22　Pt-Ag 合金相图

相图中有三个单相区：即液相 L 及固相 α 和 β。其中 α 相是 Ag 溶于 Pt 中的固溶体，β 相是 Pt 溶于 Ag 中的固溶体。单相区之间有三个两相区，即 L + α、L + β 和 α + β。两相区之间存在一条三相（L、α、β）共存水平线，即 *PDC* 线。

水平线 *PDC* 是包晶转变线，所有成分在 *P* 与 *C* 范围内的合金在此温度都将发生三相平衡的包晶转变，这种转变的反应式为

$$L_C + \alpha_P \xrightleftharpoons{t_D} \beta_D \tag{2-12}$$

这种在一定的温度下，由一定成分的固相与一定成分的液相作用，形成另一个一定成分

的固相的转变过程，称为包晶转变或包晶反应。根据相律可知，在包晶转变时，其自由度为零（$F=2-3+1=0$），即三个相的成分不变，且转变在恒温下进行。在相图上，包晶转变区的特征是：反应相是液相和一个固相，其成分点位于水平线的两端，所形成的固相位于水平线中间的下方。

相图中的 D 点称为包晶点，D 点所对应的温度（t_D）称为包晶温度，PDC 线称为包晶线。

2.2.4 合金力学性能与相图的关系

当合金形成单相固溶体时，合金的力学性能与组元的性质、溶质元素的含量有关。对于一定的溶剂和溶质，溶质含量越多，则合金晶体中的晶格畸变程度越严重，合金的强度、硬度越高，但能保持较好的塑性与韧性。固溶体合金的强度、硬度变化规律如图 2-23 所示。

当合金形成两相混合物时，其力学性能随合金成分的改变而呈直线关系在两组成相的性能之间变化。当合金形成共晶组织时，力学性能还与组织的细密程度有关，共晶组织越细密，合金的强度、硬度越高。两相混合物合金的硬度变化规律如图 2-24 所示。

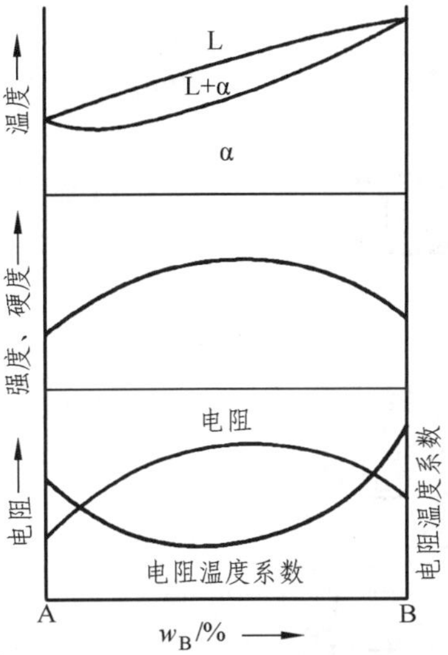

图 2-23 固溶体合金的强度、硬度和电阻与相图间的关系

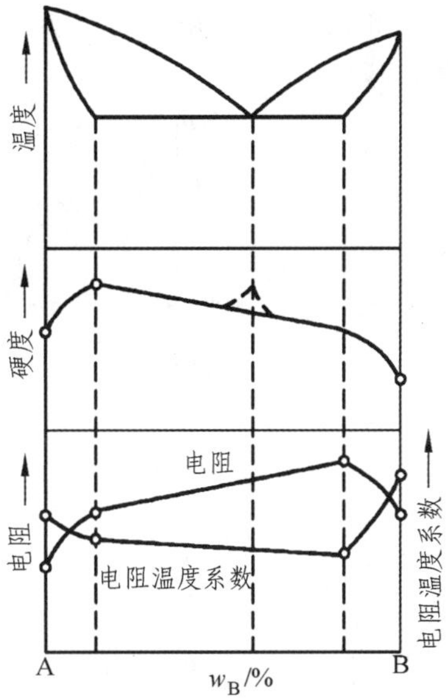

图 2-24 两相混合物合金的硬度、温度和电阻与相图间的关系

任务 2.3 铁碳合金相图认知学习

铁碳合金是以铁和碳为基本组元组成的合金，是钢和铸铁的统称。钢铁材料由于具有优良的力学性能和工艺性能，在现代工业中成为应用最广泛的金属材料。

钢铁是现代工业中应用最广泛的金属材料，其基本组元是铁和碳两个元素，故统称为铁。为了掌握铁碳合金成分、组织及性能之间的关系，以便在生产中合理使用，首先必须了解铁碳相图。

2.3.1 铁碳合金的组元及基本相

1. 纯 铁

铁是一个过渡元素，熔点为 1538 °C，在固态下铁可以发生两种同素异晶转变，具有两种同素异晶状态。

1）铁的同素异晶转变

图 2-25 所示为铁的冷却曲线。由图可以看出，纯铁在 1538 °C 结晶为体心立方晶格的 δ-Fe，冷却到 1394 °C 时，δ-Fe 转变为面心立方晶格的 γ-Fe。通常把 δ-Fe⇌γ-Fe 的转变称为 A_4 转变，转变的平衡临界点温度称为 A_4 点。当温度继续降至 912 °C 时，面心立方晶格的 γ-Fe 又转变为体心立方晶格的 α-Fe，把 γ-Fe⇌α-Fe 的转变称为 A_3 转变，转变的平衡临界点温度称为 A_3 点。在 912 °C 以下铁的晶体结构不再发生改变。这样，铁就有三种同素异构状态，即 δ-Fe、γ-Fe 和 α-Fe。铁的同素异构转变具有很大的实际意义，它是钢的合金化和热处理的基础。

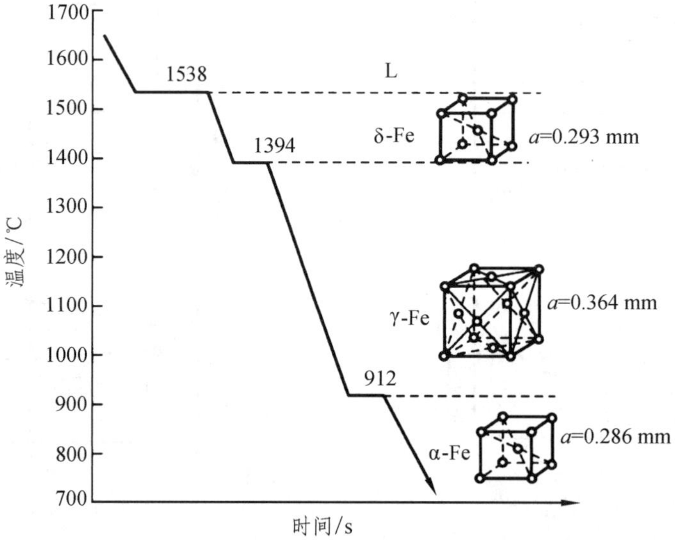

图 2-25 纯铁的冷却曲线及晶体机构变化

α-Fe 在 770 °C 还将发生磁性转变，即由高温的顺磁性转变为低温的铁磁性状态，通常将这种磁性转变称为 A_2 转变，把磁性转变温度称为铁的居里点。应当指出，磁性转变时铁的晶格类型不发生改变，所以不属于相变。

2）铁素体与奥氏体

铁素体是碳溶于 α-Fe 中的间隙固溶体，常用符号 F 或 α 表示。奥氏体是碳溶于 γ-Fe 中的间隙固溶体，为面心立方结构，常用符号 A 或 γ 表示。铁素体和奥氏体是铁碳相图中两个十分重要的基本相。

铁素体的溶碳能力比奥氏体小得多。据测定，奥氏体的最大溶碳量 $w_C = 2.11\%$（于 1148 °C），而铁素体的最大溶碳量仅为 $w_C = 0.0218\%$（于 727 °C），在室温下铁素体的溶碳能力就更低了，一般在 0.008%以下。

碳溶于体心立方晶格 δ-Fe 中的间隙固溶体，称为 δ 铁素体，以 δ 表示。其最大溶解度于 1495 °C 时 $w_C = 0.09\%$。

因为铁素体中的含碳量很少，所以其性能与纯铁基本相同，居里点也是 770 °C。奥氏体的塑性很好，易于塑性变形，具有顺磁性。

3）纯铁的工业性能与应用

工业纯铁的含铁量一般为 $w_{Fe} = 99.8\% \sim 99.9\%$，含有 $w = 0.1\% \sim 0.2\%$的杂质，其中主要是碳。纯铁的力学性能因其纯度和晶粒大小的不同而有很大的差别，其大致如下：

抗拉强度 σ_b	176 ~ 224 MPa
屈服强度 $\sigma_{0.2}$	98 ~ 166 MPa
延伸率 δ	30% ~ 50%
断面收缩率 ψ	70% ~ 80%
冲击韧性 α_k	160 ~ 200 J/cm^2
硬度	50 ~ 80 HBW

纯铁的塑性和韧性很好，但其强度很低，极少用作结构材料。纯铁的主要用途是利用它所具有的铁磁性。

2. 渗碳体

渗碳体

渗碳体 Fe_3C 是铁与碳形成的间隙化合物，含碳量 $w_C = 6.69\%$，可用符号 Cm 表示。Fe_3C 也是铁碳相图中的重要基本相，熔点为 1227 °C。

渗碳体属于正交晶系，晶体结构复杂，一个渗碳体晶胞含有 12 个铁原子和 4 个碳原子，符合 3∶1 的关系，故写成 Fe_3C。渗碳体具有很高的硬度，约为 800 HBW，但塑性很差，延伸率接近于零。渗碳体在低温下具有一定的铁磁性，但是在 230 °C 以上，这种磁性就消失了，因此 230 °C 是渗碳体的磁性转变温度，称为 A_0 转变。

3. 石　墨

石墨的碳含量为 100%，为六方晶格，是灰口铸铁的一个基本组成相。石墨硬度很低，塑性几乎为零，铁碳合金中的石墨常用符号 C 或 G 表示。

2.3.2　Fe-Fe_3C 相图分析

1. 概　况

图 2-26 是 Fe-Fe_3C 相图，图中各特性点的温度、碳浓度及意义如表 2-2 所示。各特性点的符号是国际通用的，不能随意更换。

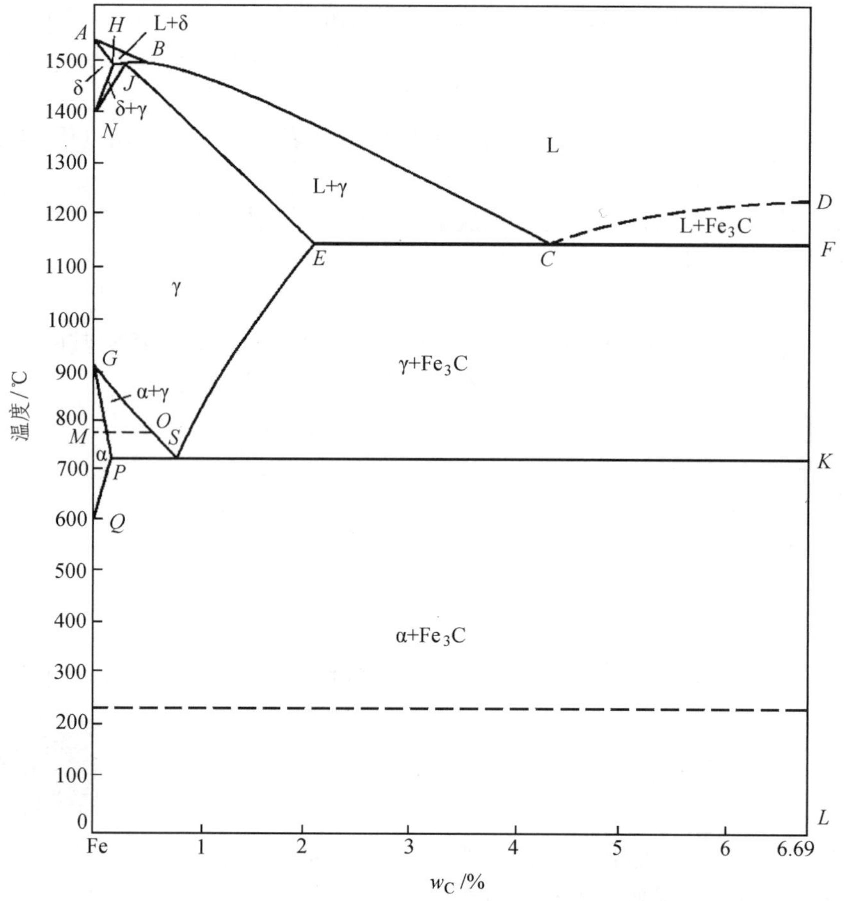

Fe-Fe$_3$C 相图分析
铁碳相图组织转变

图 2-26　Fe-Fe$_3$C 相图

表 2-2　铁碳相图中的特性点

符号	温度/°C	w_C/%	说　明	符号	温度/°C	w_C/%	说　明
A	1538	0	纯铁的熔点	*J*	1495	0.17	包晶点
B	1495	0.53	包晶转变时液态合金的成分	*K*	727	6.69	渗碳体的成分
C	1148	4.30	共晶点	*M*	770	0	纯铁的磁性转变点（A_2）
D	1227	6.69	渗碳体的熔点	*N*	1394	0	γ-Fe ⇌ δ-Fe 转变温度（A_4）
E	1148	2.11	碳在 γ-Fe 中的最大溶解度	*O*	770	约 0.5	w_C≈0.5%合金的磁性转变点
F	1148	6.69	渗碳体的成分	*P*	727	0.0218	碳在 α-Fe 中的最大溶解度
G	912	0	α-Fe ⇌ γ-Fe 转变温度（A_3）	*S*	727	0.77	共析点（A_1）
H	1495	0.09	碳在 δ-Fe 中的最大溶解度	*Q*	600	0.0057	600 °C 时碳在 α-Fe 中的溶解度

5 个单相区：

ABCD 以上——液相区（L）；

AHNA ——δ 固溶体区（δ）；

NJESGN——奥氏体区（γ 或 A）；

GPQG ——铁素体区（α 或 F）；

DFK——渗碳体区（Fe_3C 或 Cm）。

7 个两相区：

$L+\delta$、$L+\gamma$、$L+Fe_3C$、$\delta+\gamma$、$\gamma+\alpha$、$\alpha+Fe_3C$、$\gamma+Fe_3C$。

3 条水平线：

HJB——包晶转变线；

ECF——共晶转变线；

PSK——共析转变线。

2 条磁性转变线：

MO 虚线为铁素体的磁性转变线，230 °C 虚线为渗碳体的磁性转变线。

2. 三种恒温转变

（1）包晶转变（*HJB* 恒温线）。

在 1495 °C（恒温线上），$w_C=0.53\%$的液相与 $w_C=0.09\%$的 δ 相发生包晶转变，生成 $w_C=0.17\%$的 γ 相，即奥氏体，其反应式为

$$L_B+\delta_H \xrightleftharpoons{1495\ ^\circ C} \gamma_J \tag{2-13}$$

$w_C=0.09\%\sim0.53\%$的所有铁碳合金都发生包晶转变。$w_C=0.17\%$的铁碳合金包晶反应前 δ 相和液相的数量匹配得当，包晶反应结束时，δ 相和液相同时耗尽，变为单相奥氏体。含碳量 w_C 在 0.09%～0.17%的合金，由于 δ 相的量较多，液相耗尽后，将残留一部分 δ 相。这部分 δ 相在随后的冷却过程中将通过同素异晶转变而成为奥氏体。含碳量 w_C 在 0.17%～0.53%的合金，δ 相相对数量不足，包晶反应结束后将残留液相，这部分液相将随温度的降低而结晶为奥氏体。

$w_C<0.09\%$的合金不发生包晶转变，其液相将按匀晶转变结晶为 δ 固溶体之后，继续冷却时将在 *NH* 与 *NJ* 线之间发生同素异构转变，变为单相奥氏体。

（2）共晶转变（*ECF* 恒温线）。

在 1148 °C 的恒温下，由 $w_C=4.3\%$的液相转变为 $w_C=2.11\%$的奥氏体和渗碳体的混合物，其反应式为

$$L_C \xrightleftharpoons{1148\ ^\circ C} \gamma_E+Fe_3C \tag{2-14}$$

共晶转变形成的奥氏体和渗碳体的混合物，称为莱氏体，以符号 Ld 表示。凡是含碳量 w_C 在 2.11%～6.69%的合金，都会进行共晶转变。

（3）共析转变（*PSK* 恒温线）。

在 727 °C 的恒温下，由 $w_C=0.77\%$的奥氏体转变为 $w_C=0.0218\%$的铁素体和渗碳体组成的混合物，其反应式为

$$\gamma_S \xrightleftharpoons{727\ ^\circ C} \alpha_P+Fe_3C \tag{2-15}$$

共析转变的产物称为珠光体，用符号 P 表示。共析转变的恒温线 *PSK*，称为共析线或共析温度，常用符号 A_1 表示。凡是含碳量 $w_C>0.0218\%$的铁碳合金都将发生共析转变。

3. 三条重要的特性曲线

（1）*GS* 线。

GS 线又称为 A_3 线，它是在冷却过程中由奥氏体析出铁素体的开始线，或者说在加热过程

中铁素体溶入奥氏体的终了线。事实上，*GS* 线是由 *G* 点（A_3点）演变而来的，随着含碳量的增加，奥氏体向铁素体的同素异构转变温度逐渐下降，使得 A_3 点变成了 A_3 线。

（2）*ES* 线。

ES 线是碳在奥氏体中的溶解度曲线。当温度低于此曲线时，就要从奥氏体中析出次生渗碳体，通常称之为二次渗碳体，用 Fe_3C_{II} 表示，因此该曲线又是二次渗碳体的开始析出线。*ES* 线也叫 A_{cm} 线。

由相图可以看出，在 1148 °C 时，$w_C = 2.11\%$的 *E* 点表示奥氏体的最大含碳量。

（3）*PQ* 线。

PQ 线是碳在铁素体中的溶解度曲线。在 727 °C 时铁素体中的含碳量达到最大值 $w_C = 0.0218\%$。随着温度的降低，铁素体中的溶碳量逐渐减少，在 300 °C 以下，$w_C<0.001\%$，因此，当铁素体从 727 °C 冷却下来时，要从铁素体中析出渗碳体，称之为三次渗碳体，用 Fe_3C_{III}表示。

2.3.3 铁碳合金的平衡结晶过程及其组织

铁碳合金的组织是液态结晶及固态相变的综合结果，研究铁碳合金的结晶过程，目的在于通过分析合金的组织形成，以考虑其对性能的影响。通常按有无共晶转变将铁碳合金分为碳钢和铸铁两大类。$w_C = 0.0218\% \sim 2.11\%$不发生共晶转变的铁碳合金称为碳钢；$w_C = 2.11\% \sim 6.69\%$发生共晶转变的铁碳合金称为铸铁。按 Fe-$Fe_3C$ 系统结晶的铸铁，碳是以渗碳体的形式存在，其断口呈白亮色，故称之为白口铸铁。$w_C<0.0218\%$的铁碳合金与铁一样只发生同素异晶转变，故称之为工业纯铁。

根据组织特征，将铁碳合金按含碳量划分为七种类型：

（1）工业纯铁：$w_C<0.0218\%$；

（2）共析钢：$w_C = 0.77\%$；

（3）亚共析钢：$w_C = 0.0218\% \sim 0.77\%$；

（4）过共析钢：$w_C = 0.77\% \sim 2.11\%$；

（5）共晶白口铸铁：$w_C = 4.3\%$；

（6）亚共晶白口铸铁：$w_C = 2.11\% \sim 4.3\%$；

（7）过共晶白口铸铁：$w_C = 4.3\% \sim 6.69\%$。

现从每种类型中选择一种合金来分析其平衡结晶过程。所选取的合金成分在相图上的位置如图 2-27 所示。

1. 工业纯铁

合金①为 $w_C = 0.01\%$的工业纯铁，其结晶过程示意图如图 2-28 所示。该液态合金在 1 ~ 2 温度区间内，按匀晶转变结晶出 δ 固溶体，冷却至 3 点，开始发生固溶体的同素异构转变 δ→γ，奥氏体的晶核优先在 δ 相的晶界上形核并长大。这一转变在 4 点结束，合金全部转变为单相奥氏体，继续冷却至 5 点时，发生 γ 固溶体的同素异晶转变 γ→α；同样，铁素体也是在奥氏体晶界形核并长大，当温度继续降至 6 点时，奥氏体全部转变为铁素体。铁素体冷却到 7 点时，碳在铁素体中的溶解度达到饱和，因此，当温度降至 7 点以下时，渗碳体将从铁素体中析出，这种从铁素体中析出的渗碳体称为三次渗碳体。

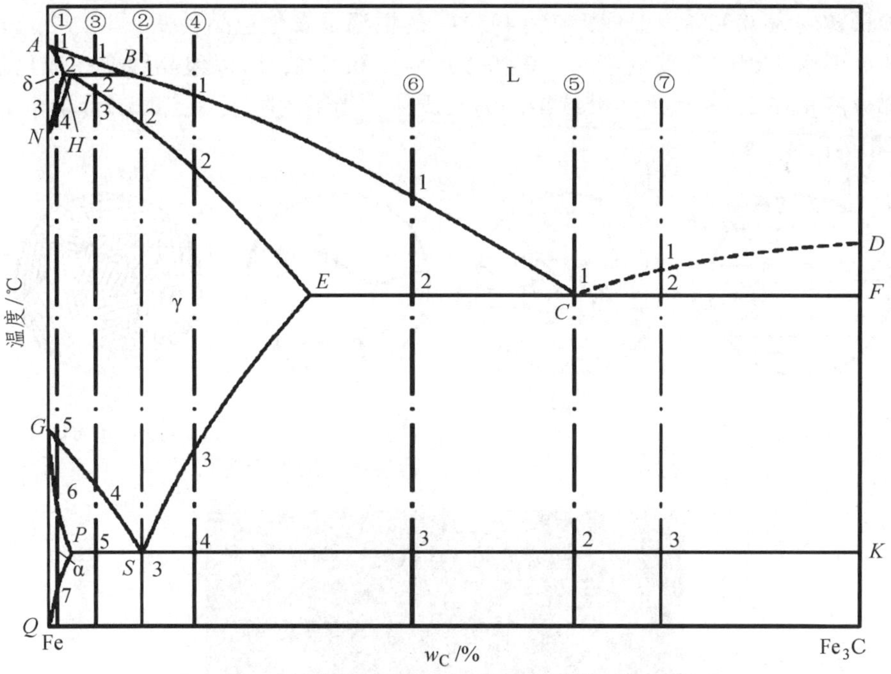

图 2-27　典型铁碳合金冷却时组织转变过程分析图

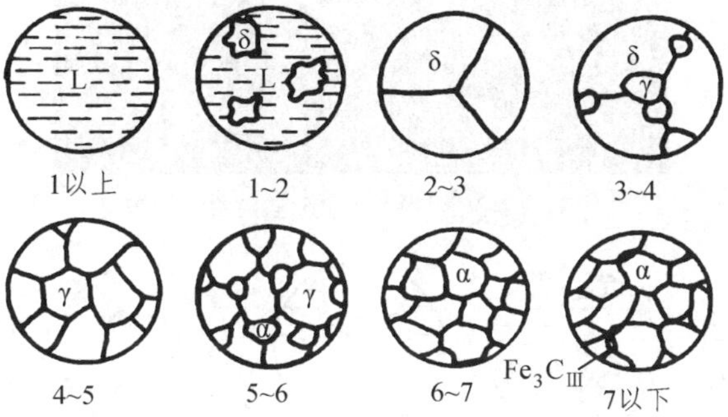

图 2-28　$w_C = 0.01\%$的工业纯铁结晶过程示意图

2. 共析钢

合金②为 $w_C = 0.77\%$的共析钢，其结晶过程示意图如图 2-29 所示。在 1 ~ 2 温度区间内，按匀晶转变结晶出奥氏体。温度冷却至 3 点（727 °C）时，在恒温下发生共析转变，$\gamma_S \rightleftharpoons \alpha_P + Fe_3C$，形成珠光体。珠光体是共析铁素体和共析渗碳体的层片状混合物，在随后的冷却过程中，铁素体中的含碳量沿 PQ 线变化，于是从珠光体的铁素体相中析出三次渗碳体，在缓慢冷却条件下，三次渗碳体在铁素体与渗碳体的相界上形成，与共析渗碳体连接在一起，在显微镜下难以分辨，同时其数量也很少，对珠光体的组织和性能没有明显影响。因此，共析钢的室温平衡组织是珠光体，如图 2-30 所示。

3. 亚共析钢

合金③为 $w_C = 0.40\%$的亚共析钢，其结晶过程示意图如图 2-31 所示。在 1 ~ 2 温度区间内，按匀晶转变结晶出 δ 固溶体，冷却至 HJB 线上的 2 点时，δ 固溶体的含碳量转变为 0.09%，而液相的含碳量转变为 0.53%，于是，在 1495 °C 的恒温下发生包晶转变，$L_B + \delta_H \rightleftharpoons \gamma_J$，转变为奥氏体。但由于钢中含碳量（$w_C = 0.40\%$）大于 0.17%，所以包晶转变完成后仍然有液相存在，这部分液相在 2 ~ 3 点之间继续结晶为奥氏体，当温度降至 3 点时，合金全部变为 $w_C =$ 0.40%的单相奥氏体。

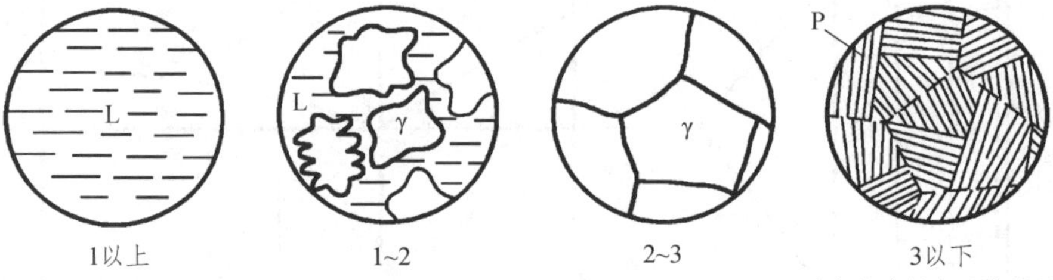

图 2-29　$w_C = 0.77\%$的共析钢结晶过程示意图

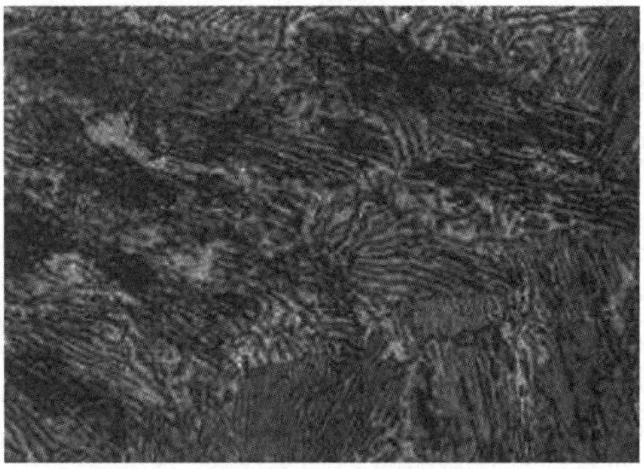

图 2-30　共析钢的室温组织

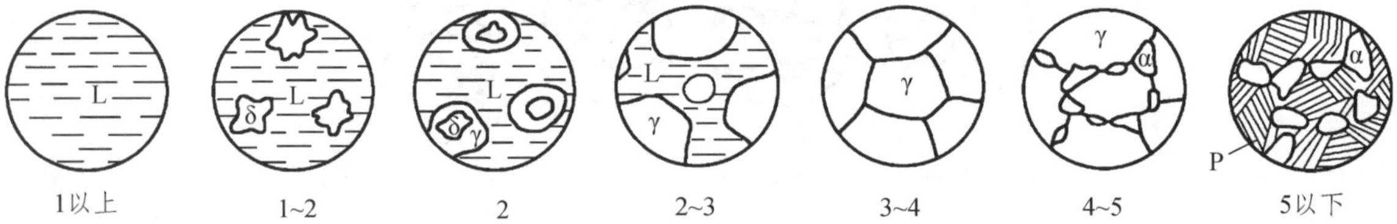

图 2-31　$w_C = 0.40\%$的亚共析钢结晶过程示意图

单相奥氏体冷却至 4 点时，在晶界上开始析出先共析铁素体，随着温度的降低，先共析铁素体的数量不断增多，此时铁素体的成分沿着 *GP* 线变化，而奥氏体的成分则沿着 *GS* 线变化，当温度冷却至 *PSK* 线上的 5 点时，奥氏体的成分达到 *S* 点，即含碳量达到 0.77%，于恒温下发生共析转变，$\gamma_S \rightleftharpoons \alpha_P + Fe_3C$，形成珠光体。在 5 点以下，先共析铁素体和珠光体中的共析铁素体都将析出三次渗碳体，但其数量也都很少，一般可以忽略不计。因此，亚共析钢的室温组织是先共析铁素体和珠光体，如图 2-32 所示，钢中含碳量越高，则组织中的珠光体数量越多。

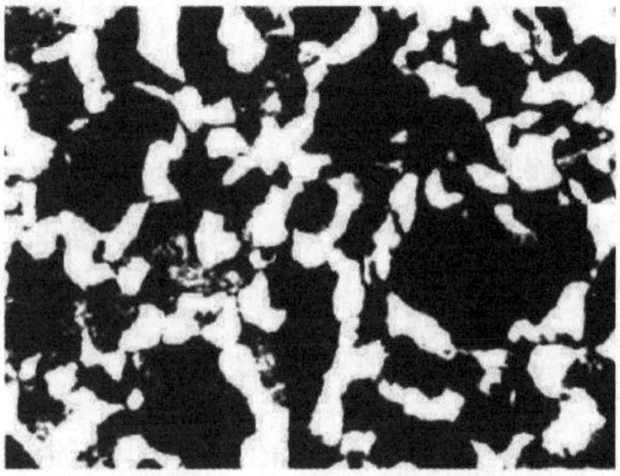

图 2-32　亚共析钢的室温组织

4. 过共析钢

合金④为 $w_C = 1.2\%$的过共析钢，其结晶过程示意图如图 2-33 所示。在 1 ~ 2 温度区间内，按匀晶转变结晶为单相奥氏体，当冷却至 ES 线上的 3 点时，开始从奥氏体中析出二次渗碳体，直到 4 点为止。这种先共析渗碳体一般沿着奥氏体晶界呈网状分布。由于渗碳体的析出，奥氏体中的含碳量沿 ES 线变化，当温度降至 PSK 线上的 4 点时，奥氏体的含碳量正好达到 0.77%，在恒温（727 °C）下奥氏体发生共析转变，$\gamma_S \rightleftharpoons \alpha_P + Fe_3C$，形成珠光体，因此过共析钢的室温组组就是二次渗碳体和珠光体，如图 2-34 所示。

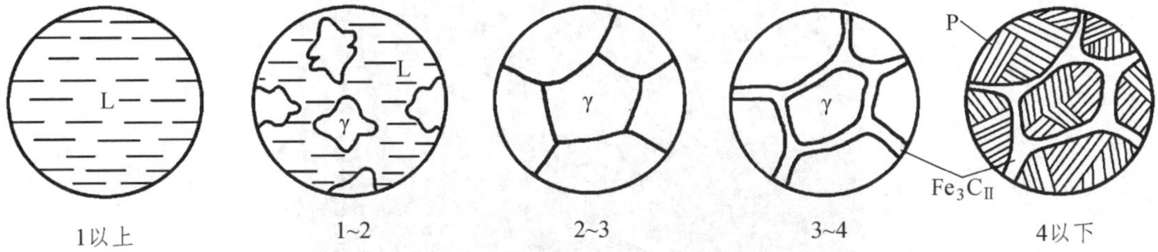

图 2-33　$w_C = 1.2\%$的过共析钢结晶过程示意图

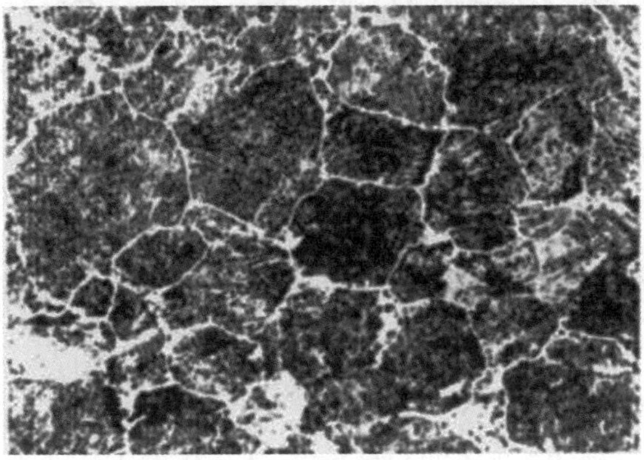

图 2-34　过共析钢的室温组织

在过共析钢中，二次渗碳体的数量随钢中含碳量的增加而增加，当含碳量较多时，除了沿奥氏体晶界呈网状分布外，还在晶内呈针状分布。当含碳量 w_C 达到 2.11%时，二次渗碳体的数量达到最大值，约为 22.66%。

5. 共晶白口铸铁

合金⑤为 $w_C = 4.3\%$的共晶白口铸铁，其结晶过程示意图如图 2-35 所示。液态合金冷却至 1 点（1148 °C）时，在恒温下发生共晶转变，$L_C \rightleftharpoons \gamma_E + Fe_3C$，形成莱氏体（Ld），当冷却至 1 点以下时，碳在奥氏体中的溶解度不断下降，因此从共晶奥氏体中不断析出二次渗碳体，但由于其依附在共晶渗碳体上析出并长大，所以很难分辨。当温度降至 2 点（727 °C）时，共晶奥氏体的含碳量 w_C 降至 0.77%，在恒温下发生共析转变，形成珠光体。所以共晶白口铸铁最后的室温组织是珠光体分布在共晶渗碳体的基体上。室温莱氏体保持了在高温下共晶转变后所形成的莱氏体的形态特征，只是组成相发生了改变。因此常将室温莱氏体称为低温莱氏体或变态莱氏体（Ld′），如图 2-36 所示。

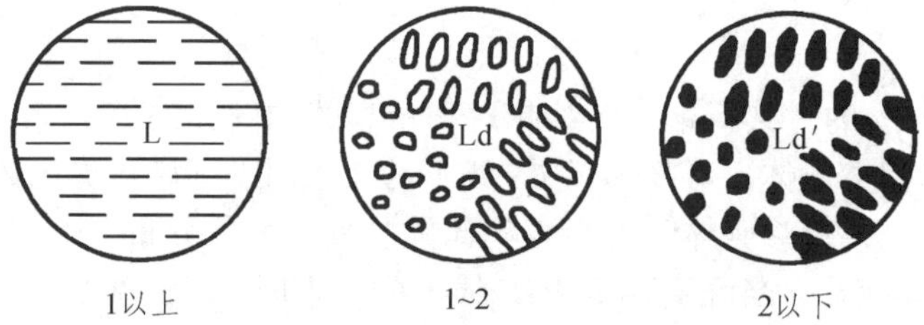

图 2-35　$w_C = 4.3\%$的共晶白口铸铁结晶过程示意图

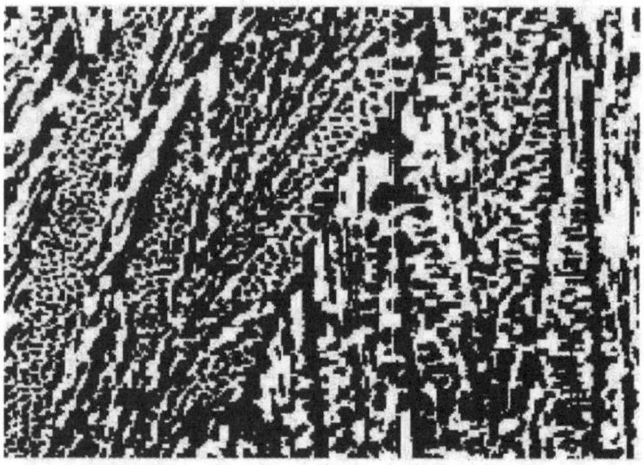
图 2-36　共晶白口铸铁的室温组织

6. 亚共晶白口铸铁

合金⑥为 $w_C = 3.0\%$的亚共晶白口铸铁，其结晶过程示意图如图 2-37 所示。在 1 ~ 2 温度区间内，按匀晶转变结晶出初晶奥氏体，或称先共晶奥氏体，初晶奥氏体的成分沿 *JE* 线变化，而液相沿 *BC* 线变化。当温度降至 *ECF* 线上的 2 点时，液相成分到达共晶点 *C*，于是在 1148 °C 的恒温下发生共晶转变，$L_C \rightleftharpoons \gamma_E + Fe_3C$，形成莱氏体。当温度冷却到 2 ~ 3 点温度区间时，从初晶奥氏体和共晶奥氏体中都析出二次渗碳体。随着二次渗碳体的析出，奥氏体的含碳量沿着 *ES* 线不断降低，当温度到达 3 点（727 °C）时，奥氏体的成分也到达了 *S* 点，于是恒温下发生共析转变，所有的奥氏体均转变为珠光体，因此，亚共晶白口铸铁的室温组织是珠光体 + 二次渗碳体 + 低温莱氏体，如图 2-38 所示。

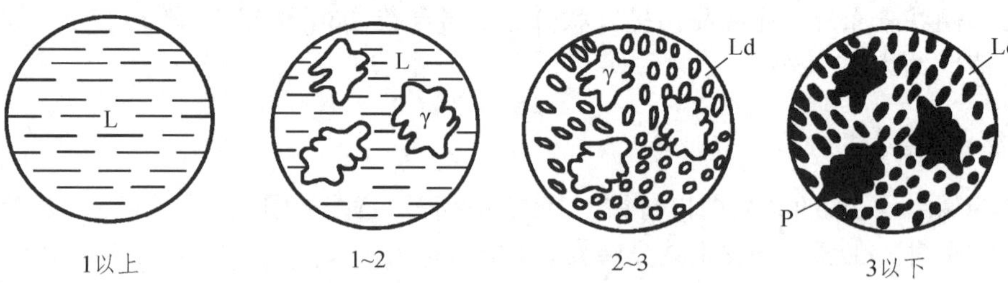

图 2-37　$w_C = 3.0\%$的亚共晶白口铸铁结晶过程示意图

7. 过共晶白口铸铁

合金⑦为 $w_C = 5.0\%$的过共晶白口铸铁，其结晶过程示意图如图 2-39 所示。该液态合金在温度 1 ~ 2 之间先结晶出粗大的先共晶渗碳体，称为一次渗碳体，用 Fe_3C_I表示。随着一次渗碳体的析出，液相成分沿着 *DC* 线变化。当温度冷却至 2 点时，液相成分到达 $w_C = 4.3\%$，于恒温下发生共晶转变，形成莱氏体。在继续冷却过程中，共晶奥氏体先析出二次渗碳体，然后于 727 °C 恒温下发生共析转变，形成珠光体，因此过共晶白口铸铁室温组织为一次渗碳体和低温莱氏体，如图 2-40 所示。

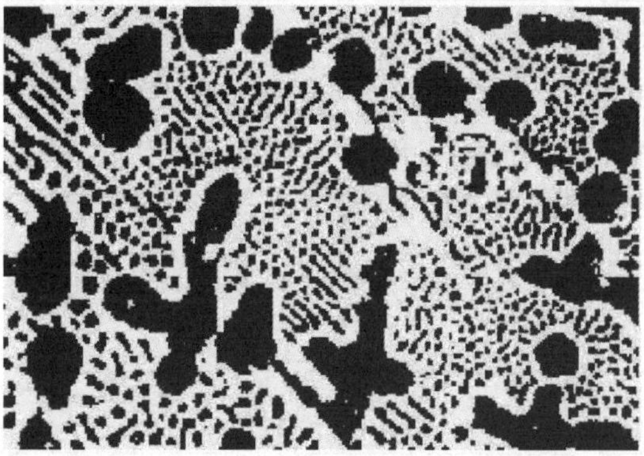

图 2-38　亚共晶白口铸铁的室温组织

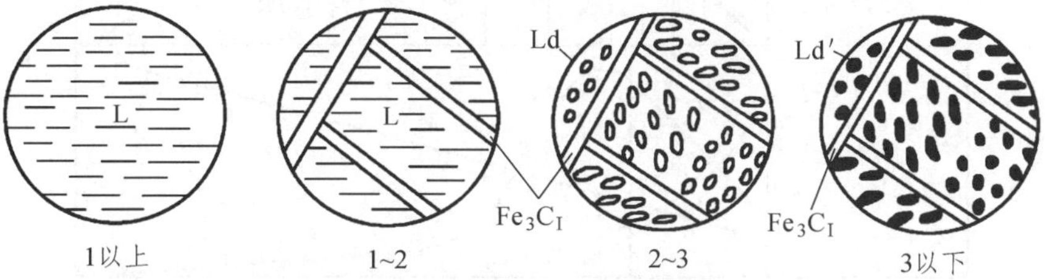

图 2-39　$w_C = 5.0\%$的过共晶白口铸铁结晶过程示意图

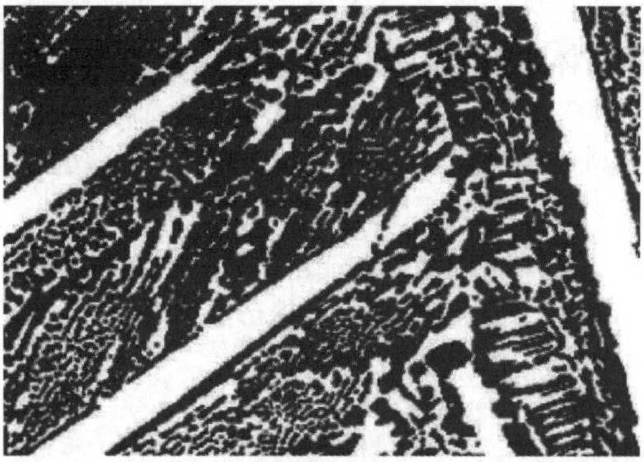

图 2-40　过共晶白口铸铁的室温组织

2.3.4　含碳量对铁碳合金平衡组织和性能的影响

1. 对平衡组织的影响

通过上述各铁碳合金及其结晶过程可以看出，任何铁碳合金在室温下的平衡组织都是由铁素体和渗碳体两个相组成的，碳对合金中铁素体和渗碳体的数量以及组织有着极其重要的影响。通过图 2-41 可以看出，随着含碳量的增加，铁碳合金的室温平衡组织变化顺序为

$$F \to F + P \to P \to P + Fe_3C_{II} \to P + Fe_3C_{II} + Ld' \to Ld' \to Ld' + Fe_3C_I$$

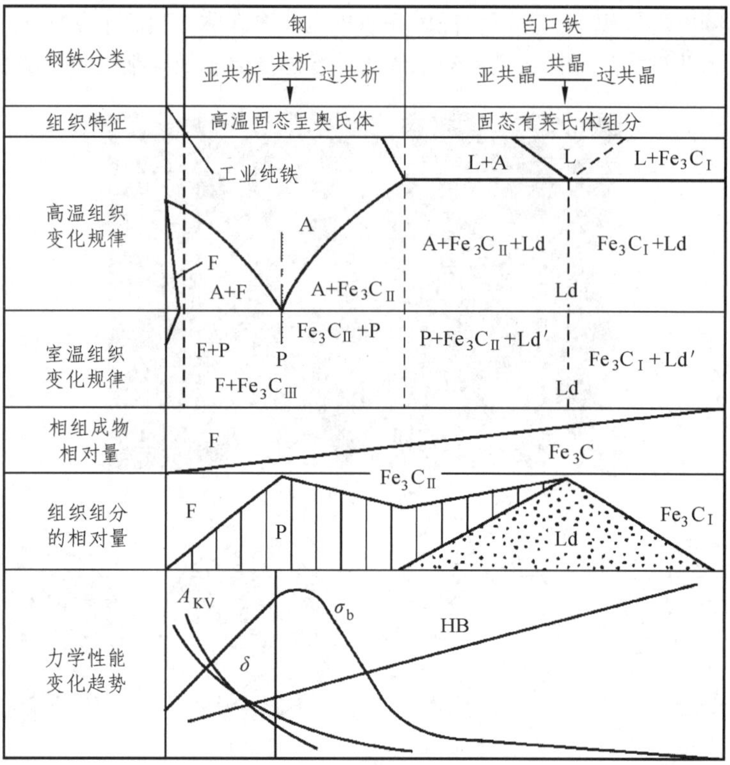

图 2-41　铁碳合金组织、性能与成分的对应关系

此外除了平衡组织发生变化外，随着含碳量的增加，铁素体和渗碳体的形态与分布也发生了变化。例如铁素体，从奥氏体中析出的铁素体一般呈块状，而经共析转变形成的珠光体中的铁素体则呈片状。又如渗碳体，三次渗碳体从铁素体中析出，沿边界呈小片状分布，共析渗碳体是经过共析反应生成的，与铁素体呈交替的层状分布，而从奥氏体中析出的二次渗碳体，则沿奥氏体晶界呈网状分布，共晶渗碳体是与共晶奥氏体同时形成的，在莱氏体中为连续的基体，比较粗大，有时呈鱼骨状，一次渗碳体是从液相中直接析出的，呈长条状。由此可见，同一种组成相，尽管本质不变，但由于形成条件不同，其形态和分布可以发生很大的变化，从而形成不同的组织，对铁碳合金的性能产生十分重要的影响。

2. 对机械性能的影响

铁碳合金中铁素体软而韧，渗碳体硬而脆，因此铁碳合金的机械性能主要取决于铁素体和渗碳体的配合情况。

珠光体由铁素体和渗碳体组成，渗碳体以片状分散分布于铁素体基体上，起到了强化作用，因此珠光体具有较高的强度和硬度，而塑性和韧性较差。在亚共析钢中，随着含碳量的增加，珠光体逐渐增多，合金的强度和硬度升高，而塑性和韧性逐渐降低。在过共析钢中，含碳量在1%时，合金的强度达到最大值，含碳量继续增加时，强度反而降低，这是由于脆性的二次渗碳体在含碳量大于 1%时，在晶界处形成连续的网状，使合金的脆性大大增加。在白口铸铁中，由于渗碳体含量很高，故脆性很大，强度很低。

为了保证工业上使用的铁碳合金具有适当的塑性和韧性，合金中渗碳体相的数量不应过多。对于碳素钢及普通低中合金钢而言，其含碳量一般不超过 1.3%。

3. 对工艺性能的影响

1）切削加工性能

含碳量过高或过低，都会降低钢的切削加工性能。含碳量较低时，钢中的铁素体成分较多，切削加工时产生的切削热较大，容易黏刀，而且切屑不易折断，影响表面粗糙度，故切削加工性能不好。含碳量较高时，钢中渗碳体成分较多，硬度较高，严重磨损刀具，切削性能也差。一般认为，钢的硬度在230 HBS左右时切削加工性能较好。

2）可锻性

金属的可锻性是指金属在压力加工时，能改变形状而不产生裂纹的性能。

钢的可锻性与含碳量有关，低碳钢的可锻性较好，随着含碳量的增加，可锻性逐渐变差。

奥氏体具有良好的塑性，易于塑性变形，钢加热到高温可获得单项奥氏体组织，具有良好的可锻性。

3）铸造性

金属的铸造性是指金属能否用铸造方法制成优良铸件的性能，又称可铸性。

铸铁的流动性比钢好，易于铸造，特别是靠近共晶成分的铸铁，其结晶温度低，流动性好，铸造性最好。从相图上看，结晶温度越高，结晶温度区间越大，越容易形成分散缩孔和偏析，铸造性就越差。

案例释疑

分析：钢桥垮塌、邮轮断裂，这些惨痛的教训引起了科学家们的高度重视，答案最终被科学家们找到了。首先，任何固体材料都会有弹性，而材料的弹性是有一定限度的，一旦所受的力超过其弹性限度，材料就会断裂。材料的弹性不仅与材料本身的结构密切相关，而且随温度的变化而变化。钢材在低温下，其弹性限度会大大下降。其次，更为重要的是，科学家们发现以上钢桥和邮轮的钢材中含磷量较高。磷是由生铁带入钢中的有害杂质元素，磷在钢中能全部溶入铁素体，使钢的强度、硬度有所提高，但却使常温下钢的塑性、韧性急剧降低，使钢变脆，这种情况在低温时更为严重，称为冷脆性。钢桥在严寒中受冷脆性影响，当承受不住外来的压力时，钢材就会产生裂缝，以致大桥垮塌、邮轮断裂。

结论：磷是有害的元素，它使钢产生冷脆性，因此应严格控制其含量。设计师在设计大型建筑和结构时，必须高度重视钢材的抗寒能力，量材施用。

技能提升

任务 2.4 实践技能训练

1. 任务内容

利用金相制样设备制作不同成分铁碳合金金相试样，通过金相显微镜观察其平衡组织。

2. 任务准备

1）了解铁碳合金金相组织特征

在金相显微镜下观察到的金属内部情景称为显微组织（或金相组织），用金相显微镜研究金属组织及缺陷的方法称为显微分析。

从铁碳相图上看，铁碳合金的平衡组织是由铁素体和渗碳体两个基本相组成的，由于碳的质量分数不同，铁素体和渗碳体的相对量及分布情况不同，因而呈现出不同的组织状态。用质量分数为4%的硝酸酒精溶液作侵蚀剂时，在金相显微镜下观察铁碳合金，有以下几种基本组织：

（1）铁素体。

亚共析钢中的铁素体呈白亮色块状分布，当碳的质量分数接近共析成分时，铁素体往往呈白亮色断续网状分布于珠光体周围。

（2）渗碳体。

一次渗碳体为白亮色板条状分布；二次渗碳体为白亮色网状分布。如果用苦味酸钠溶液作侵蚀剂，渗碳体则呈黑色。

（3）珠光体。

它是铁素体和渗碳体的两相机械混合物组织。在退火状态下，铁素体和渗碳体以白亮色层片状形态相互混合交替排列，由于铁素体的相对量较多，层片较厚，已经连成一个整体。放大倍数较低时，渗碳体呈黑色条状分布于白亮色铁素体基体上。当珠光体与其他组织共存时，往往呈黑色块状分布。

（4）低温莱氏体。

它是由珠光体、二次渗碳体和共晶渗碳体组成的共晶体。在金相显微镜下，许多黑色点状或条状的珠光体均匀地分布于白亮色渗碳体基体上。在亚共晶白口铸铁中，低温莱氏体被黑色块状或树枝状的珠光体所分割。在过共晶白口铸铁中，低温莱氏体被粗大的白亮色板条状渗碳体所分割。

2）学习使用金相显微镜

金相显微镜的种类和型号较多，其主要结构如图2-42所示。

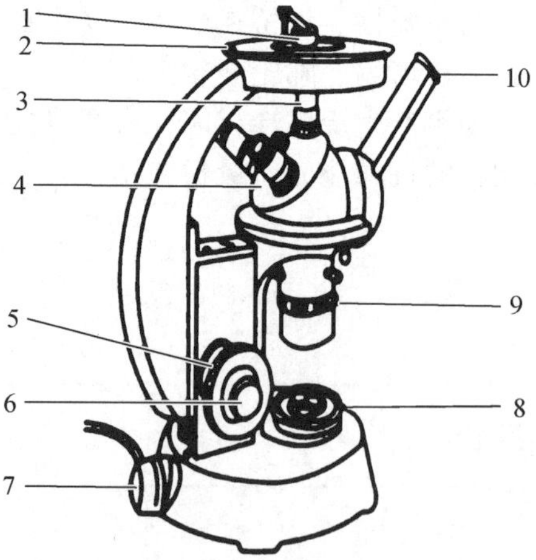

1—试样；2—载物台；3—物镜；4—物镜转换器；5—粗调手轮；6—细调手轮；
7—光源；8—孔径光栅；9—视场光栅；10—目镜。

图2-42 金相显微镜示意图

使用方法：金相显微镜是一种精密仪器，使用时要细心谨慎，严格按照金相显微镜的操作规程使用。其步骤如下：

（1）按观察要求选择合适的物镜和目镜，转动粗调手轮将载物台升高，取下物镜底盖，将物镜装在物镜转换器上；取下目镜套盖，将目镜插入目镜筒中。

（2）将金相试样的磨面对准物镜安放在载物台上。

（3）按要求接通低压电源。

（4）用双手缓慢转动粗调手轮，使金相试样与物镜逐渐靠近，同时在目镜上观察，视场由暗到亮，并逐渐观察到组织。然后再转动细调手轮，直至观察到最清晰的图像为止。注意，调节手轮的动作要缓慢，禁止物镜与试样发生碰撞。

（5）根据试验要求，缓慢移动载物台，对试样各部位进行观察，并记录显微组织特征，画出显微组织示意图。

（6）观察结束后，按要求将金相显微镜恢复到使用前的状态。

3. 训练目的

（1）了解金相显微镜的使用及金相样品的制备过程。

（2）认识不同成分铁碳合金在平衡状态下的组织形态。

（3）加深理解铁碳合金化学成分、组织、性能之间的关系。

4. 训练过程

1）金相试样制备

（1）取样。

根据被检验材料或零件的失效形式、加工工艺的特点及研究目的，在具有代表性的区域截取试样。如压力加工后的零件，应在加工的不同方向上分别取样，检查零件破坏的原因，应在接近破坏处取样等。

取样方法有锤击、锯削、砂轮切割等。取样时，要注意避免使金属温度升高，否则会使金属组织发生变化。

（2）镶嵌。

通常采用直径为 15 mm，高度为 15 ~ 20 mm 的圆柱形或边长为 15 mm 的方形试样。当试样尺寸较小时，需将试样镶嵌在低熔点金属或塑料（胶木粉、聚合树脂等）中，以便于试样磨削。

（3）磨光。

为了得到一个水平光滑的磨面，需要对试样进行磨光处理。首先用锉刀或砂轮机将试样磨平，磨平时应随时用水冷却，以免温度升高引起试样组织变化。然后用金相砂纸进行磨光。手工磨光时，按一定方向磨削，用力要均匀、平稳，砂纸由粗到细依次磨削，不要来回磨。当更换细一号砂纸时，须将试样转动 90° 后再磨，直至将上一道磨痕全部消除为止。为了加快磨削速度，还可以采用机械磨削。

（4）抛光。

抛光实际上是磨光工序的延伸，所用磨料极细，目的是获得光亮无磨痕的镜面。试样抛光可分为机械抛光、电解抛光和化学抛光三种方法。试样抛光后用清水冲洗干净，准备侵蚀。

（5）侵蚀。

为了显现金属的显微组织，必须用一定的侵蚀剂对试样的磨面进行腐蚀。由于金属内部不同组织或不同位向晶粒的耐腐蚀性不同，因此腐蚀后出现凹凸不平的情况，在金相显微镜下呈现出明暗不同的区域或线条，从而显示出不同组织的特征。试样侵蚀完成后，应立即用清水将残余侵蚀剂冲洗干净，再用无水乙醇进行脱水，然后用吹风机吹干。

2）观　察

将制备完成的金相试样放在显微镜下观察。

3）分　析

分析组织形态并画出组织示意图。

项目小结

（1）金属的晶格类型包括体心立方晶格、面心立方晶格、密排六方晶格；金属晶体结构的缺陷包括点缺陷、线缺陷和面缺陷；金属结晶时都遵循着相同的规律，即结晶过程是形核与长大的过程。

（2）根据构成合金的各组元之间相互作用的不同，固态合金的相结构可分为固溶体和金属化合物；根据溶质原子在溶剂晶格中所处位置不同，固溶体可分为间隙固溶体和置换固溶体；常见二元合金相图有：二元匀晶相图、二元共晶相图、二元共析相图以及二元包晶相图等；两组元在液态无限互溶、固态也无限互溶的二元合金相图称为匀晶相图，两组元在液态时相互无限互溶，在固态时相互有限互溶，发生共晶转变，形成共晶组织的二元系相图，称为二元共晶相图。其具体的结晶过程和相变过程分析参考书 2.2.3 二元合金相图。

（3）铁碳合金是以铁和碳为基本组元组成的合金，其基本相和组织主要有：铁素体、奥氏体、渗碳体、珠光体、莱氏体；Fe-Fe_3C 相图中各特性点的温度、碳浓度及意义见表 2-2，图中有三个重要的恒温转变线：*HJB* 线（包晶转变线）、*ECF* 线（共晶转变线）、*PSK* 线（共析转变线），三条重要的特性曲线：*ES* 线、*GS* 线、*PQ* 线；根据含碳量和室温组织特点，铁碳合金可分为三类：工业纯铁、钢（亚共析钢、共析钢、过共析钢）、白口铸铁（亚共晶白口铸铁、共晶白口铸铁、过共晶白口铸铁），铁碳合金结晶过程分析参考本书 2.3.3 铁碳合金的平衡结晶过程及其组织。

思考与练习

一、填空题

1. 金属晶体常见的晶体结构有__________、__________和__________。

2. 根据晶体缺陷的几何特征，可以将晶体缺陷分为__________、__________和__________。

3. 位错是指晶体中某处有一列或若干列原子发生了有规律的错排现象，使长度达几百至几万个原子间距、宽约几个原子间距范围内的原子离开其平衡位置，发生了有规律的错动，常见的位错类型有__________和__________。

4. 晶格点缺陷常见的类型有__________、__________和__________。

5. __________和__________是铁碳合金的两个组元。

6. 按溶质原子在晶格中所占的位置可以将固溶体分为__________和__________两类。

7. 金属化合物常见的类型有__________、__________和__________。

8. 合金存在的状态通常由合金的__________、__________和__________三个因素确定。

9. 铁素体是碳溶于__________中形成的间隙固溶体，奥氏体是碳溶于__________中形成的间隙固溶体。

二、简答题

1. 什么是晶格和晶胞？如何表示晶胞的大小和形状？

2. 什么是过冷现象和过冷度？过冷度与哪些因素有关？

3. 什么是合金，试举例说明。

4. 合金的相结构有哪几种类型？它们的晶格特点是什么？

5. 间隙相和间隙化合物有哪些相同点？其晶体结构、性能各有什么区别？

6. 什么是合金相图？合金相图的作用有哪些？

7. 试比较纯铁在固态下不同温度范围内的晶体结构，为什么要“趁热打铁”？

8. 分析说明一次渗碳体、二次渗碳体、三次渗碳体的来源。

三、计算题

1. 画出面心立方晶格的晶胞示意图，并计算面心立方晶格的致密度。

2. 用杠杆定律分别计算室温下 $w_C = 0.4\%$的铁碳合金组织组成物和相组成物的质量分数。

项目 2 答案

项目 3 钢的热处理

知识目标

- 了解钢在加热和冷却时的组织转变。
- 掌握钢的退火、正火、淬火和回火的工艺特点以及主要目的和用途。
- 了解钢的表面热处理工艺。

技能目标

- 能根据零件特点正确选择热处理工艺。
- 能根据材料性能合理确定热处理工艺位置，正确选择热处理方案。
- 掌握常规热处理工艺，能进行典型零件的热处理工艺设计。

素养目标

- 培养学生实事求是、严肃认真的科学态度与工作作风。
- 培养学生良好的安全生产意识、质量意识和效益意识。
- 培养学生遵章守纪的职业素养。

任务导航

- 任务 3.1　钢加热时的组织转变认知学习
- 任务 3.2　钢冷却时的组织转变认知学习
- 任务 3.3　钢的退火与正火认知学习
- 任务 3.4　钢的淬火与回火认知学习
- 任务 3.5　钢的表面热处理认知学习
- 任务 3.6　其他热处理技术认知学习
- 任务 3.7　热处理方案选择及工艺位置安排
- 任务 3.8　实践技能训练

引导案例

古代兵器如剑、戟、斧、戈等，需要反复锻打，并进行热处理，方能得到锋利的刀刃。《天工开物》叙述了古代制针采用的渗碳剂和固体渗碳工艺，明朝宋应星在《锤锻》篇中提及，锄用“熟铁锻成，熔化生铁淋口，入水淬健，即成刚劲”。1968 年河北满城出土的西汉刘胜的佩剑，经分析，表面有明显的渗碳层，并经淬火，其硬度为 900 ~ 1170 HV，而中心低碳部分的硬度为 220 ~ 300 HV，表面硬度较高，锋利耐磨，而中心则有很好的韧性，不易折断。可见当时刀、剑的热处理工艺已具有很高的水平。那么，锋利的宝剑是怎样制成的呢？图 3-1 所示为锻剑。

图 3-1　锻剑

知识导学

钢的热处理是指将钢在固态下进行加热、保温和冷却，以改变其内部组织，从而获得所需性能的一种工艺方法。热处理可以强化材料，改善材料的工艺性能，因此，机械制造业中大多数的机器零件都要经过热处理，以提高产品的质量和使用寿命。

根据热处理的目的、加热和冷却方式的不同，热处理可以分为以下几类：

普通热处理：退火、正火、淬火、回火。

表面热处理：火焰加热表面淬火、感应加热表面淬火等。

化学热处理：渗碳、渗氮、碳氮共渗等。

热处理的种类虽然很多，但一般是由加热、保温和冷却三个阶段组成，图 3-2 所示为钢的热处理工艺曲线。因此，要了解各种热处理工艺方法，必须研究钢在加热、保温和冷却过程中的组织变化规律。

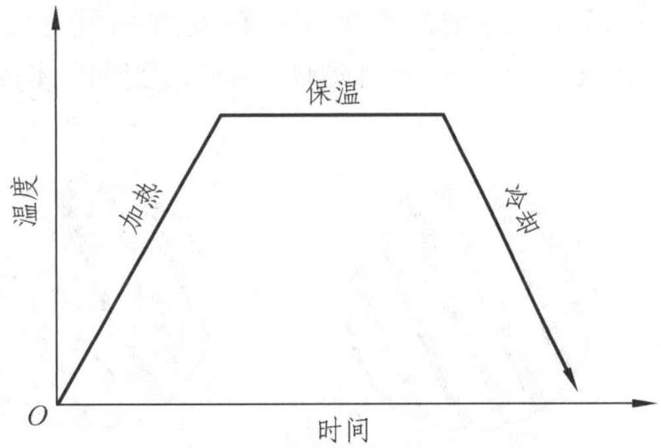

图 3-2　钢的热处理工艺曲线

任务 3.1 钢加热时的组织转变认知学习

钢的热处理过程中，大多数是首先把钢加热到奥氏体状态，通常把钢加热获得奥氏体的转变过程称为“奥氏体化”。奥氏体的形成及奥氏体晶粒的大小对随后冷却时奥氏体的转变特点和转变产物的组织与性能都有显著影响。

3.1.1 奥氏体的形成

根据 $Fe\text{-}Fe_3C$ 相图，在极缓慢加热时珠光体向奥氏体的转变是在 *PSK* 线即 A_1 温度开始的，而先共析铁素体和先共析渗碳体向奥氏体的转变则始于 A_1，分别结束于 A_3（*GS* 线）和 A_{cm}（*ES* 线）。然而当加热速度提高时，上述转变将在过热情况下发生，即实际转变温度分别高于 A_1、A_3 和 A_{cm}。图 3-3 给出了加热和冷却时相变点的移动情况，加热时相变温度偏高，冷却时偏低，且加热和冷却速度越大，偏差越大，其中加热时的相变点标以脚注“c”，冷却时的相变点标以脚注“r”。

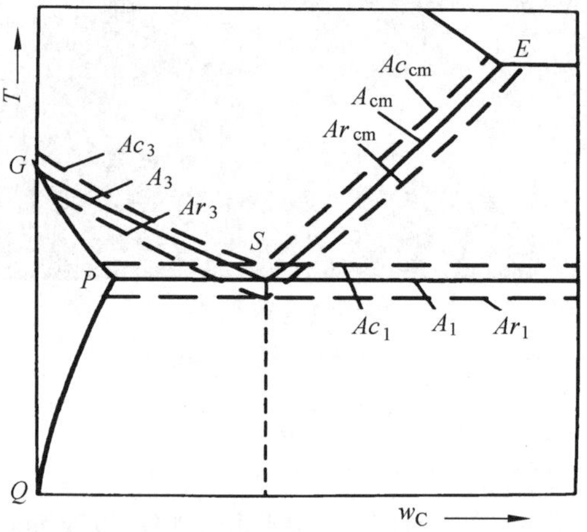

图 3-3 加热和冷却时钢的相变点在 $Fe\text{-}Fe_3C$ 相图上的位置

共析钢中奥氏体形成过程

奥氏体的形成遵循形核和长大的基本规律。以共析钢（碳的质量分数为 0.77%）为例，奥氏体的转变过程可分为四个阶段，即奥氏体晶核形成、奥氏体晶核长大、残余渗碳体溶解以及奥氏体成分均匀化，如图 3-4 所示。

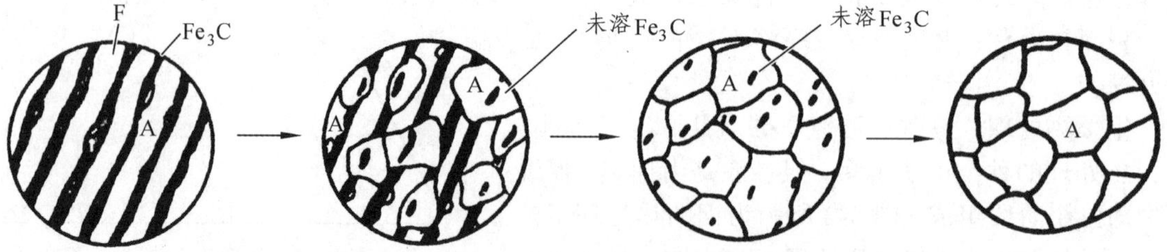

图 3-4 共析钢中奥氏体形成过程示意图

1. 奥氏体晶核的形核与长大

将共析钢加热到 Ac_1 以上某一温度保温时，珠光体处于不稳定状态，通常首先在铁素体和渗碳体相界面上形成奥氏体晶核，如图 3-4（a）所示，这是由于铁素体和渗碳体相界面上碳浓度分布不均匀，原子排列不规则，处于能量较高状态，为奥氏体形核创造了有利条件。

奥氏体晶核形成后即开始长大，如图 3-4（b）所示。由于它的两侧分别与铁素体和渗碳体相邻，所以奥氏体晶核的长大是奥氏体的相界面同时向铁素体和渗碳体中推移的过程。这一过程是依靠铁、碳原子的扩散，使铁素体的体心立方晶格不断改组为面心立方晶格，渗碳体向新形成的奥氏体中不断溶解来完成的。

2. 残余渗碳体的溶解

由于渗碳体的晶体结构及碳的质量分数与奥氏体相差很大，所以渗碳体向奥氏体中的溶解必然落后于铁素体向奥氏体的转变，因此当铁素体完全转变为奥氏体后，仍然有一部分渗碳体没有溶解，这部分渗碳体称为残余渗碳体，如图 3-4（c）所示。残余渗碳体会随着温度的升高或保温时间的延长逐步融入奥氏体，直至全部消失。

3. 奥氏体的均匀化

当渗碳体刚刚全部溶于奥氏体后，奥氏体中碳浓度是不均匀的，原来是渗碳体的部位含碳量较高，原来是铁素体的部位含碳量较低，随着保温时间的延长，通过碳原子的充分扩散，才能获得成分均匀的奥氏体。

因此，热处理的保温阶段，不仅为了使零件穿透加热和相变完全，而且还为了获得成分均匀的奥氏体，以便冷却后能得到良好的组织与性能。

亚共析钢和过共析钢的奥氏体形成过程基本相同，但其完全奥氏体化的过程则有所不同。如图 3-3 所示，当加热到 Ac_1 上时，只有珠光体转变为奥氏体，而亚共析钢中的铁素体只有加热到 Ac_3 以上才能全部转变为奥氏体；过共析钢中的渗碳体要加热到 Ac_{cm} 以上才能全部溶入奥氏体。

3.1.2 奥氏体晶粒大小及其影响因素

1. 奥氏体的晶粒度

奥氏体晶粒度是指将钢加热到相变点（亚共析钢为 Ac_3，过共析钢为 Ac_1 或 Ac_{cm}）以上某一温度并保温一定时间所得到的奥氏体晶粒的大小。晶粒度是晶粒大小的量度。国家制定的标准将奥氏体晶粒度分为 8 级，数字越大，晶粒越细，如图 3-5 所示。一般认为 1 ~ 3 级为粗晶粒，4 ~ 6 级为中等晶粒，7 ~ 8 级为细晶粒。钢在加热后形成的奥氏体组织，特别是奥氏体晶粒大小对冷却转变后钢的组织和性能有着重要的影响。一般来说，奥氏体晶粒越细小，钢热处理后的强度越高，塑性越好，冲击韧度越高。但是奥氏体化温度过高或在高温下保持时间过长，将使钢的奥氏体晶粒长大，降低钢的冲击韧度、提高脆性转折温度。此外，晶粒粗大的钢件，淬火变形和开裂倾向增大。尤其当晶粒大小不均时，还显著降低钢的结构强度，引起应力集中，易于产生脆性断裂。因此，在热处理过程中应当十分注意防止奥氏体晶粒粗化。

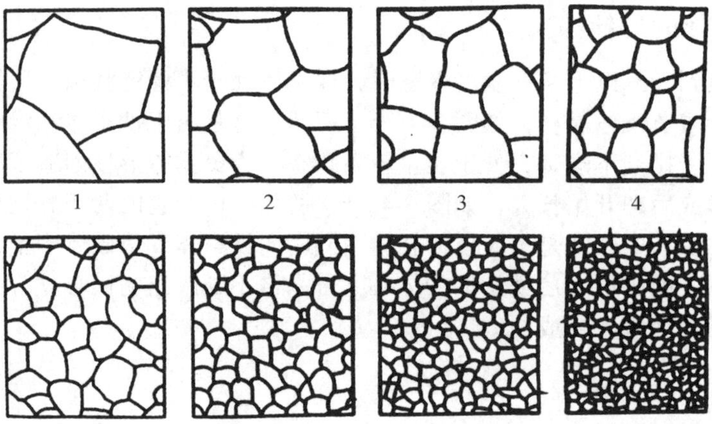

图 3-5　钢的标准晶粒度等级图

2. 影响奥氏体晶粒长大的因素

（1）加热温度和保温时间

奥氏体晶粒长大的速度与原子扩散密切相关。加热温度越高，保温时间越长，奥氏体晶粒越粗大。因此，为了获得细小奥氏体晶粒，热处理时必须规定合适的加热温度范围。

（2）加热速度

加热温度相同时，加热速度越快，过热度越大，形核率越高，奥氏体晶粒越细。生产上常采用快速加热短时保温工艺获得超细化晶粒。

（3）化学成分

在一定的含碳量范围内，随着奥氏体中含碳量的增加，碳在奥氏体中的扩散速度增大，使奥氏体晶粒长大的倾向增大。但当碳的质量分数超过其在奥氏体中的溶解度后，残余渗碳体就会产生机械阻碍作用，使奥氏体晶粒长大的倾向变小。除此之外，钢中的大多数合金元素（除 Mn 以外）都有阻碍奥氏体晶粒长大的作用。其中能形成稳定的碳化物的元素（如 Cr、W、Mo、Ti、Nb 等）和能生成氧化物、氮化物、有阻碍晶粒长大作用的元素（如适量的 Al），其碳化物、氧化物、氮化物在晶界上弥散分布，强烈地阻碍了奥氏体晶粒的长大，使晶粒保持细小。因此，为了控制奥氏体的晶粒度，可以加入阻碍晶粒长大的合金元素。

任务 3.2　钢冷却时的组织转变认知学习

钢经加热获得均匀奥氏体组织，一般只是为随后的冷却转变做准备。冷却是热处理的关键，钢的力学性能取决于奥氏体冷却转变后获得的组织，故必须研究奥氏体冷却过程的变化规律。

钢的热处理工艺有两种冷却方式：一种是等温冷却，如图 3-6 曲线 1 所示，将奥氏体状态的钢迅速冷却到临界点以下某一温度保温，让其发生恒温转变，然后再继续冷却；另一种是连续冷却，如图 3-6 曲线 2 所示，钢从奥氏体状态一直连续冷却到室温。由于 $Fe\text{-}Fe_3C$ 相图是在极其缓慢加热或冷却条件下建立的，它没有考虑到冷却条件对相变的影响，因此热处理中，通常都是根据上述两种冷却方式，分别测绘出过冷奥氏体等温转变曲线和过冷奥氏体连续冷却转变曲线，这两种曲线能正确说明奥氏体在冷却时的条件与相变间的关系。

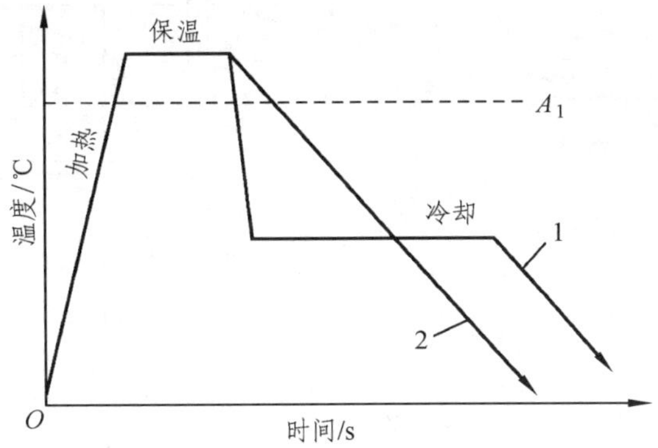

1—等温冷却；2—连续冷却。

图 3-6　奥氏体不同冷却方式示意图

3.2.1　共析钢过冷奥氏体的等温转变图

奥氏体在临界转变温度以上是稳定的，不会发生转变。奥氏体冷却至临界温度以下，在热力学上处于不稳定状态，要发生分解转变，这种在临界温度以下存在且不稳定的、将要发生转变的奥氏体，叫作过冷奥氏体。

过冷奥氏体在连续冷却时的转变是在一个温度范围内发生的，其过冷度不断变化，因而可以获得粗细不同或类型不同的混合组织，这种冷却方式在生产上广泛采用，但分析起来比较困难；而在等温冷却时，可以控制温度和时间这两个因素，分别研究温度和时间对过冷奥氏体转变的影响，从而有助于弄清过冷奥氏体的转变过程及不同转变产物的组织和性能，并能方便地测定过冷奥氏体等温转变曲线。

1. 过冷奥氏体等温转变图测定原理

现以共析钢为例。首先将共析钢制作成ϕ10 mm × 1.5 mm 的薄片试样，分成几组，每组都有几个试样，将各组试样都在同样加热条件下奥氏体化，获得均匀的奥氏体组织，然后把各组试样分别迅速投入A_1点以下不同温度（如 720 ℃、700 ℃、650 ℃、600 ℃、550 ℃…）的等温浴槽中，使过冷奥氏体进行等温转变，同时记录时间，每隔一段时间，在每一组中取出一块试样淬入水中，测量其硬度并在显微镜下观察其组织，找出各个等温温度下的转变开始时间和转变终了时间，并标注在“温度-时间”的坐标系中；将所有的转变开始点和转变终了点分别连接起来，便形成了奥氏体转变开始线和转变终了线，如图 3-7 所示。这种描绘奥氏体等温转变温度-时间-转变产物三者之间关系的曲线，称为奥氏体等温转变图。由于曲线的形状很像字母 C，故又称为 C 曲线。

与共析钢 C 曲线不同，亚、过共析钢 C 曲线的上部各多出一条先共析相析出线，如图 3-8、图 3-9 所示，说明过冷奥氏体在发生珠光体转变之前，在亚共析钢中要先析出铁素体，在过共析钢中要先析出渗碳体，同时，在正常的热处理加热条件下，亚共析钢的 C 曲线随碳质量分数增加向右移动，过共析钢的 C 曲线随碳的质量分数增加向左移动，所以在碳钢中，共析钢的 C 曲线离温度坐标距离最远，其过冷奥氏体最稳定。

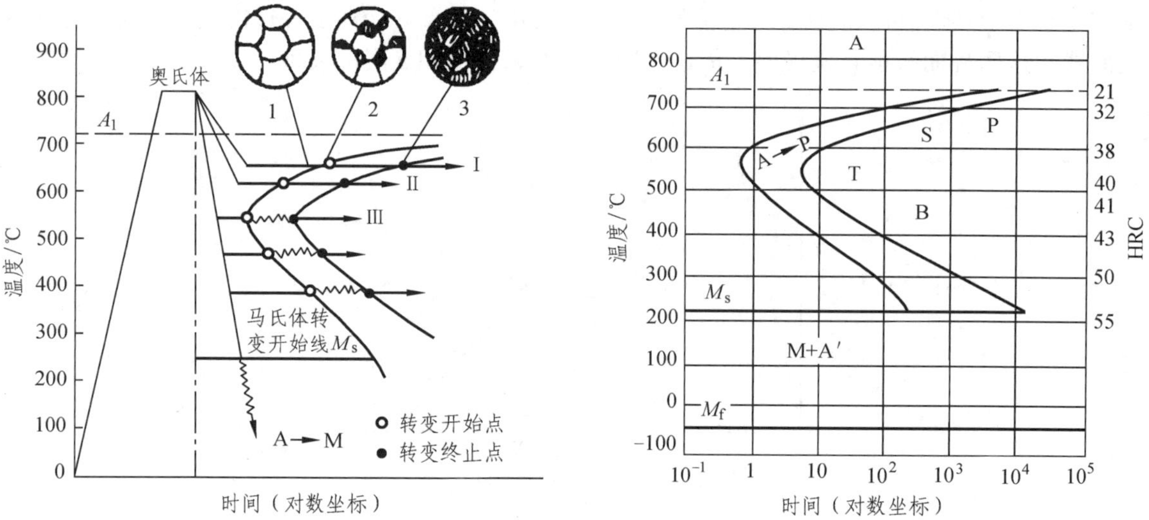

图 3-7　共析钢等温转变图

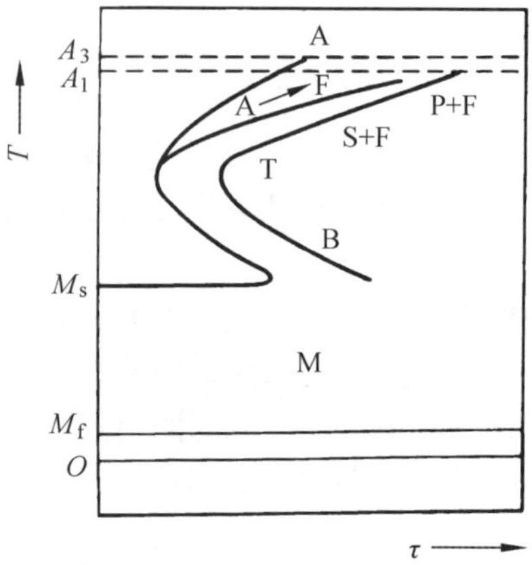

图 3-8　亚共析钢等温转变图

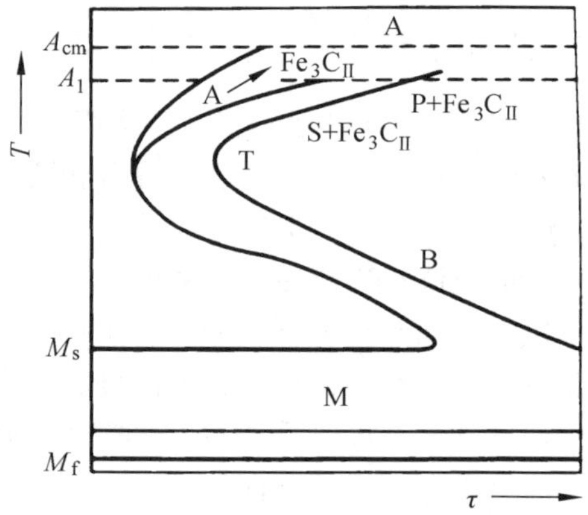

图 3-9　过共析钢等温转变图

2. 过冷奥氏体等温转变图分析

由 C 曲线可知，过冷奥氏体在发生转变前需要经历一段等待时间，这段时间称为孕育期，转变开始线到温度坐标轴的距离代表了孕育期的长短，孕育期的长短随过冷度而变化。C 曲线的拐弯处，称为等温转变图的鼻尖，其孕育期最短，即过冷奥氏体最不稳定，容易发生转变，其转变速度也最快。而在靠近 A 和 M_f线处孕育期较长，过冷奥氏体比较稳定，其转变速度也较慢。

实践表明，过冷奥氏体在 A_1 以下三个温度区间内将分别发生不同类型的组织转变：

（1）在 A_1 ~ 550 °C 的高温区等温停留时，发生珠光体转变；

（2）在 550 °C ~ M_s 点的中温区等温停留时，发生贝氏体转变；

（3）当过冷奥氏体被快速冷却到 M_s 点以下时的低温区时，发生马氏体转变。

3. 珠光体转变

珠光体转变又称高温转变，由面心立方晶格的奥氏体转变为由体心立方晶格的铁素体和复杂晶格的渗碳体组成的珠光体，其过程既要进行晶格的改组，又要进行铁、碳原子的扩散，是一个在固态下形核和长大的过程。

当奥氏体过冷到 A_1 ~ 550 °C 的某一温度保温时，首先在奥氏体晶界处形成片状渗碳体核心（近年研究表明，也可以形成铁素体核心），如图 3-10（a）所示，Fe_3C 的长大使得周围奥氏体贫碳，为铁素体的形核创造了条件，α 晶核便在 Fe_3C 两侧形成，这样就形成了一个珠光体晶核，如图 3-10（b）所示。α 的长大使周围奥氏体中碳含量升高，这又为新的 Fe_3C 形成创造了条件。随着 Fe_3C 的长大，又产生新的 α 片，如此反复进行，便形成了 α 与 Fe_3C 片层相间的珠光体领域。与此同时，又有新的珠光体晶核形成并长大，如图 3-10（c）所示，直到各个珠光体领域彼此相碰，奥氏体完全消失，转变结束。

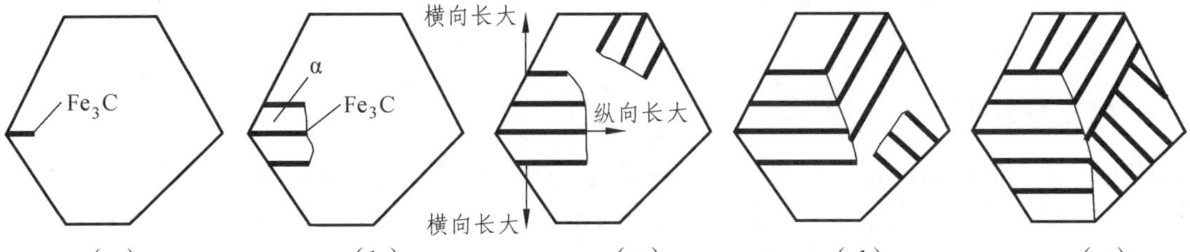

图 3-10　渗碳体为领先相，片状珠光体的形成过程示意图

珠光体是由片层相间的铁素体和渗碳体组成的机械混合物。等温转变温度越低，层间距离越小。按层片间距的大小，珠光体型组织可分为珠光体（P）（见图 3-11）、索氏体（S）（见图 3-12）、和屈（或托）氏体（T）（见图 3-13）。珠光体较粗，索氏体较细，屈氏体最细。珠光体片层间距越小，相界面越多，塑性变形抗力越大，故强度、硬度越高。另外，由于片层间距越小，渗碳体越薄，越容易随铁素体一起变形而不脆断，因而塑性、韧性也有所提高。

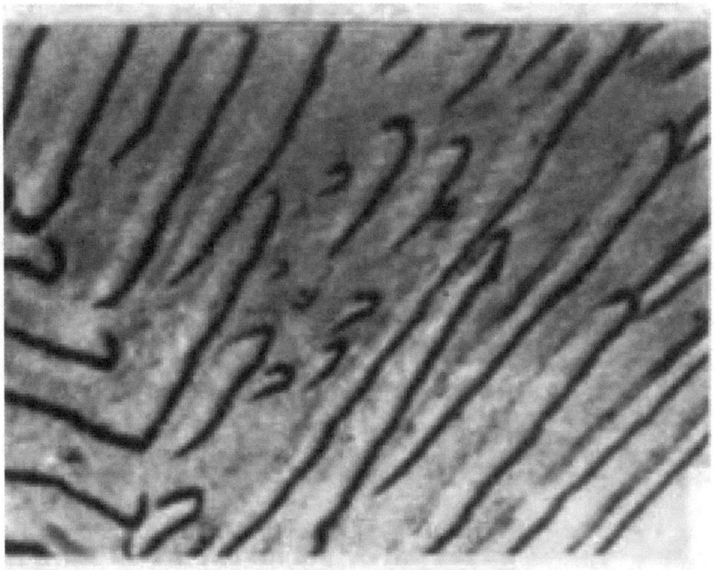

图 3-11　珠光体显微组织（3800×）

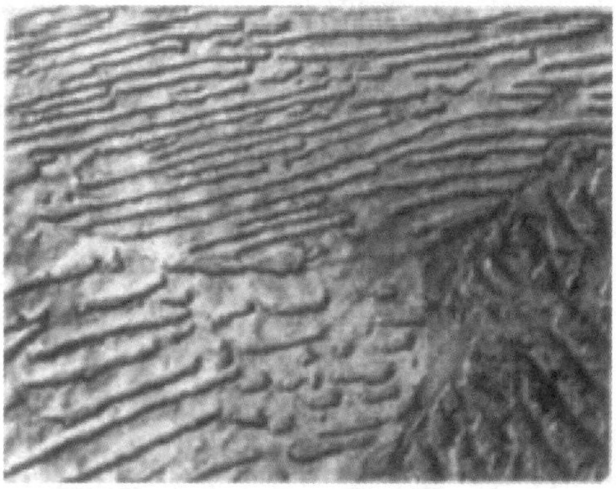

图 3-12　索氏体显微组织（8000×）

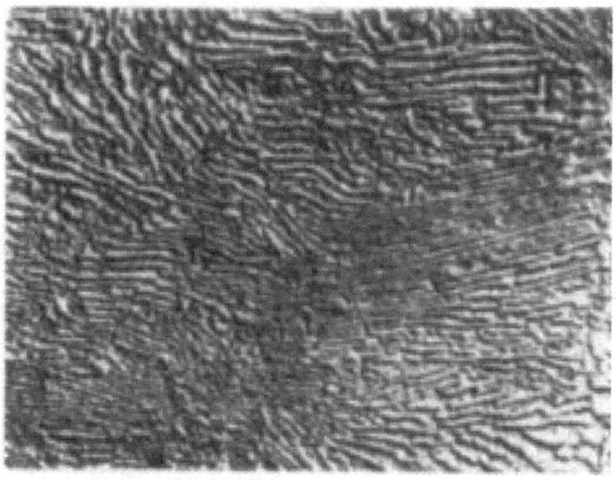

图 3-13　托氏体显微组织（8000×）

4. 贝氏体转变

贝氏体转变又称中温转变，其转变产物为贝氏体，用符号 B 表示。贝氏体的转变是半扩散型相变，碳原子扩散，铁原子不扩散。转变温度不同，形成的贝氏体组织形态也明显不同。通常在 550～350 °C 形成的称为上贝氏体，用符号 $B_{上}$表示；350 °C～M_s点形成的称为下贝氏体，用符号 $B_{下}$表示。

贝氏体的力学性能与其形态有关。上贝氏体中铁素体片较宽，在光学显微镜下呈羽毛状（见图 3-14），塑性变形抗力较低，同时，渗碳体分布在铁素体片层之间，容易引起脆断，因此，强度和韧性都较低，没有实用价值；下贝氏体中铁素体片细小，在光学显微镜下呈黑色针状（见图 3-15），无方向性，碳的过饱和度大，碳化物分布均匀，所以硬度高、韧性好，具有较好的综合力学性能。

图 3-14　贝氏体显微组织（500×）

图 3-15　贝氏体显微组织（200×）

下贝氏体的形成过程

5. 马氏体转变

钢从奥氏体状态快速冷却，抑制其扩散性分解，在低于 M_s点温度下发生的无扩散型相变叫作马氏体转变，其转变产物称为马氏体，用符号 M 表示。研究表明，钢中马氏体形态多种多样，但根据单元形态及亚结构的特点来看，最主要的是板条状和片状马氏体。

板条状马氏体是在低、中碳钢及马氏体时效钢、不锈钢、Fe- Ni 合金中形成的一种典型的马氏体组织，低碳钢中典型的马氏体组织如图 3-16 所示，其显微组织是由成群的板条组成。当钢的组织为板条状马氏体时，钢具有较高的硬度和强度、较好的塑性和韧性。

片状马氏体是在中、高碳（合金）钢及 Fe-Ni（大于 29%）合金中形成的一种典型的马氏体组织。对碳钢来说，一般当碳含量小于 1.0%时是与板条状马氏体共存的，而大于 1.0%时才单独存在，高碳钢中典型的片状马氏体组织如图 3-17 所示，其特征是相邻的马氏体片一般互不平行，而是呈一定的交角排列，它的空间形态呈双凸透镜片状，由于它与试样磨面相截而往往呈现为针状或竹叶状，故也称为针状或竹叶状马氏体。片状马氏体具有很高的硬度，但塑性和韧性很差，脆性大。

图 3-16　低碳马氏体显微组织（500×）

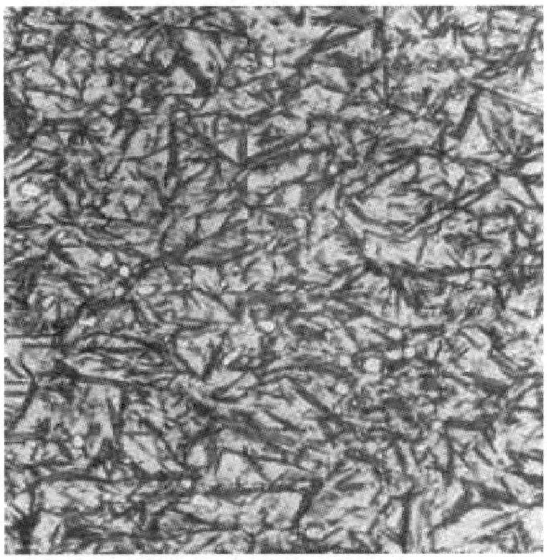

图 3-17　高碳马氏体显微组织（500×）

片状马氏体的形成过程

与前两种转变不同，马氏体的转变冷却只进行到室温，这时奥氏体不能全部转变为马氏体，还有少量的奥氏体未发生转变而残留下来，称为残余奥氏体。过多的残余奥氏体会降低钢的强度、硬度和耐磨性，由于残余奥氏体是不稳定组织，在钢件使用过程中易发生转变而导致工件产生内应力，引起变形、尺寸变化，从而降低工件精度，因此，在生产中对硬度要求高或精度要求高的工件，常在淬火后将其迅速置于接近 M_f 的温度下，促使残留奥氏体进一步转变成马氏体，这个工艺过程称为“冷处理”。

3.2.2　等温转变图的应用

在实际的热处理工艺中，零件常常是连续冷却，此时过冷奥氏体的转变是在连续冷却过程中进行的。描述过冷奥氏体连续冷却时的温度-时间-转变曲线称为连续冷却转变图（Continuous Cooling Transformation diagram），简称 CCT 图。由于连续冷却转变图测定较困难，所以生产中常用等温转变图来分析连续冷却转变的结果。即按连续冷却曲线与等温转变图相交的位置，来估计连续冷却转变后所得到的组织。图 3-18 说明了生产中几种不同冷却速度下，过冷奥氏体连续冷却转变的产物与性能。其中冷却速度 v_K 与等温转变图的鼻尖相切，称为马氏体临界冷却速度，是保证过冷奥氏体在连续冷却过程中不发生分解而全部转变为马氏体的最小冷却速度。

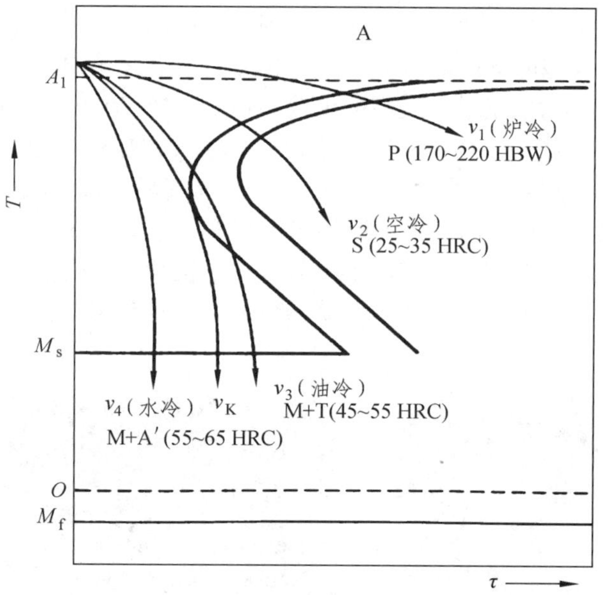

图 3-18　等温转变图在连续冷却中的应用

任务 3.3　钢的退火与正火认知学习

退火和正火是生产上应用很广泛的预备热处理工艺。大部分机器零件及工、模具的毛坯经退火或正火后，不仅可以消除铸件、锻件、焊接件的内应力及成分和组织的不均匀性，而且也能改善和调整钢的力学性能和工艺性能，为下道工序做好组织性能准备。对于一些受力不大、性能要求不高的机器零件，退火和正火也可作为最终热处理。对于铸件，退火和正火通常就是最终热处理。

3.3.1　退　火

退火

退火是将钢加热至适当温度，保温一段时间后随炉缓慢冷却，以获得近于平衡状态组织的热处理工艺。其目的主要是均匀钢的化学成分及组织，细化晶粒，调整硬度，消除内应力和加工硬化，改善钢的成型及切削加工性能，并为淬火做好组织准备。

根据钢的化学成分和退火目的的不同，退火可分为完全退火、球化退火、等温退火、扩散退火、去应力退火等。

1. 完全退火

完全退火是指加热使钢完全得到奥氏体组织后缓慢冷却的热处理工艺。完全退火主要用于亚共析成分的铸件、锻件、热轧型材及焊接件等。其目的主要是获得低硬度，改善组织和切削加工性能，以及消除内应力等。

完全退火的加热温度为 Ac_3 以上 30 ~ 50 °C。保温时间与钢的化学成分、原始组织及加热条件等因素有关，可通过试验确定。冷却速度为 30 ~ 120 °C/h，一般随炉冷却即可。

完全退火后得到的组织接近平衡状态的组织。

2. 球化退火

为使钢中碳化物球化而进行的退火工艺称为球化退火。球化退火主要用于共析或过共析成分的工件。其目的是球化渗碳体，降低硬度，改善切削加工性能并为淬火做准备。

球化退火的加热温度为 Ac_1 以上 20 ~ 30 °C，保温一定时间，随炉缓慢冷却。球化退火后的组织为连续的铁素体基体上均匀分布球状（粒状）渗碳体，将这种组织称为球状珠光体，如图 3-19 所示。球化退火得到的球状珠光体组织，是具有最佳塑性和最低硬度的一种组织，良好的塑性是因为组织中有一个连续的、塑性好的铁素体基体。

3. 等温退火

等温退火是指将钢加热到 Ac_3 点以上 30 ~ 50 °C（亚共析钢）或 Ac_1 以上 20 ~ 30 °C（共析钢和过共析钢），保持一定时间后以较快速度冷却到珠光体温度区间内的某一温度，经等温保持使奥氏体转变为珠光体型组织，然后出炉空冷的退火工艺，如图 3-20 所示。其目的与完全退火或球化退火相同，但等温退火后组织粗细均匀，性能一致，生产周期短，生产率高。等温退火主要用于高碳钢、高合金钢及合金工具钢等。

图 3-19　球状珠光体显微组织

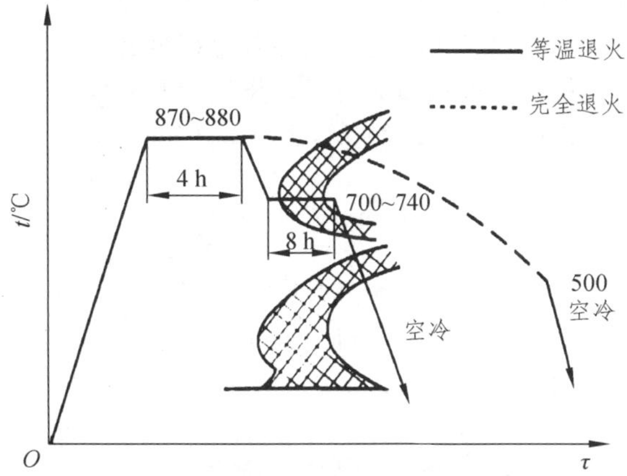

图 3-20　高速钢等温退火与完全退火比较

4. 扩散退火

扩散退火又称均匀化退火，是将钢加热至略低于固相线的温度下长时间保温，然后缓慢冷却以消除化学成分不均匀现象的热处理工艺。其目的是消除铸锭或铸件在凝固过程中产生的枝晶偏析及区域偏析，使成分和组织均匀化。扩散退火加热温度很高，通常为 Ac_3 或 Ac_{cm} 以上 150 ~ 300 °C。

扩散退火需要在高温下长时间加热，因此奥氏体晶粒十分粗大，需要再进行一次完全退火或正火，以细化晶粒，消除过热缺陷。

5. 去应力退火

为了消除铸件、锻件、焊接件及机械加工工件中的残留内应力，以提高尺寸稳定性，防止工件变形和开裂，在精加工或淬火之前将工件加热到 Ac_1 以下某一温度，保温一定时间，然后缓慢冷却的热处理工艺称为去应力退火。

钢的去应力退火加热温度较宽，但不超过 Ac_1，一般为 500 ~ 650 °C。去应力退火后的冷却应尽量缓慢，以避免产生新的应力。

3.3.2 正　火

正火是将钢加热到 Ac_3（或 Ac_{cm}）以上适当温度，保温以后在空气中冷却得到珠光体类组织的热处理工艺。对于亚共析钢来说，正火与完全退火的加热温度相近，但正火的冷却速度较快，转变温度较低，正火组织中铁素体数量较少，珠光体组织较细，钢的强度、硬度较高。例如，国家体育场“鸟巢”的主要钢结构就是采用我国武钢研发的 Q460E-Z35 钢板焊接成型的，Q460E/Z35 钢板通过正火改善组织，消除控轧产生的不良影响，得到了良好的综合性能。正火钢板组织比较均匀，在屈服强度稍有下降的情况下，可改善钢板厚度中心部位的性能，得到强度、塑性、韧性的最佳匹配。

正火可以作为预备热处理，为机械加工提供适宜的硬度，又能细化晶粒，消除应力，消除魏氏组织和带状组织，为最终热处理提供合适的组织状态。正火还可以作为最终热处理，为某些受力较小、性能要求不高的碳素钢结构零件提供合适的力学性能。正火还能消除过共析钢的网状碳化物，为球化退火做好组织准备。对于大型工件及形状复杂或截面变化剧烈的工件，用正火代替淬火和回火可以防止变形和开裂。

正火工艺是较简单、经济的热处理方法，主要应用于以下几个方面：

1. 改善低碳钢的切削加工性能

碳含量 w_C<0.25%的碳素钢和低合金钢，退火后硬度较低，切削加工时易于“黏刀”，通过正火处理，可以减少自由铁素体，获得细片状珠光体，使硬度提高至 140 ~ 190 HBW，可以改善钢的切削加工性，提高刀具的寿命和工件的表面光洁度。

2. 消除碳钢的热加工缺陷

中碳结构钢铸件、锻件、轧件以及焊接件在热加工后易出现魏氏组织、粗大晶粒等过热缺陷和带状组织，通过正火处理可以消除这些缺陷组织，达到细化晶粒、均匀组织、消除内应力的目的。

3. 消除过共析钢的网状碳化物，便于球化退火

过共析钢在淬火之前要进行球化退火，以便于机械加工，并为淬火做好组织准备。但当过共析钢中存在严重网状碳化物时，将达不到良好的球化效果，通过正火处理可以消除网状碳化物。为此，正火加热时要保证碳化物全部溶入奥氏体中，要采用较快的冷却速度抑制二次碳化物的析出，获得伪共析组织。

4. 提高普通结构件的力学性能

一些受力不大、性能要求不高的碳钢和合金钢结构件采用正火处理，可获得一定的综合力学性能，可以代替调质处理，作为零件的最终热处理。

任务 3.4 钢的淬火与回火认知学习

钢的淬火与回火是热处理工艺中最重要、也是用途最广泛的工序。淬火可以显著提高钢的强度和硬度。但淬火后钢内部的残余应力较大，为了消除淬火钢的残余内应力，得到不同强度、硬度和韧性的性能，需要配以不同温度的回火。所以淬火和回火是不可分割的、紧密联系在一起的两种热处理工艺。

淬火

3.4.1 淬 火

淬火是将钢加热至临界点 Ac_3（亚共析钢）或 Ac_1（过共析钢）以上一定温度，保温一段时间，使之全部或部分奥氏体化，然后以大于临界冷却速度的冷却速度得到马氏体（或下贝氏体）的热处理工艺。其主要目的是获得尽量多的马氏体组织，再配以不同温度的回火工艺，继而获得各种需要的性能。例如，结构钢通过淬火加高温回火可得到强韧结合的优良综合力学性能；弹簧钢通过淬火加中温回火可显著提高钢的弹性极限；淬火加低温回火可提高工具、轴承、渗碳零件或其他高强度耐磨件的硬度和耐磨性。

1. 淬火加热温度

淬火加热温度的选择以得到均匀细小的奥氏体晶粒为原则，目的是淬火完成后得到细小的马氏体组织。亚共析钢淬火时，通常加热至 Ac_3 以上 30 ~ 50 °C，共析钢、过共析钢通常加热至 Ac_1 以上 30 ~ 50 °C。

2. 淬火介质

淬火时，将钢从奥氏体状态冷却至 M_s 点以下所用的冷却介质叫作淬火介质。介质的冷却能力越大，钢的冷却速度越快，越容易超过钢的临界淬火速度，则工件越容易淬硬，淬硬层的深度越深，但冷却速度过快，会导致淬火内应力增大，容易引起工件的变形和开裂。因此，理想淬火介质的冷却能力应当如图 3-21 所示。

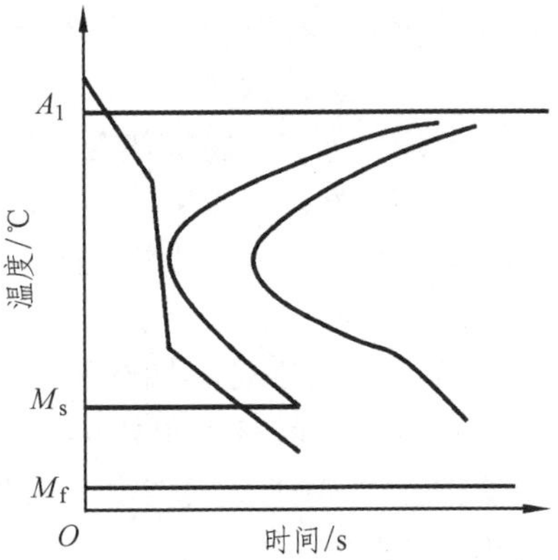

图 3-21 钢的理想淬火冷却速度

常用的淬火介质有水、盐水、碱水溶液及各种矿物质油等。水的冷却能力很大，但冷却特性不好，很容易造成淬火工件的变形或开裂；油的冷却特性较好，但在高温区间，其冷却能力较低。因此，寻找冷却能力介于油水之间，冷却特性近于理想淬火介质的新型淬火介质是人们努力的目标。目前，各国都在发展有机水溶液作为淬火介质。

3. 淬火方法

选择适当的淬火方法，可以保证在获得所需要的淬火组织和性能条件下，尽量减少淬火应力、减少工件变形和开裂倾向。常用的淬火方法如下：

（1）单液淬火法

单液淬火法是将加热至奥氏体状态的工件放入某种淬火介质中，连续冷却至介质温度的淬火方法（图 3-22 曲线 1）。其优点是操作简便，易实现机械化和自动化，缺点是单一的淬火介质冷却特性较差，只适用于小尺寸且形状简单的工件，对于尺寸较大的工件，单液淬火容易导致工件变形和开裂。

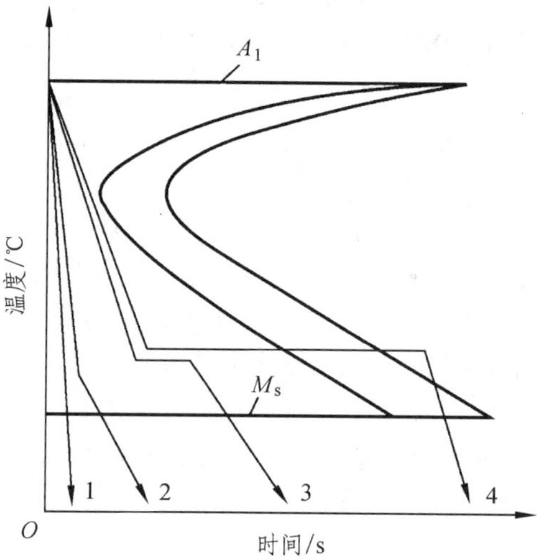

图 3-22　各种淬火方法冷却曲线示意图

（2）双液淬火法

双液淬火法是将加热至奥氏体状态的工件先在冷却能力较强的淬火介质中冷却至接近 M_s 点温度，再立即转入冷却能力较弱的淬火介质中冷却，直至完成马氏体转变（图 3-22 曲线 2）。一般用水作为快冷淬火介质，用油作为慢冷淬火介质。这种淬火方法充分利用了水在高温区冷却速度快和油在低温区冷却速度慢的优点，既可以保证工件得到马氏体组织，又可以降低工件在马氏体区的冷却速度，减少组织应力，从而防止工件变形和开裂。

（3）分级淬火法

分级淬火法是将加热至奥氏体状态的工件首先淬入温度略高于钢的 M_s 点的盐浴或碱浴中保温，当工件内外温度均匀后，再在空气中冷却至室温，完成马氏体转变（图 3-22 曲线 3）。分级淬火可以有效减小淬火内应力，防止工件变形和开裂，适用于尺寸较小且形状复杂的工件。

（4）等温淬火

等温淬火法是将加热至奥氏体状态的工件快速冷却到贝氏体转变温度区间等温保持，使奥氏体全部转变为贝氏体，然后空冷至室温的淬火方法（图 3-22 曲线 4）。等温淬火后的组织是下贝氏体，其强度、硬度较高而且韧性良好。因此，等温淬火可以显著提高钢的综合力学性能。

4. 钢的淬透性与淬硬性

淬火的目的是获得马氏体组织，工件在某种介质中淬火能否全部得到马氏体组织，取决于钢的淬透性。淬透性是评价钢淬火质量的一个重要参数，它是钢材选用及热处理工艺制定的重要依据之一。

淬透性是指奥氏体化的钢在淬火时获得马氏体的能力，其大小以钢在一定条件下淬火获得的淬透层深度和硬度分布来表示。一定尺寸的工件在某介质中淬火，其淬透层深度与工件截面各点的冷却速度有关。如果工件截面中心的冷却速度高于钢的临界淬火速度，工件就会淬透。然而工件淬火时，表面冷却速度最大，心部冷却速度最小，由表面至心部冷却速度逐渐降低（见图 3-23），只有冷却速度大于临界淬火速度的工件外层部分才能得到马氏体（图 3-23 中阴影部分），这就是工件的淬透层，而冷却速度小于临界淬火速度的心部只能获得非马氏体组织，这就是工件的未淬透区。

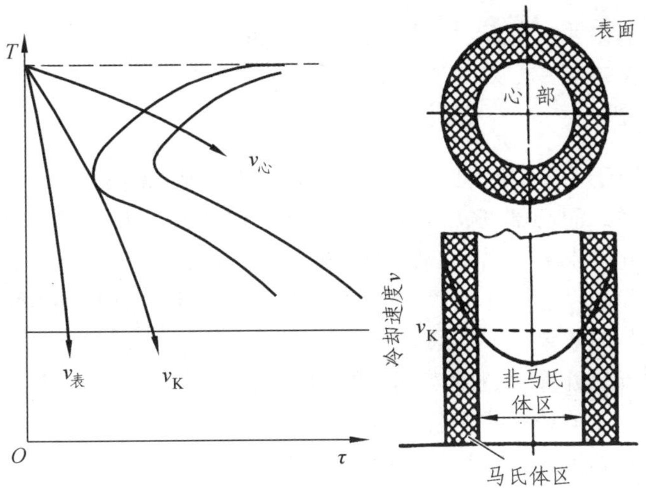

图 3-23　工件淬透层与冷却速度的关系示意图

淬硬性表示钢淬火时的硬化能力，主要取决于马氏体中的含碳量。马氏体中含碳量越高，钢的淬硬性越高。淬透性和淬硬性无直接的联系，淬透性好的钢不一定淬硬性就高。

3.4.2 回　火

回火是将淬火钢加热到 Ac_1 以下某一温度，保持一定时间，然后以适当方式冷却至室温的热处理工艺。回火的主要目的是减少或消除淬火内应力，获得所需的组织，改善力学性能。

决定工件回火后组织和性能的最重要因素是回火温度，根据工件组织和性能要求，回火可分为低温回火、中温回火和高温回火等几种。

1. 低温回火

低温回火温度为 150 ~ 250 °C，得到的组织主要为回火马氏体。与淬火马氏体相比，回火马氏体既保持了钢的高硬度、高强度和良好的耐磨性，又适当提高了韧性。因此，低温回火特别适用于各种切削刃具、量具、冷冲模具、滚动轴承等工件。

2. 中温回火

中温回火温度为 350 ~ 500 °C，得到的组织主要为回火托氏体，经中温回火后，工件的淬火内应力基本消失。因此，钢具有高的弹性极限，较高的强度和硬度，良好的塑性和韧性。因此，中温回火主要用于各种弹簧和模具的热处理。

3. 高温回火

调质处理

高温回火温度为 500 ~ 650 °C，得到的组织主要为回火索氏体。习惯上将淬火与高温回火相结合的热处理方法称为调质处理，经调质处理后，钢具有优良的综合力学性能。因此，调质处理主要用于各种重要零件的热处理，如汽车、拖拉机、机床中的连杆、螺栓、齿轮及轴类零件。

任务 3.5 钢的表面热处理认知学习

在实际生产中，对于一些在弯曲、扭转、冲击载荷、摩擦条件下工作的齿轮等机器零件，要求具有表面硬、耐磨，而心部韧，抗冲击的特性，仅从选材方面和采用前述的普通热处理方法去考虑是很难满足此要求的。若用高碳钢，虽然硬度高，但心部韧性不足；若用低碳钢，虽然心部韧性好，但表面硬度低，不耐磨。因此，工业上广泛采用表面热处理来满足上述要求使零件达到“表硬心韧”的效果。

仅对钢件表层进行热处理，以改变其组织和性能的工艺，称为表面热处理。常用的表面热处理工艺可分为两类：一类是只改变表面组织而不改变表面化学成分的表面淬火；另一类是同时改变表面化学成分和组织的表面化学热处理。

3.5.1 表面淬火

表面淬火是通过快速加热使工件表层奥氏体化，在热量未传到心部前，立即予以快速冷却，以使工件表层获得硬而耐磨的马氏体组织，而心部仍保持原来塑性和韧性的退火、正火或调质状态的组织。目前，生产中常用的有感应加热表面淬火和火焰加热表面淬火两种方法。

1. 感应加热表面淬火

感应加热表面淬火是在工件中引入一定频率的感应电流（涡流），使工件表面层快速加热到淬火温度后立即喷水冷却的方法，如图 3-24 所示。当感应圈中通过一定频率的交流电时，在感应圈周围将产生频率相同的

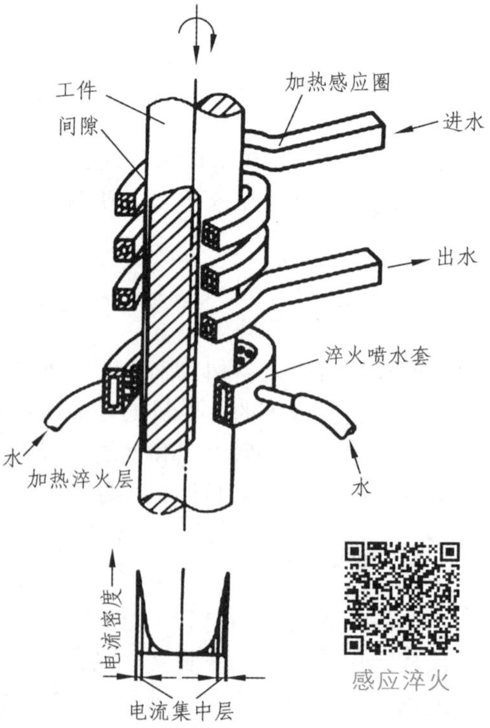

感应淬火

图 3-24 感应加热表面淬火示意图

交变磁场，置于磁场中的工件就会产生与这时感应线圈频率相同、方向相反的感应电流，这个电流叫涡流。由于集肤效应，涡流主要集中在工件的表层，由涡流所产生的电阻热使工件表层被迅速加热到淬火温度，随即向工件喷水，将工件表层淬硬。

生产上根据零件尺寸及硬化层深度的要求选择不同的电流频率。根据不同的电流频率，可将感应加热表面淬火分为三类：

（1）高频感应加热表面淬火：常用电流频率为 80 ~ 1000 kHz，可获得的表面硬化层深度为 0.5 ~ 2 mm，主要用于中小模数齿轮和小轴的表面淬火。

（2）中频感应加热表面淬火：常用电流频率为 2500 ~ 8000 Hz，可获得 3 ~ 6 mm 深的硬化层，主要用于要求淬硬层较深的零件，如发动机曲轴、凸轮轴、大模数齿轮、较大尺寸的轴和钢轨的表面淬火。

（3）工频感应加热表面淬火：常用电流频率为 50Hz，可获得 10 ~ 15 mm 以上的硬化层，适用于大直径钢材的穿透加热及要求淬硬层深的大工件的表面淬火。

感应加热表面淬火的特点是加热速度极快，加热时间极短；感应淬火后，工件表层残存压应力，提高了工件的疲劳强度，而且工件变形小，不易氧化和脱碳；生产率高，易实现机械化和自动化，适于成批生产。

2. 火焰加热表面淬火

火焰加热表面淬火是一种以高温火焰为热源对工件表层进行快速加热，随即快速冷却的淬火工艺，如图 3-25 所示。

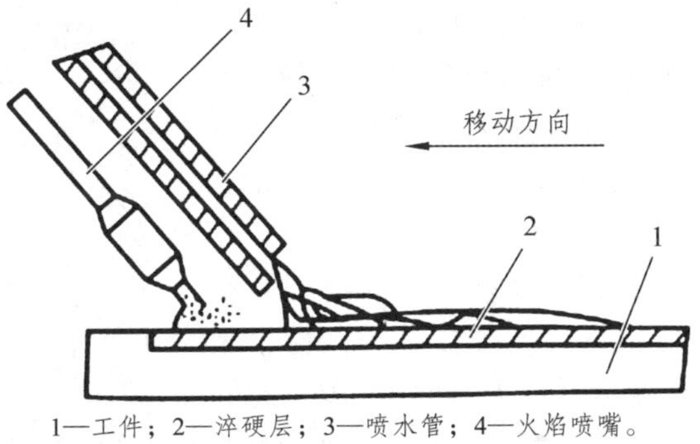

1—工件；2—淬硬层；3—喷水管；4—火焰喷嘴。

图 3-25　火焰加热表面淬火示意图

火焰淬火的淬硬层深度一般为 2 ~ 6 mm，适用于中碳钢、中碳合金钢及铸铁制成的大型工件。其特点是方法简便，不需要特殊设备，适用于单件或小批量生产。但加热温度不易控制，工件表面易过热，淬火质量不稳定。

3. 激光加热表面淬火

激光加热表面淬火是将高功率密度的激光束照射到工件表面，使表层快速加热到奥氏体区或熔化温度，依靠工件本身热传导迅速自冷而获得一定淬硬层或熔凝层。由于激光束光斑尺寸只有 20 ~ 50 mm^2，要使工件整个表面淬硬，工件必须转动或平动使激光束在工件表面快速扫描。调整功率密度和扫描速度，硬化层深度可达 1 ~ 2 mm。

激光加热表面淬火的优点是淬火质量好，表层组织超细化，硬度高，脆性极小，工件变形小，自冷淬火，不需要回火，节约能源，无环境污染，生产效率高，便于实现自动化。缺点是设备价格昂贵，在生产中大规模应用受限。

3.5.2 化学热处理

化学热处理是通过改变金属和合金工件表层的化学成分、组织和性能的表面热处理方法。

化学热处理的工艺过程一般是：将工件置于含有特定介质的容器中，加热到适当温度后保温，使容器中的介质（渗剂）分解或电离，产生渗入元素的活性原子或离子，在保温过程中不断地被工件表面吸附，并向工件内部扩散渗入，以改变工件表层的化学成分。化学热处理的方法有许多种，生产上常用的有渗碳、渗氮和碳氮共渗。

1. 渗 碳

渗碳是使碳原子渗入钢制工件表层的化学热处理工艺。

渗碳所用的介质通常称为渗碳剂，根据渗碳剂物理状态不同，渗碳可分为固体渗碳、液体渗碳和气体渗碳三种。气体渗碳法的渗碳过程容易控制，渗碳质量好，生产率高，易实现机械化和自动化，所以生产中应用广泛。

气体渗碳法如图 3-26 所示。工件被放置在充有气体渗碳剂的渗碳炉中，在渗碳温度（900 ~ 950 °C）下加热到奥氏体状态并保温，气体渗碳剂分解出的活性碳原子被工件表面吸收并向工件内部扩散，形成一定深度的渗碳层。常用的气体渗碳剂是裂化混合气体（天然气或煤气 + CH_4 + C_3H_8）或有机液体（煤油、苯、甲醇、丙酮等）在高温下分解成的混合气体（CO、CH_4、C_2H_4 等）。

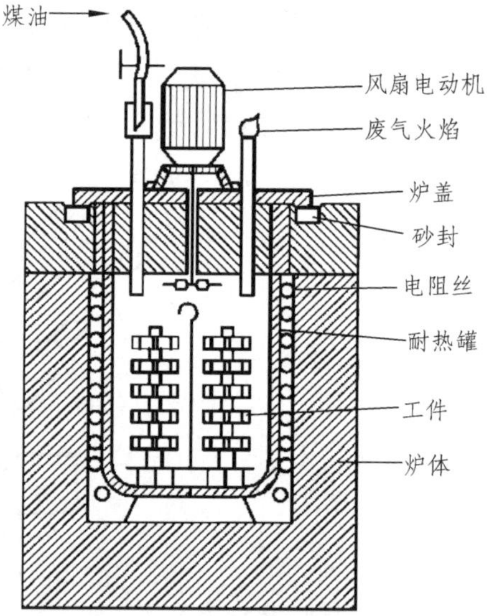

图 3-26 气体渗碳法示意图

渗碳的目的是使工件表面获得高硬度、高耐磨性和高的疲劳强度，心部具有一定的强度和良好的韧性，因此，渗碳零件一般用碳的质量分数在 0.10% ~ 0.25%的低碳钢或低碳合金钢制造，如 15、20、20Cr、20GrMnTi 钢等。工件渗碳后，其表层碳的质量分数可达 0.85% ~ 1.05%，且从表层到心部碳的质量分数逐渐减少，心部仍保持原来低碳钢碳的质量分数。在缓慢冷却的条件下，表层为过共析钢组织，往里是共析钢组织、亚共析钢组织，中心为原始组织。

采用渗碳工艺的零件常选用低碳钢或低碳合金钢制造，常用的工艺路线为锻造→正火→机械加工→渗碳→淬火→低温回火→精加工→成品。

2. 渗 氮

渗氮也称氮化，是在一定温度下，使氮原子渗入工件表面的化学热处理工艺。钢铁渗氮后，可形成以氮化物为主的表层。

渗氮的作用是提高工件的表面硬度、耐磨性以及疲劳强度和耐蚀性。

渗氮用钢主要是合金钢，Al、Cr、Mo、V、Ti 等合金元素极易与氮形成颗粒细小、分布均匀、硬度很高而且稳定的氮化物，如 AlN、CrN、MoN、VN、TiN 等，这些氮化物对渗氮钢的性能起着重要的作用。对于以提高耐蚀性为主的渗氮，可选用优质碳素结构钢，如 20、30、40 钢等；对于以提高疲劳强度为主的渗氮，可选用一般合金结构钢，如 40Cr、42CrMo 等；而对于以提高耐磨性为主的渗氮，一般选用渗氮专用钢 38CrMoAl。

渗氮的特点与应用：与渗碳相比，渗氮后工件无须淬火便具有高的硬度、耐磨性和热硬性，还具有良好的耐蚀性和高的疲劳强度，同时由于渗氮温度低，工件的变形小。但渗氮的生产周期长，一般要得到 0.3 ~ 0.5 mm 的渗氮层，气体渗氮时间为 30 ~ 50 h，成本较高，渗氮层薄而脆，不能承受冲击。因此，渗氮主要用于要求表面高硬度、耐磨、耐高温的精密零件，如精密机床主轴、丝杠、镗杆和阀门等。

3. 碳氮共渗

碳氮共渗是在金属工件表层同时渗入碳、氮两种元素的化学热处理工艺。共渗层的力学性能兼有渗碳层和渗氮层的优点，具有高的耐磨性、耐蚀性和疲劳强度。碳氮共渗的速度明显大于单独渗碳或渗氮的速度，因而可缩短生产周期。气体碳氮共渗广泛用于汽车和机床中的齿轮、蜗轮及轴类零件等。

以渗氮为主的氮碳共渗，也称为软氮化。其特点是加热温度低，共渗时间短，工件变形小，不受钢种限制，渗层韧性好但硬度较低。软氮化一般用于模具、量具及高速工具钢刀具等。

任务 3.6 其他热处理技术认知学习

3.6.1 时效处理

时效处理是将淬火后的金属工件置于室温或较高温度下保持适当的时间，以提高金属强度的金属热处理工艺。室温下进行的时效处理为自然时效；较高温度下进行的时效处理为人工时效。

3.6.2 形变热处理

形变热处理是将形变与相变结合在一起的一种热处理新工艺，它能获得加工硬化与相变强化的综合作用，是一种既可以提高强度又可以改善塑性和韧性的最有效的方法，可显著提高钢的综合力学性能。形变热处理中的形变方式很多，可以是锻、轧、挤压、拉拔等。形变热处理方法较多，按形变温度不同分为低温形变热处理和高温形变热处理。

3.6.3 真空热处理

真空热处理是指在低于一个大气压的环境中进行加热的热处理工艺，包括真空淬火、真空退火、真空回火和真空化学热处理等。真空热处理有如下特点：工件不产生氧化和脱碳；升温速度慢，热处理变形小；因金属氧化物、油污在真空中加热时分解，被真空泵抽出，使工件表面光洁，提高了疲劳强度和耐磨性；劳动条件好，但设备较复杂，投资较高，目前多用于精密工模具和精密零件的热处理。

3.6.4 可控气氛热处理

向炉内通入一种或几种一定成分的气体，通过对这些气体成分进行控制，使工件在热处理过程中不发生氧化和脱碳的工艺称为可控气氛热处理。

可控气氛热处理的目的是减少和防止工件在加热时氧化和脱碳的倾向，以提高工件表面质量和尺寸精度；另外还可以控制渗碳时渗碳层的含碳量，并且可使脱碳的工件重新复碳。采用可控气氛热处理是当前热处理的发展方向之一，它可以防止工件在加热时的氧化脱碳，实现光亮退火、光亮淬火等先进热处理工艺，节约钢材，提高产品质量；也可以通过调整气体成分，在光亮热处理的同时，实现渗碳和碳氮共渗。可控气氛热处理也便于实现热处理过程的机械化和自动化，大大提高了劳动生产率。

3.6.5 表面气相沉积

气相沉积技术是利用气相之间的物理、化学反应，在各种材料或制品表面沉积单层或多层金属或化合物的薄膜涂层，从而使材料或制品获得所需的各种优异性能。

气相沉积技术是利用气相中发生的物理、化学反应生成的反应物在工件表面形成具有特殊性能的金属或化合物的涂层。气相沉积按其过程本质不同分为化学气相沉积（CVD）和物理气相沉积（PVD）两类。

3.6.6 高能束热处理

高能束热处理是利用电子束、等离子弧等高功率、高能量的密度能源加热工件的热处理工艺的总称。

1. 电子束热处理

电子束热处理是利用电子枪发射的电子束轰击工件表面，将能量转换为热能来进行热处理的方法。电子束在极短时间内以密集能量（可达 $10^6 \sim 10^8$ W/cm^2）轰击工件表面而使表面温度迅速升高，利用自激冷作用进行冲击淬火或进行表面熔铸合金。

电子束热处理的应用与激光热处理的应用相似。其加热效果比激光热处理要好，但电子束热处理需要在真空下进行，可控制性差，而且要注意 X 射线的防护。

2. 离子热处理

离子热处理是利用低真空中稀薄气体的辉光放电产生的等离子体轰击工件表面，使工件表面成分、组织和性能改变的热处理工艺。常用的离子热处理有离子渗氮、离子渗碳、离子注入。

任务 3.7 热处理方案选择及工艺位置安排

在零件的生产加工过程中，热处理被穿插在各个冷热加工工序之间，起着承上启下的作用。热处理方案的正确选择以及工艺位置的合理安排，是制造合格零件的重要保证。

3.7.1 常用热处理方案的选择

每一种热处理方法都有它的特点，而每一种材料也有其适宜的热处理方法。另外，实际工作中不同零件的结构形状、尺寸大小、性能要求均不一样，对热处理方案的选择都有较大的影响。

1. 确定预备热处理

常用预备热处理方法有三大类：退火、正火、调质。钢材通过预备热处理可以使晶粒细化，成分组织均匀，内应力得到消除，为最终热处理做好组织准备。因此，预备热处理是减小应力、防止变形和开裂的有效措施。

一般地，零件预备热处理大都采用正火。但对成分偏析较严重、毛坯生产后内应力较大以及正火后硬度偏高的零件，应采用退火工艺；对毛坯中成分偏析严重的零件，应采用均匀化退火；共析钢及过共析钢多采用球化退火；亚共析钢则应采用等温退火；消除内应力较彻底的零件，应采用去应力退火；对零件综合力学性能要求较高时，预备热处理则应采用调质处理。

2. 采用合理的最终热处理

最终热处理的方法很多，主要包括淬火、回火、表面热处理等。工件通过最终热处理，获得最终所需的组织及性能，满足工件使用要求。因此它是热处理中保证质量的最后一道关口。

（1）淬火：根据工件的材料类型、形状尺寸、淬透性大小及硬度等要求选择合适的淬火方法。如对于形状简单的碳素钢件，可采用单液水中淬火；而对于合金钢制件，多采用单液油中淬火；为了有效减小淬火内应力，防止工件变形开裂，则可采用冷油双液、分级、等温淬火方法；对于某些只需局部硬化的工件，可针对相应部位进行局部淬火。

（2）回火：淬火后的工件应及时回火，而且回火应充分。对于要求高硬度、高耐磨工件应采用低温回火；对于要求高韧性、较高强度的工件，则应进行中温回火；而对于要求具备较高综合力学性能的工件，则应进行高温回火。

（3）表面热处理：有时工作条件要求零件表层与心部具有不同的性能，这时可根据化学成分和具体使用性能的不同，选择相应的表面热处理方法。如对于表层具有高硬度、耐磨性及疲劳极限，而心部具有足够塑性及韧性的中碳钢或中碳合金钢工件，可采用表面淬火法；对于低碳钢或低碳合金钢工件，可采用渗碳法；而对于承载力不大但精度要求高的合金钢，多采用渗氮方法。另外，为了提高零件表面硬度、耐磨性，降低材料的腐蚀，可在零件表面涂覆其他超硬、耐蚀材料。

（4）其他热处理：对于精密零件和量具等，为稳定尺寸，提高耐磨性，可采用长时间的低温时效处理。

3.7.2 热处理工序位置安排

在零件的制造流程中，合理安排热处理工序的位置对提高机械加工的质量和效率，以及保证零件的使用性能具有重要的意义。按照目的和位置的不同，热处理工艺分为预备热处理和最终热处理两大类，其工序位置安排的基本原则如下。

1. 预备热处理的工序位置

预备热处理包括退火、正火和调质等，一般安排在毛坯生产之后，切削加工之前，或粗加工之后，半精加工之前。当工件的性能要求不高时，经退火、正火或调质后的工件不再进行其他热处理，此时它们属于最终热处理。

（1）退火、正火的工序位置：消除工件中的残留应力、晶粒粗大和成分偏析等缺陷，为最终热处理做好组织准备；同时还可以调整零件硬度，改善工件的切削加工性。

退火和正火工件的工艺路线为：毛坯生产→退火（或正火）→切削加工等。

（2）调质的工序位置：调质的目的是提高工件的综合力学性能，并为表面热处理做好组织准备。它一般安排在粗加工之后，半精加工或精加工之前。

调质件的工艺路线为：下料→锻造→正火（或退火）→粗加工→调质→半精加工（或精加工）等。

2. 最终热处理的工序位置

最终热处理包括整体淬火、回火（低温、中温、高温）、表面淬火、渗碳和渗氮等。由于经过最终热处理的工件硬度较高，难以切削加工（磨削除外），所以最终热处理一般安排在半精加工之后，精加工之前。例如，整体淬火、回火的工序位置安排为：下料→锻造→正火（退火）→粗加工、半精加工→整体淬火、回火（低温、中温）→精加工（磨削）。

3.7.3 减速器轴的加工和热处理工艺

如小型减速器的传动轴工作时既承受弯矩，又承受扭矩，需要具备较高的强度和较好的韧性，可用 45 钢和 40Cr 钢，最终热处理后硬度为 220 ~ 250 HB，如图 3-27 所示。

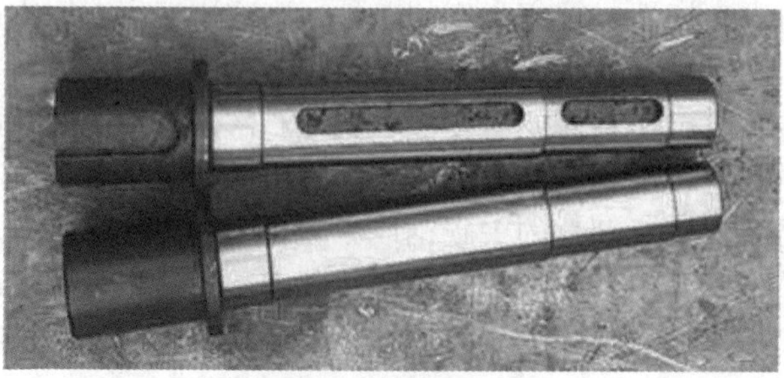

图 3-27 减速器传动轴

减速器传动轴（45 钢）的加工工艺为：下料→锻造→预备热处理（正火）→粗加工→最终热处理（调质）→半精加工或精加工→最终检验。其中，正火处理是为了细化晶粒，调整硬度，为后期加工做准备。调质处理的目的是使零件获得良好的综合机械性能。

案例释疑

从考古发掘的含碳块炼铁器物来看，中国古代有意识地渗碳大约始于春秋时期，大约在公元前 7 世纪至公元前 6 世纪。这期间出现了固体渗碳制钢术，固体渗碳是采用将工件埋入固体渗碳物质中进行处理的工艺技术，它是最古老的热处理技术之一。锻剑工匠精心选好原材料，通过加热和锻打得到所需的钢材，然后将钢材锤打成基本的剑形，紧接着以一定的角度捶打钢材，以制作出剑身的剑尖，然后进行渗碳，并经淬火、回火，方能得到一柄锋利异常的宝剑。

技能提升

任务 3.8 实践技能训练

1. 任务内容

对 20 钢、45 钢和 T12 钢进行淬火，对淬火后的 45 钢在不同温度下进行回火，测定各试样的洛氏硬度。根据试验结果，分析碳含量、冷却速度和回火温度对碳钢热处理后性能的影响。

2. 任务准备

（1）准备试验用设备和材料。

① 箱式电炉及控温仪表；

② 水银温度计；

③ 洛氏硬度机；

④ 抛光机；

⑤ 金相显微镜；

⑥ 冷却剂：水、油；

⑦ 试样：20 钢、45 钢、T12 钢各 3 块。

（2）学习掌握热处理工艺相关知识。

进行热处理试验时，最重要的是确定加热温度、保温时间与冷却方式。正确选择热处理工艺规范，是保证热处理质量的关键。

（3）掌握洛氏硬度计使用方法。

3. 训练目的

（1）熟悉碳钢的基本热处理（退火、正火、淬火和回火）工艺方法。

（2）学会使用洛氏硬度计。

（3）了解含碳量、加热温度、冷却速度等因素与碳钢热处理后性能的关系，并根据数据进行分析。

4. 训练过程

（1）分别取 20 钢、45 钢、T12 钢试样各 3 块，测量试样硬度，并记录数据。

① 选择合适的压头及载荷。

② 根据试件大小和形状选择载物台。

③ 将试件上下两面磨平，然后置于载物台上。

④ 加预载荷，按顺时针方向转动升降机构的手轮，将试样与压头接触，并观察直到百分表上小针移动至小红点上为止。

⑤ 调整读数表盘，使百分表上的长针对准硬度值的起点，如测 HRC、HRA 硬度时，把长针与表盘上的黑字 G 处对准；测量 HRB 时，使长针与表盘上红字 B 对准。

⑥ 加主载荷。平稳地扳动加载手柄，手柄自动长高至停止位置（时间为 5 ~ 7 s），并停留 10 s。

⑦ 卸除主载荷。扳回加载手柄至原来位置。

⑧ 读数。表上长针指示的数字为硬度的读数。HRC、HRA 读黑数字；HRB 读红数字。

⑨ 下降载物台，取出试样。

⑩ 用同样的方法在试件的不同位置测三个数据，取其算术平均值为试件的硬度值。

⑪ 整理记录数据。

（2）根据钢的种类确定加热温度，依据试样的尺寸计算保温时间，对所有试样进行淬火。

① 加热温度的选择。

本次实践训练为了了解钢的性能与回火温度之间的关系，将回火温度分别选择在 200 °C、400 °C、600 °C。

② 保温时间的选择。

保温时间根据试样的有效厚度按 1 min/mm 计算。

③ 冷却方式。

淬火采用水冷和油冷；回火一般采用空冷的方式。

（3）淬火完成后再次测定各试样的洛氏硬度，并记录数据。

（4）取 3 块经过淬火的 45 钢，分别在 200 °C、400 °C、600 °C 的温度下进行回火，保温 30 min，然后取出空冷。

（5）测定 3 块回火后的试样的洛氏硬度，并记录数据。

（6）用金相显微镜观察并画出各碳钢不同热处理条件下的显微组织特征。

（7）分析碳含量、冷却速度和回火温度对碳钢热处理后性能的影响。

项目小结

（1）钢的热处理是指将钢在固态下进行加热、保温和冷却，以改变其内部组织，从而获得所需性能的一种工艺方法。热处理可以强化材料，改善材料的工艺性能，因此，机械制造业中大多数的机器零件都要经过热处理，以提高产品的质量和使用寿命。

（2）退火是将钢加热至适当温度，保温一段时间后随炉缓慢冷却，以获得近于平衡状态组织的热处理工艺。其目的是均匀钢的化学成分及组织，细化晶粒，调整硬度，消除内应力和加工硬化，改善钢的成型及切削加工性能，并为淬火做好组织准备。

（3）正火是将钢加热到 Ac_3（或 Ac_{cm}）以上适当温度，保温以后在空气中冷却得到珠光体类组织的热处理工艺。对于亚共析钢来说，正火与完全退火的加热温度相近，但正火的冷却速度较快，转变温度较低，正火组织中铁素体数量较少，珠光体组织较细，钢的强度、硬度较高。

（4）淬火是将钢加热至临界点 Ac_3（亚共析钢）或 Ac_1（过共析钢）以上一定温度，保温一段时间，使之全部或部分奥氏体化，然后以大于临界冷却速度的冷却速度得到马氏体（或下贝氏体）的热处理工艺。其主要目的是获得尽量多的马氏体组织，再配以不同温度的回火工艺，继而获得各种需要的性能。

（5）回火是将淬火钢加热到 Ac_1 点以下某一温度，保持一定时间，然后以适当方式冷却至室温的热处理工艺。回火的主要目的是减少或消除淬火内应力，获得所需的组织，改善力学性能。

思考与练习

一、名词解释

调质处理、残余奥氏体、淬火、回火

二、填空题

1. 钢的热处理是指将钢在固态下进行______、______和______，以改变其内部组织，从而获得所需性能的一种工艺方法。

2. 根据热处理的目的、加热和冷却方式的不同，普通热处理方法有______、______、______和______。

3. 共析钢加热时，奥氏体的形成遵循形核和长大的基本规律，奥氏体的转变过程可分为______、______、______和______四个阶段。

4. 根据共析钢的 C 曲线，过冷奥氏体在 A_1 线以下等温转变所获得的组织产物是______、______和______。

5. 常见的退火种类有______、______、______、______、______。

6. 生产上常用的化学热处理的方法有______、______和______。

三、单项选择题

1. 加热是钢进行热处理的第一步，其目的是使钢获得（　　）。

A. 均匀的基体组织　　B. 均匀的奥氏体组织

C. 均匀的珠光体组织　　D. 均匀的马氏体组织

2. 钢的低温回火的温度为（　　）。

A. 400 °C　　B. 350 °C

C. 300 °C　　D. 250 °C

3. 钢的淬火工艺是将工件加热到一定温度，保温一段时间，然后可采用的冷却方式是（　　）。

A. 随炉冷却　　B. 在空气中冷却

C. 在风中冷却　　D. 在水中冷却

4. 正火是将工件加热到一定温度，保温一段时间，然后可采用的冷却方式是（　　）。

A. 随炉冷却　　B. 在油中冷却

C. 在空气中冷却　　D. 在水中冷却

5. 完全退火主要用于（　　）。

A. 亚共析钢　　B. 共析钢

C. 过共析钢　　D. 所有钢种

6. 共析钢在奥氏体的连续冷却转变产物中，不可能出现的组织是（　　）。

A. 珠光体　　B. 索氏体

C. 贝氏体　　D. 马氏体

7. 为防止焊接件的变形和开裂，在焊接完成后应进行（　　）。

A. 等温退火　　B. 去应力退火

C. 扩散退火　　D. 等温退火

8. 钢经调质处理后，获得的组织是（　　）。

A. 淬火马氏体　　B. 回火屈氏体

C. 回火索氏体　　D. 索氏体

9. 为提高弹簧的弹性极限而进行回火，其加热温度是（　　）。

A. 500 ~ 650 °C　　B. 350 ~ 500 °C

C. 250 ~ 350 °C　　D. 150 ~ 250 °C

10. 下列碳钢的退火工艺中加热温度最高的退火工艺是（　　）。

A. 扩散退火　　B. 完全退火

C. 球化退火　　D. 去应力退火

四、简答题

1. 什么是热处理？热处理的作用是什么？热处理如何进行分类？
2. 退火处理的目的是什么？生产上常用的退火方法有哪几种？说明其应用范围。
3. 什么是淬火？淬火的目的是什么？
4. 常用的回火方法有哪几种？各种回火方法回火后得到的组织是什么？
5. 什么样的零件需要进行表面淬火？常用的表面淬火方法有哪几种？

项目 3 答案

项目 4 工业用钢

知识目标

- 熟悉常用金属材料的成分、分类、牌号、主要性能及用途。
- 了解材料成分对其性能的影响。

技能目标

- 能够根据零件的使用条件，选择材料的性能指标。
- 能够根据材料的牌号，判断其所属种类、性能特点、应用场合。

素养目标

- 培养严谨、诚信、敬业、科学的工作态度和较强的安全、质量、效率及环保意识，具有良好的职业道德素养。
- 培养学生具备查阅相关手册和文献资料的能力。
- 培养学生的逻辑思维能力与发现问题、分析问题和解决问题的能力，引导启发学生的创造性思维能力。

任务导航

- 任务 4.1　钢及其分类认知学习
- 任务 4.2　碳钢认知学习
- 任务 4.3　合金钢认知学习
- 任务 4.4　特殊性能钢认知学习
- 任务 4.5　实践技能训练

引导案例

近年来，随着人们对环境问题的认识和对安全性要求的不断提高，汽车车身构造和所用材料正在发生很大变化。特别是随着车体轻量化技术研究的深入，要求所用的钢铁材料要与之相适应。迄今为止，钢铁材料为汽车制造用的原材料，因其具有的优异特性、经济型、大量稳定供用性、可循环利用等特点而被广泛使用，如图 4-1 所示。但是以钢铁高强度化为中心的轻量化技术和环境友好材料等是汽车材料研发的最新方向。

那么汽车车身用钢铁材料到底有哪些？用在什么部位？又具有什么样的性能要求呢？

图 4-1　新型汽车车身及材料

知识导学

任务 4.1　钢及其分类认知学习

4.1.1　钢的分类

钢是碳的质量分数不大于 2.11%，并可能含有其他元素的铁碳合金（在个别钢中，如高铬钢，其 ω_C 可超过 2.11%）。钢的种类很多，常用分类方法如下：

1. 传统分类方法

按化学成分分为碳素钢（简称碳钢）、合金钢；

按品质分为普通钢、优质钢、高级优质钢、特级优质钢；

按用途分为结构钢、工具钢、特殊性能钢、专业用钢；

按冶炼方法分：可按熔炉类型进一步分为平炉钢、转炉钢、电炉钢，按脱氧程度和浇铸制度进一步分为沸腾钢、镇静钢、半镇静钢和特殊镇静钢；

按金相组织分类时，可按退火状态的钢、正火状态的钢、无相变或部分发生相变的钢进一步分类。

2. 新分类方法

1992 年 10 月，中国颁发了“钢分类”国家标准（GB/T 13304—91）。2008 年，对该标准进行修订，钢的分类分为两部分：第 1 部分，按化学成分分类（GB/T 13304.1—2008）；第 2 部分，按主要质量等级、主要性能及使用特性分类（GB/T 13304.2—2008）。

4.1.2 常存杂质元素对钢性能的影响

钢铁成分中的主要组元是铁和碳，但在冶炼过程中，还会带入一定量的 Si、Mn、P、S、非金属夹杂物及氧、氮、氢等气体。这些非有意加入或保留的元素，称之为杂质。

1. Si、Mn 的影响

Si 可改善钢质，还可溶入铁素体，显著提高钢的强度和硬度，但含量较高时，会使钢的塑性和韧性下降；Mn 可防止形成 FeO，减轻 S 的有害作用，强化铁素体，增加珠光体的相对量，使组织细化，提高钢的强度。Si 和 Mn 在一定含量范围内是有益元素，但是，作为少量杂质存在时对钢的力学性能的影响并不显著。

2. S、P 的影响

在固态下，S 在钢中主要以 FeS 的形态存在，会使得钢在 1100 °C 左右的高温下进行变形加工时沿着晶界开裂（称之为热裂）；P 在固态下可溶入铁素体中，使钢的强度、硬度提高，并提高铁液的流动性，但在室温下使钢的塑性、韧性显著下降，在低温时更为严重（称之为冷脆）。P 的存在也使焊接性能变坏。因此，S 和 P 的含量必须严格控制，它是衡量钢的质量等级的指标之一。

任务 4.2 碳钢认知学习

碳钢是指含碳量在 0.0218%～2.11%的铁碳合金，也叫碳素钢。实际使用的碳钢中除铁和碳两种元素外，还有少量的硅、锰、硫、磷等元素。一般碳钢中含碳量越高则硬度越大，强度也越高，但塑性越低。

目前，工业上所使用的钢铁材料中，碳钢占有很重要的地位。由于碳钢容易冶炼和加工，并具有一定的力学性能，在一般情况下，它能够满足工农业生产的需要，同时价格低廉，所以应用非常广泛。

4.2.1 碳钢的分类

碳钢的分类方法很多，下面只介绍几种常用的分类方法。

1. 按照冶炼时脱氧方法的不同分类

根据冶炼时脱氧方法的不同，碳钢可分为沸腾钢、半镇静钢、镇静钢和特殊镇静钢。

2. 按碳的质量分数分类

（1）低碳钢。低碳钢中碳的质量分数小于等于 0.25%。
（2）中碳钢。中碳钢中碳的质量分数为 0.25% ~ 0.60%。
（3）高碳钢。高碳钢中碳的质量分数大于 0.60%。

3. 按钢的用途分类

（1）碳素结构钢。碳素结构钢主要用于制造各类工程构件（如桥梁、船舶、建筑物等）及各种机器零件（如齿轮、螺钉、螺母、连杆等）。它多属于低碳钢和中碳钢。

（2）碳素工具钢。碳素工具钢主要用于制造各种刃具、量具和模具。这类钢中碳的含量较高，一般属于高碳钢。

（3）特殊性能钢。特殊性能钢包括不锈钢、耐磨钢、耐热钢等。

4. 按钢中有害杂质的含量分类

碳钢主要按钢中有害杂质硫、磷含量分为以下几种：

（1）普通碳素钢。普通碳素钢中硫的质量分数不大于 0.055%，磷的质量分数不大于 0.045%。

（2）优质碳素钢。优质碳素钢中硫和磷的质量分数均为 0.035% ~ 0.040%。

（3）高级优质碳素钢。高级优质碳素钢中硫的质量分数为 0.020% ~ 0.030%，磷的质量分数为 0.030% ~ 0.035%。

4.2.2　碳钢的牌号、性能及主要用途

钢材牌号，又称钢铁产品牌号，是采用汉语拼音字母、化学元素符号和阿拉伯数字相结合表示钢材产品名称、用途、特性和工艺的方法。

1. 普通碳素结构钢

普通碳素结构钢又称普通碳素钢，含碳量为 0.06% ~ 0.22%，以小于 0.25%最为常用，属于低碳钢。其牌号由代表屈服强度的字母 Q、屈服强度值（单位符号为 MPa）、质量等级符号（A、B、C、D）及脱氧方法符号（F、b、Z、TZ）四部分按顺序组成。质量等级符号反映了普通碳素结构钢中有害元素硫、磷含量的高低，其中，A 级钢，硫、磷质量分数最高，A、B、C、D 表示钢材质量依次提高。脱氧方法符号 F、b、Z、TZ 分别代表沸腾钢、半镇静钢、镇静钢以及特殊镇静钢。例如 Q235-A · F 即表示屈服强度为 235 MPa 的 A 级沸腾钢。

普通碳素结构钢的应用范围非常广泛，其中大部分用作焊接、铆接或栓接的钢结构件，少数用于制作各种机器部件。强度较低的 Q195、Q215 钢用于制作低碳钢丝、钢丝网、屋面板、焊接钢管、地脚螺栓和铆钉等。Q235 钢具有中等强度，并具有良好的塑性和韧性，而且易于成型和焊接。这种钢多用作钢筋和钢结构件，另外还用作铆钉、铁路道钉和各种机械零件，如螺栓、拉杆、连杆等，是应用最广的普通碳素结构钢。图 4-2 为 Q235H 型钢。强度较高的 Q255、Q275 钢用于制作各种

农业机械，也可用作钢筋和铁路鱼尾板。碳素结构钢的牌号、化学成分及性能见表 4-1。

图 4-2 Q235 型钢

表 4-1 碳素结构钢的牌号、化学成分及力学性能

牌号	质量等级	σ_b/MPa	δ/%	σ_s/MPa	A_K/J	用 途
Q295	A	390 ~ 570	23	295	—	低、中压化工容器，低压锅炉汽包，车辆冲压件，建筑金属构件，输油管，储油罐，有低温要求的金属构件
	B	390 ~ 570	23	295	34（20 °C）	
Q345	A	470 ~ 630	21	345	—	各种大型船舶，铁路车辆，桥梁，管道，锅炉，压力容器，石油储罐，水轮机蜗壳，起重及矿山机械，电站设备，厂房钢架等承受动载荷的各种焊接结构件，一般金属构件、零件
	B	470 ~ 630	21	345	34（20 °C）	
	C	470 ~ 630	22	345	34（0 °C）	
	D	470 ~ 630	22	345	34（－20 °C）	
	E	470 ~ 630	22	345	27（－40 °C）	
Q390	A	490 ~ 650	19	390	—	中、高压锅炉汽包，中、高压石油化工容器，大型船舶，桥梁，车辆及其他承受较高载荷的大型焊接结构件；承受动载荷的焊接结构件，如水轮机涡轮壳
	B	490 ~ 650	19	390	34（20 °C）	
	C	490 ~ 650	20	390	34（0 °C）	
	D	490 ~ 650	20	390	34（－20 °C）	
	E	490 ~ 650	20	390	27（－40 °C）	
Q420	A	520 ~ 680	18	420	—	中、高压锅炉及容器，大型船舶，车辆，电站设备及焊接结构件
	B	520 ~ 680	18	420	34（20 °C）	
	C	520 ~ 680	19	420	34（0 °C）	
	D	520 ~ 680	19	420	34（－20 °C）	
	E	520 ~ 680	19	420	27（－40 °C）	
Q460	C	550 ~ 720	17	460	34（0 °C）	淬火、回火后用于大型挖掘机、起重运输机械、钻井平台等
	D	550 ~ 720	17	460	34（－20 °C）	
	E	550 ~ 720	17	460	27（－40 °C）	

2. 优质碳素结构钢

优质碳素结构钢是含碳量小于0.8%的碳素钢，这种钢中所含的硫、磷及非金属夹杂物比普通碳素结构钢少，机械性能较为优良。

优质碳素结构钢的牌号用两位数字表示，即钢中平均含碳量的万分位数。例如，20号钢表示平均含碳量为0.20%的优质碳素钢。当钢中锰的质量分数为0.7%～1.2%时，应在牌号后面加上元素符号，如50Mn。若为沸腾钢，则在数字后加“F”，如08F表示碳的质量分数为0.08%的沸腾钢。

优质碳素结构钢产量较大，用途较广，一般多轧（锻）制成圆、方、扁等型材、板材和无缝钢管，主要用于制造一般结构及机械结构零、部件以及建筑结构件和输送流体用的管道。图4-3为45钢制造的传动齿轮。优质碳素结构钢一般都要经过热处理，以提高力学性能。根据碳的质量分数不同，优质碳素结构钢有不同的用途，其牌号及用途见表4-2。

图4-3 传动齿轮

表4-2 优质碳素结构钢的牌号及用途

牌号	用途
10 10F	用于制造锅炉管、油桶顶盖、钢带、钢丝、钢板和型材及机械零件
20 15F	用于制造承受较小应力而要求韧性好的各种机械零件，如拉杆、轴套、螺钉、起重钩；也用于制造在60 MPa、450 °C以下非腐蚀介质中使用的管子等；还可以用于制造心部强度不大的渗碳与碳氮共渗零件，如轴套或链条的滚子、轴以及不重要的齿轮、链轮等
35	用于制造热锻的机械零件，冷拉和冷锻的钢材、钢管以及机械零件，如转轴、曲轴、轴销、拉杆、连杆、横梁、星轮、套筒、轮圈、钩环、垫圈、螺钉、螺母等；还可用来制造汽轮机机身、轧钢机机身、飞轮等
40	用于制造机器的运动零件，如辊子、轴、曲柄销、传动轴、活塞杆、连杆、圆盘等
45	用于制造蒸汽涡轮机、压缩机、泵的运动零件；还可以用来代替渗碳钢制造齿轮、轴、活塞销等零件，但零件须经高频感应加热或火焰加热表面淬火，并可用作铸件
55	用于制造齿轮、连杆、轮圈、轮缘、扁弹簧及轧辊等，也可用作铸件
65	用于制造气门弹簧、弹簧圈、轴、轧辊、各种垫圈、凸轮及钢丝绳等
70	用于制造弹簧

3. 碳素工具钢

碳素工具钢含碳量高（0.65%~1.35%），随着含碳量的升高，碳化物量增加，耐磨性提高，但韧性下降。碳素工具钢中 S、P 的含量均较少，属于优质钢。碳素工具钢的牌号以“T”加数字表示，“T”表示碳素工具钢，数字表示钢中平均含碳量的千分数。如 $w_C = 0.8\%$的碳素工具钢，其钢号为“T8”。若为高级优质碳素工具钢，则在其钢号后加“A”，如“T10A”。

碳素工具钢生产成本较低，原材料来源方便；易于冷、热加工，在热处理后可获得相当高的硬度；在工作受热不高的情况下，耐磨性也较好，因而得到广泛应用。这类钢的钢号有 T7、T7A、T8、T8A…T13A，共 8 个钢种、16 个牌号。含碳量越高，则碳化物含量越多，耐磨性就越高，但韧性就越差。因此，受冲击的工具应选用含碳量低的工具钢。一般冲头、凿子要选用 T7、T8 钢等，车刀、钻头可选用 T10 钢，而精车刀、锉刀则选用 T12、T13 钢等。图 4-4 为 T8 钢制造的断线钳。碳素工具钢的牌号、化学成分及硬度见表 4-3。

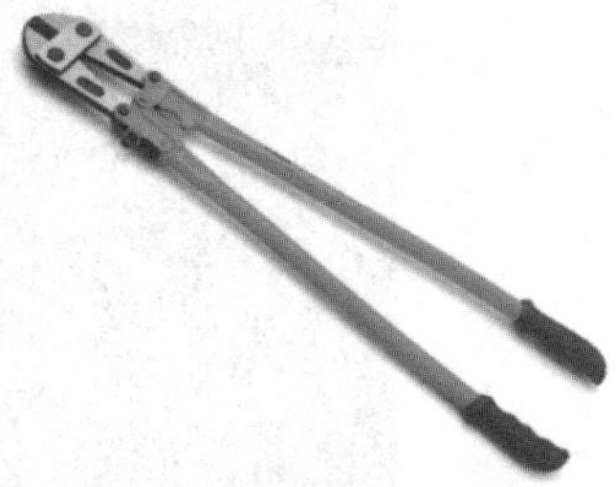

图 4-4 断线钳

表 4-3 碳素工具钢的牌号、化学成分及硬度

牌号	主要成分		退火后的硬度（HBS）不大于	淬火温度/℃及冷却剂	淬火后硬度（HRC）不小于	用途
	w_C/%	w_{Mn}/%				
T7/T7A	0.65~0.74	≤0.40	187	800~820 水	62	用于承受冲击、要求韧性较好，但切削性能要求不太高的工具，如凿子、冲头、手锤、剪刀、木工工具、简单胶木模
手锤 T8/T8A	0.75~0.84			780~800 水		用于承受冲击、要求硬度较高和耐磨性较好的工具，如简单的模具、冲头、切削软金属刀具、木工铣刀、斧、圆锯片
T8Mn/T8MnA	0.8~0.9	0.40~0.60		760~780 水		用于承受冲击、要求硬度较高和耐磨性较好的工具，如简单的模具、冲头、切削软金属刀具、木工铣刀、斧、圆锯片。因含 Mn 量高，淬透性较好，可制作端面较大的工具等
T9/T9A	0.85~0.94	≤0.40	192			用于要求韧性较好、硬度较高的工具，如冲头、木工工具等
T10/T10A	0.95~1.04		197			用于不受剧烈冲击、有一定韧性和锋利刃口的各种工具，如车刀、刨刀、冲头、钻头、丝锥、手锯条、小尺寸冲模等
T11/T11A	1.05~1.14		207			用于不受剧烈冲击、有一定韧性和锋利刃口的各种工具，如车刀、刨刀、冲头、钻头、丝锥、手锯条、小尺寸冲模等，还可以做锉刀的凿子、钻岩石的钻头等
T12/T12A	1.15~1.24					用于不受冲击，要求高硬度、高耐磨性的工具，如锉刀、刮刀、丝锥、精车刀、铰刀、锯片、量规等
T13/T13A	1.24~1.35		217			用于不受冲击，要求高硬度、高耐磨性的工具，如锉刀、刮刀、丝锥、精车刀、铰刀、锯片、量规等。用于要求更耐磨的工具，如剃刀、刻字刀、拉丝工具等

注：① 淬火后硬度不是指用途举例中各种工具的硬度，而是碳素工具钢材料在淬火后，未回火的最低硬度。

② 表中数据摘自 GB/T 1298—2008《碳素工具钢》。

4. 铸　钢

许多形状复杂的零件不便通过锻压等方法加工成型，用铸铁时性能又难以满足需求，此时常常选用铸钢，因此，铸钢在机械制造尤其是重型机械制造业中应用非常广泛，图 4-5 为铸钢制造的轧钢机机架及法兰闸阀。

（a）轧钢机机架

（b）法兰闸阀

图 4-5　铸钢的应用

铸钢按化学成分可分为碳素铸钢和合金铸钢；按用途可分为铸造结构钢、铸造工具钢和铸造特殊钢。

根据 GB/T 5613—2014《铸钢牌号表示方法》中的规定，铸钢的牌号有以下表示方法：

（1）以强度表示的铸钢牌号是由铸钢两字的汉语拼音首字母“ZG”与表示力学性能的两组数字组成，第一组数字代表最低屈服强度，第二组数字代表最低抗拉强度。例如，ZG200-400 表示屈服强度不小于 200 MPa，抗拉强度不小于 400 MPa。

（2）以化学成分表示的铸钢牌号，ZG + 两位数字（平均碳含量的万分之数）+ 带有百分数数字的合金元素符号，平均含碳量大于 1%时，在牌号中不表示；当平均含碳量小于 1%时，第一位数字为 0。在含碳量后面排列各主要合金元素符号，每个元素符号后面用整数标出其百分含量。当合金元素平均质量分数为 0.9% ~ 1.4%时，除 Mn 只标符号不标质量分数外，其他元素需在符号后标注数字 1；当合金元素平均质量分数大于 1.5%时，标注方法同合金结构钢，如 ZG15Cr1Mo1V、ZG20Cr13。

（3）另加一些字母和符号分别表示不同的含义，如 RZG200-400，表示熔模铸造铸钢；ZU70Mn 表示轧辊用铸钢，“ZU”表示轧辊用，“70”代表碳平均含量的万分之几，Mn 含量为 0.9% ~ 1.4%。

任务 4.3　合金钢认知学习

虽然碳素钢品种齐全，冶炼加工成型比较简单，价格低廉。但是随着科学技术和工业的发展，对材料提出了更高的要求，如更高的强度，抗高温、高压、低温，耐腐蚀、耐磨以及其他特殊物理、化学性能的要求，碳素钢已经不能完全满足要求。碳素钢在性能上主要有以下几方面的不足：

（1）淬透性低。一般情况下，碳素钢水淬的最大淬透直径只有 10 ~ 20 mm。

（2）强度和屈强比较低。如普通碳素钢 Q235 钢的 R_{eH} 为 235 MPa，低合金结构钢 Q345（16Mn）的 R_{eH} 则为 360 MPa 以上。而合金钢的屈强比则较碳素钢高出很多。

（3）耐回火差。碳素钢在进行调质处理时，为了保证较高的强度，需采用较低的回火温度，但这样钢的韧性就偏低；为了保证较好的韧性，采用高的回火温度时强度又偏低，所以碳素钢的综合力学性能水平不高。

（4）不能满足特殊性能的要求。碳素钢在抗氧化、耐蚀、耐热、耐低温、耐磨损以及特殊电磁性等方面往往较差，不能满足特殊使用性能的要求。

4.3.1 合金钢的分类

人们在铁碳合金中有目的地加入合金元素，以提高钢的力学性能、改善钢的工艺性能或获得某种特殊的物理化学性能，这种钢种就是合金钢。

合金钢种类繁多，为了便于生产、选材、管理及研究，根据某些特性，从不同角度出发可以将其分成若干种类。

1. 按合金元素含量分类

（1）低合金钢。合金元素总含量小于等于 5%。

（2）中合金钢。合金元素总含量为 5% ~ 10%。

（3）高合金钢。合金元素总含量大于 10%。

2. 按合金元素分类

有铬钢、锰钢、铬锰钢、铬镍钢、铬镍钼钢、硅锰钼钒钢等。

3. 按主要用途分类

（1）合金结构钢。合金结构钢可分为机械制造用钢和工程结构用钢等，主要用于制造各种机械零件、工程结构件等。

（2）合金工具钢。合金工具钢可分为刃具钢、模具钢、量具钢三类，主要用于制造刃具、模具、量具等。

4.3.2 合金元素在钢中的作用

为了改善钢铁的力学性能或使之获得某些特殊性能，我们有目的地在其中加入一定量的一种或几种元素，称之为合金元素。

1. 合金元素对钢力学性能的影响

（1）溶解于铁素体，起固溶强化作用。

非碳化物形成元素及过剩的碳化物形成元素都溶于铁素体，形成合金铁素体。Si、Mn 对强度、硬度提高显著，Cr、Ni 在适当范围内可以提高韧性，如图 4-6 所示。

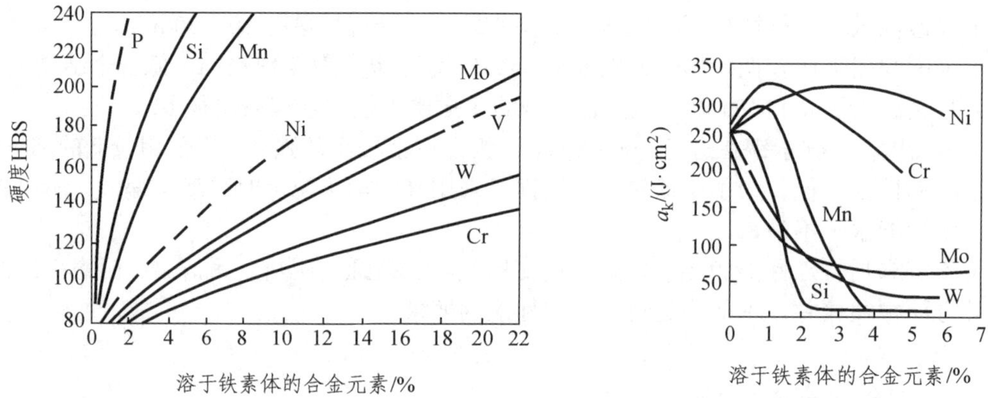

（a）　　　　　　　　　　（b）

图 4-6　不同合金元素对铁素体力学性能的影响

（2）形成碳化物，起强化相作用。

合金元素与碳的亲和力从大到小的顺序为：Ti、Zr、Nb、V、W、Mo、Cr、Mn、Fe。Ti、Nb、V 为强碳化物形成元素，碳化物的稳定性、熔点、硬度、耐磨性高，如 TiC、VC 等。W、Mo、Cr 为中碳化物形成元素，碳化物的稳定性、熔点、硬度、耐磨性较高，如 W_2C 等。Mn、Fe 为弱碳化物形成元素，碳化物的稳定性、熔点、硬度、耐磨性较低，如 Fe_3C 等。

（3）使结构钢中珠光体增加，起强化作用。

合金元素的加入，使 Fe-Fe_3C 相图中共析点左移，因而与相同含碳量的碳钢相比，亚共析成分的结构钢（一般结构钢为亚共析钢）含碳量更接近于共析成分，组织中珠光体的数量增加，使合金钢的强度提高。

2. 合金元素对钢热处理性能的影响

1）合金元素对 Fe–Fe_3C 相图的影响

（1）改变了 A 区的范围

合金元素溶入奥氏体后，A 区的温度范围就会扩大（A_3 下降，A_4 上升）或缩小（A_3 上升，A_4 下降）。因此，相应地使 Fe-Fe_3C 相图中的 A 相区也扩大或缩小。

扩大 A 相区的元素：如 Ni、Co、Mn、N 等，这些元素使 A_3 点下降，A_4 点上升。

当钢中这些元素的含量足够高（如 $w_{Mn}>13\%$或 $w_{Ni}>9\%$）时，A_3 点降到零度以下，从而使钢在室温下具有单相 *A* 组织，称为 *A* 钢。如 $w_{Mn} = 13\%$的 Mn13 耐磨钢，$w_{Ni} = 9\%$的 1Cr18Ni9 不锈钢等均属 A 钢。

缩小 A 相区的元素：如 Cr、Mo、Si、Ti、W、Al 等，这些元素使 A_3 点上升，A_4 点下降。

当钢中这些元素的含量足够高（如 $w_{Cr} = 17\%$）时，A 相区消失，室温下钢具有单相 F 组织，称为 F 钢。如 $w_{Cr} = 17\% \sim 18\%$的 Cr17、Cr25、Cr28 等铬不锈钢均属于 F 钢。

（2）改变了 *S* 点、*E* 点的位置

凡能扩大奥氏体区的元素，均使 *S*、*E* 点向左下方移动；凡能缩小奥氏体区的元素，均使 *S*、*E* 点向左上方移动。因此，大多数合金元素均使 *S*、*E* 点左移，如图 4-7 所示。*S* 点向左移动，意味着降低了共析点的含碳量，使含碳量相同的碳钢与合金钢具有不同的显微组织。*E* 点左移，使莱氏体含碳量降低，如 W18Cr4V 中 $w_C<2.11\%$，但在铸态组织中也出现合金莱氏体，俗称莱氏体钢。

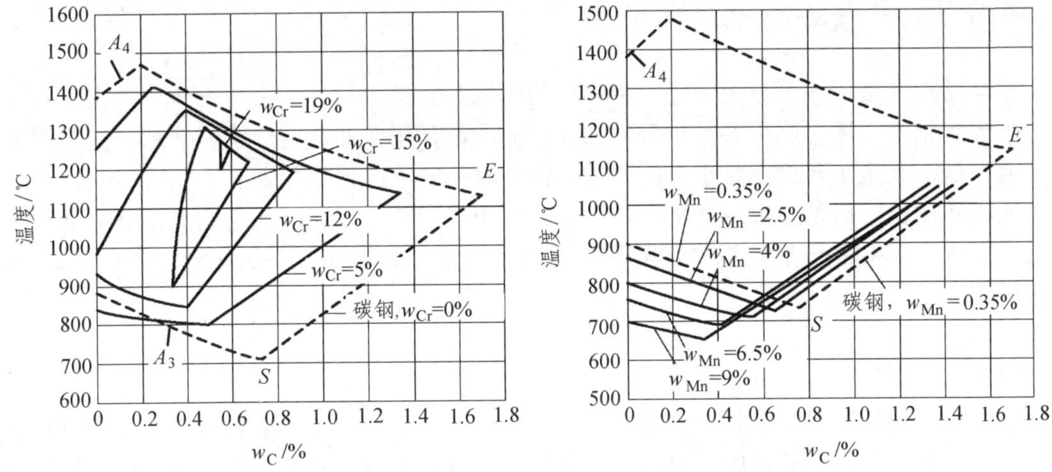

（a）Fe-C-Cr 系　　（b）Fe-C-Mn 系

图 4-7　合金元素对 $Fe-Fe_3C$ 相图中奥氏体影响

2）提高淬透性

除 Co 以外的合金元素均固溶于奥氏体，增加了奥氏体的稳定性，减慢了过冷奥氏体的分解速度，降低了钢在淬火时的临界冷却速度，从而提高了淬透性。

3）提高回火抗力（回火稳定性）

回火抗力：淬火钢在回火过程中抵抗硬度下降的能力。硬度下降越慢，则回火抗力越高。这是因为合金元素推迟了马氏体的分解，抵抗硬度下降，因而提高了回火抗力。与同等含碳量的碳钢相比，在同一温度回火，合金钢有较高的强度和硬度。而回火至同一硬度，合金钢的回火温度高，保温时间长，内应力消除比较彻底，因而其塑性和韧性比碳钢好。

4）产生二次硬化

二次硬化：淬火钢在较高温度回火时硬度不降低反而升高的现象。当钢中 Cr、W、Mo、V 等碳化物形成元素的含量超过一定量时，在 400 °C 以上会形成细小弥散分布的特殊碳化物，从而使硬度升高，如图 4-8 所示。

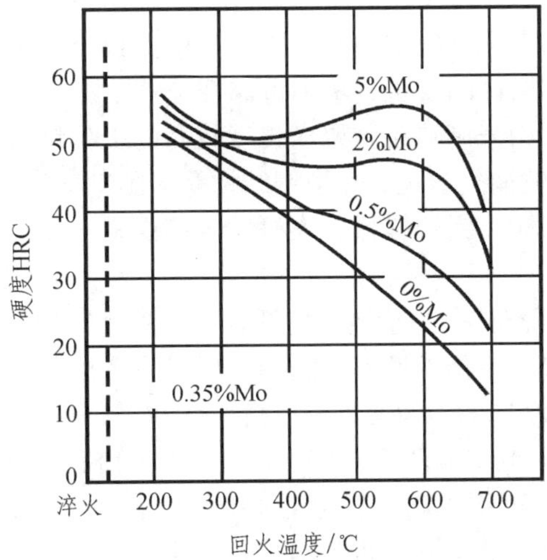

图 4-8　二次硬化现象

4.3.3　合金结构钢

合金结构钢按用途可分为工程用钢和机器用钢两大类。

工程用钢主要用于制造各种工程结构，它们大都是用普通低合金钢制造的。这类钢冶炼简便、成本低，满足工程用钢批量大的要求，使用时一般不进行热处理。

而机器用钢一般都经过热处理后使用，主要用于制造机器零件，它们大都是合金结构钢制造的。按其用途和热处理特点，机器用钢又分为调质钢、渗碳钢、易切削钢、弹簧钢、轴承钢、耐磨钢等。

1. 合金结构钢的牌号

合金结构钢的牌号通常是以“数字＋元素符号＋数字”的方法来表示的。牌号中起首的两位数字表示钢的平均含碳量的万分数，元素符号及其后的数字表示所含合金元素及其平均含量的百分数。若合金元素含量小于 1.5%，则不标其含量。当其平均含量为 1.5%～2.49%、2.5%～3.49%时，相应标注为 2、3。如 18Cr2Ni4W 表示碳的平均质量分数为 0.18%，铬的质量分数为 2%，镍的质量分数为 4%，钨的质量分数为 1.5%。对于高级优质钢，在牌号尾部增加符号“A”，如 38CrMoAlA。

易切削钢在钢号前加“Y”（“易”字声母）字，如 Y12、Y40Mn、Y40CrSCa，其含碳量和合金元素含量均与结构钢编号一样，如 Y40CrSCa，表示易切削钢的成分为 $w_{C} = 0.4\%$，$w_{Cr} < 1.5\%$，S、Ca 为易切削元素，一般情况下 $w_{S} = 0.05\% \sim 0.3\%$，$w_{Ca} < 0.015\%$。

滚动轴承钢的编号是在钢号前加“G”（“滚”字声母），其后数字为钢中平均含铬量的千分数，含碳量大于等于 1.0%时不标出，如 GCr15、GCr9 等钢中铬的含量分别为 1.5%和 0.9%。

2. 普通低合金结构钢

普通低合金结构钢是在碳素结构钢的基础上，加入少量的合金元素发展起来的。从成分上看其为低碳低合金钢种，满足大型工程结构（如大型桥梁、压力容器及船舶等）减轻结构质量、提高可靠性及节约材料的需要。

与低碳钢相比，低合金结构钢不但具有良好的塑性、韧性及焊接工艺性，而且具有较高的强度、较低的冷脆转变温度和良好的耐蚀性。因此，用低合金结构钢代替低碳钢可以减少材料和能源的损耗，减轻工程结构件的自重，增加可靠性。

普通低合金结构钢主要用来制造各种要求强度较高的工程结构，如船舶、车辆、高压容器、输油输气管道、大型钢结构等，在建筑、石油、化工、铁道、造船、机车车辆、锅炉容器、农机农具等许多方面都得到了广泛的应用。

Q345（16Mn）钢是应用最广、用量最大的低合金高强度结构钢，其综合性能好，广泛用于制造石油化工设备、船舶、桥梁、车辆等大型钢结构，图 4-9 就是用 Q345 制造的压力容器储气罐。Q390 含有 V、Ti、Nb 等元素，强度高，可用于制造高压容器等。Q460 含有 Mo 和 B，正火后组织为贝氏体，强度高，可用于制造石化工业中的中温高压容器等。常用低合金结构钢的牌号、性能与用途见表 4-4。

图 4-9　储气罐

表 4-4 常用低合金结构钢的牌号、性能与用途

牌号	σ_s/MPa	σ_b/MPa	δ/%	用途
09MnV	295	430 ~ 580	22	螺旋焊管、冷弯型钢、建筑结构
09Mn2	295	490 ~ 590	22	油船、油罐、油槽、机车车辆
16Mn	295	510 ~ 660	22	桥梁、船舶、车辆、压力容器、建筑结构
15MnV	390	530 ~ 680	18	高、中压容器，船舶，车辆，起重机
15MnTi	390	530 ~ 680	20	造船钢板、压力容器、电站设备
15Mn2VN	420	590 ~ 740	19	大型焊接结构、大型桥梁、车辆

3. 合金渗碳钢

合金渗碳钢是指经过渗碳热处理后使用的低碳合金结构钢，具有外硬内韧的性能，用于承受冲击的耐磨件，如汽车、拖拉机中的变速齿轮，内燃机上的凸轮轴、活塞销等。

渗碳钢中碳的质量分数一般为 0.10% ~ 0.25%，经过渗碳后，零件的表面变为高碳，而心部仍为低碳，因而零件心部有足够的塑性和韧性，以抵抗冲击载荷。

为了改善切削加工性，渗碳钢的预先热处理一般采用正火工艺，渗碳钢件的最终热处理应为渗碳后淬火加低温回火。具体的淬火工艺根据钢种而定。合金渗碳钢一般都是渗碳后直接淬火，而渗碳时易过热的钢种，如 20 钢和 20Cr 等，在渗碳之后直接空冷（正火），以消除过热组织，而后再进行加热淬火和低温回火。热处理后的组织是：表层为高碳回火马氏体和碳化物及少量残留奥氏体，硬度为 58 ~ 62 HRC；心部为低碳回火马氏体（完全淬透时），硬度为 40 ~ 50 HRC，但多数情况下，心部为少量低碳回火马氏体和屈氏体与铁素体的混合组织，硬度为 25 ~ 35 HRC，从而使心部具有高韧性。

常用渗碳钢按照淬透性大小可分为三类。

（1）低淬透性渗碳钢。低淬透性渗碳钢有 20Cr、20Mn2 等，典型钢种为 20Cr。这类钢合金元素的质量分数较低，淬透性差，零件水淬临界直径小于 25 mm，渗碳淬火后，心部韧性较低，只适用于制造受冲击载荷较小的耐磨零件，如活塞销、凸轮、滑块、小齿轮等。图 4-10 为 20Cr 制造的导套。

图 4-10 导套

（2）中淬透性渗碳钢。中淬透性渗碳钢有 20CrMnTi、20CrMn、20CrMnMo、20MnVB 等，典型钢种为 20CrMnTi。这类钢合金元素的质量分数较高，透性较好，零件油淬临界直径为 25 ~ 60 mm，渗碳淬火后有较高的心部强度，主要用于制造承受中等载荷、要求足够冲击韧性和耐磨性的汽车、拖拉机齿轮等零件，如汽车变速齿轮、花键轴套、齿轮轴等。

（3）高淬透性渗碳钢。高淬透性渗碳钢有 18Cr2Ni4WA、20Cr2Ni4A 等，典型钢种为 20Cr2Ni4A。这类钢合金元素的质量分数更高，淬透性很高，零件油淬临界直径大于 100 mm，淬火和低温回火后心部有很高的强度，主要用于制造大截面、高载荷的重要耐磨件，如飞机、坦克中的曲轴和大模数齿轮等。常用合金渗碳钢的牌号、化学成分、热处理、力学性能及用途见表 4-5。

表 4-5　常用合金渗碳钢的牌号、化学成分、热处理、力学性能及用途（摘自 GB/T 3077—2015）

类别	牌号	化学成分/%					热处理			力学性能					退火或高温回火硬度（HBW）	用途举例
		C	Si	Mn	Cr	其他	第一次淬火温度/°C	第一次淬火温度/°C	回火温度/°C	σ_b/MPa	σ_s/MPa	δ_5/%	φ/%	A_k/J		
										不小于						
低淬透性	15Cr	0.12～0.18	0.17～0.37	0.40～0.70	0.70～1.00	—	800 水，油	780～820 水，油	200 水，空气	735	490	11	45	55	≤179	截面不大，心部要求较高强度、表面承受磨损的零件，如齿轮、凸轮、活塞、轴等
低淬透性	20Cr	0.18～0.24	0.17～0.37	0.50～0.80	0.70～1.00	—	800 水，油	780～820 水，油	200 水，空气	835	540	10	40	47	≤179	截面在 300 mm 以下，形状复杂、心部要求较高强度，工作表面承受磨损的零件，如机床变速器齿轮箱、凸轮、蜗杆、爪形离合器等
低淬透性	20MnV	0.17～0.24	0.17～0.37	1.30～1.60	—	V：0.07～0.12	800 水，油	—	200 水，空气	785	590	10	40	55	≤187	锅炉、高压容器、大型高压管道等承受较大载荷的焊接结构件，使用温度上限是 450～470 °C，也可用于冷拉、冷冲压零件，如活塞销等
低淬透性	20Mn2	0.17～0.24	0.17～0.37	1.10～1.80	—	—	800 水，油	—	200 水，空气	785	590	10	40	47	≤187	代替 20Cr 钢制作渗碳的小齿轮、小轴，低要求的活塞销、汽门顶杆等

续表

类别	牌号	化学成分/%					热处理			力学性能					退火或高温回火硬度（HBW）	用途举例
		C	Si	Mn	Cr	其他	第一次淬火温度/℃	第一次淬火温度/℃	回火温度/℃	σ_b/MPa	σ_s/MPa	δ_5/%	φ/%	A_k/J		
										不小于						
中淬透性	20CrMnTi	0.17～0.23	0.17～0.37	0.80～1.10	1.00～1.30	Ti：0.04～0.10	880 油	870 油	200 水，空气	1080	850	10	45	55	≤217	在汽车、拖拉机工业中用于截面在 30 mm 以下，承受高速、中或重载荷，以及受冲击、摩擦作用的重要渗碳件，如齿轮、轴、齿轮轴、爪形离合器、蜗杆等
中淬透性	20MnVB	0.17～0.23	0.17～0.37	1.20～1.60	—	B：0.0005～0.0035	860 油	—	200 水，空气	1080	885	10	45	55	≤207	模数较大、载荷较重的中小渗碳件，如重型机床上齿轮、轴、汽车后轿以及主动、从动齿轮等
中淬透性	20MnMo	0.17～0.23	0.17～0.37	0.90～1.20	1.10～1.40	Mo：0.20～0.30	850 油	—	200 水，空气	1180	885	10	45	55	≤127	大截面的渗碳件，如大型拖拉机齿轮、活塞销等
中淬透性	20MnTiB	0.17～0.24	0.17～0.37	1.30～1.60	—	B：0.0005～0.0035 Ti：0.04～0.10	860 油	—	200 水，空气	1130	930	10	45	55	≤187	20CrMnTi 的代用钢，主要用于制造汽车、拖拉机上的小截面、中等载荷的齿轮等
高淬透性	20Cr2Ni4	0.17～0.23	0.17～0.37	0.30～0.60	1.25～1.65	Ni：3.25～03.65	880 油	780 油	200 水，空气	1180	1080	10	45	63	≤269	大截面、较大载荷、交变载荷作用下的重要渗碳件，如大型齿轮、轴等
高淬透性	18Cr2Ni4WA	0.13～0.19	0.17～0.37	0.30～1.60	1.35～1.65	Ni：4.0～4.50 W：0.08～1.20	950 空气	850 空气	200 水，空气	1180	835	10	45	78	≤269	大截面、高强度、良好的韧性及缺口敏感性低的重要渗碳件，如大截面的齿轮、传动轴、曲轴、花键轴、活塞销、精密机床上控制进刀的涡轮等

4. 合金调质钢

合金调质钢是指经过调质处理（淬火 + 高温回火）后使用的中碳合金结构钢，主要用于制造在多种载荷（如扭转、弯曲、冲击等）下工作，受力比较复杂，要求具有良好综合力学性能的重要零件，如汽车、拖拉机、机床等上的齿轮、轴类件、连杆、高强度螺栓等。它是机械结构用钢的主体。合金调质钢的最终热处理为调质处理，以获得回火索氏体组织，具有良好的综合力学性能；对于某些受冲击的表面耐磨零件，也可在调质后进行表面淬火并低温回火，或调质后氮化处理。而对于大截面的碳素调质钢零件，往往使用正火代替调质处理。

按淬透性的高低，合金调质钢大致可以分为以下三类。

（1）低淬透性合金调质钢。低淬透性合金调质钢包括 40Cr、40MnB、40MnVB 等，典型钢种是 40Cr。这类钢的合金元素总的质量分数较低，淬透性不高，油淬临界直径为 30 ~ 40 mm，广泛用于制造一般尺寸的重要零件，如轴、齿轮、连杆螺栓等。图 4-11 为 40Cr 制造的高强度双头螺栓。

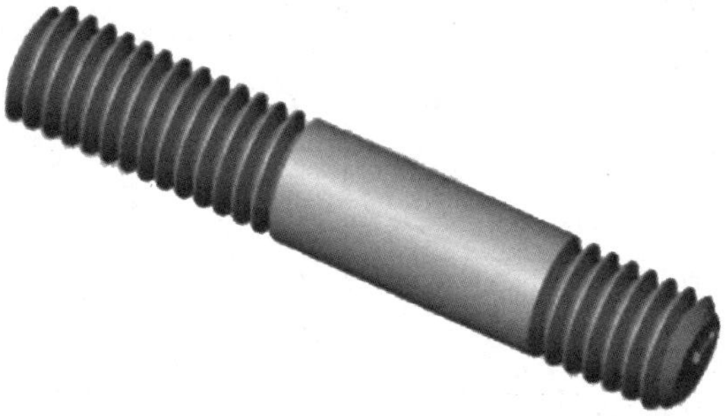

图 4-11　双头螺栓

（2）中淬透性调质钢。中淬透性调质钢包括 35CrMo、38CrMoAl、40CrNi 等，典型钢种为 40CrNi，这类钢的合金元素总的质量分数较高，油淬临界直径为 40 ~ 60 mm，用于制造截面较大、承受较重载荷的重要件，如内燃机曲轴、变速箱主动轴、连杆等。加入 Mo 不仅可以提高淬透性，还可防止出现第二类回火脆性。

（3）高淬透性调质钢。高淬透性调质钢包括 40CrNiMoA、40CrMnMo、25Cr2Ni4WA 等，典型钢种为 40CrNiMoA。这类钢的合金元素总的质量分数最高，淬透性也高，零件油淬临界直径为 60 ~ 100 mm，多为铬镍钢。高淬透性调质钢用于制造大截面、承受重载荷的重要零件，如汽轮机主轴、叶轮、压力机曲轴、航空发动机曲轴等。常用合金调质钢的牌号、化学成分、热处理、力学性能及用途见表 4-6。

5. 合金弹簧钢

合金弹簧钢是用于制造弹簧或者其他弹性零件的钢种。弹簧一般是在交变应力下工作，常见的破坏形式是疲劳破坏，因此，合金弹簧钢必须具有高的屈服强度和屈强比、弹性极限、抗疲劳性能，以保证弹簧有足够的弹性变形能力并能承受较大的载荷。同时，合金弹簧钢还要求具有一定的塑性与韧性，一定的淬透性，不易脱碳及不易过热。一些特殊弹簧还要求有耐热性、耐蚀性或在长时间内有稳定的弹性。中碳钢和高碳钢都可作弹簧使用，但因其淬透性和强度较低，只能用来制造截面较小、受力较小的弹簧。合金弹簧钢则可制造截面较大、屈服强度较高的重要弹簧。

表 4-6　常用合金调质钢的牌号、化学成分、热处理、力学性能及用途（摘自 GB/T 3077—2015）

类别	牌号	化学成分/%					热处理		力学性能					退火或高温回火硬度（HBW）	用途举例
		C	Si	Mn	Cr	其他	第一次淬火温度/℃	第一次淬火温度/℃	回火温度/℃	σ_b/MPa	σ_s/MPa	δ_5/%	φ/%		
									不小于						
低淬透性	40Cr	0.37～0.44	0.17～0.37	0.50～0.80	0.80～1.10	—	850 油	520 水，空气	980	785	9	45	47	≤207	制造承受中等载荷和中等工作的零件，如汽车后半轴及机床齿轮、轴、花键轴、顶尖套等
	40Mn2	0.37～0.44	0.17～0.37	1.40～1.80	—	—	840 水	540 水	885	735	12	45	55	≤217	轴、半轴、活塞杆、连杆
	42SiMn	0.39～0.45	1.10～1.40	1.10～1.40	—	—	880 水 —	590 水	885	735	15	40	47	≤229	在高频淬火及中温回火制造中速、中等载荷的齿轮；调质后高频淬火及低温回火状态下制造要求高硬度、高耐磨性、较大截面件，如主轴、齿轮等
	40MnB	0.37～0.44	0.17～0.37	1.10～1.40	—	B：0.005～0.0035	850 油 —	550 水，油	980	785	10	45	47	≤207	代替40Cr钢制作要求中小重要调质件，如汽车半轴、转向杆，以及机床主轴、齿轮等
	40MnVB	0.37～0.44	0.17～0.37	1.10～1.40	—	V：0.05～0.10 B：0.005～0.003 45	850 油	520 水，油	980	785	10	45	47	≤207	代替40Cr钢制作汽车、拖[illegible]机床上的重要调质件，如轴、[illegible]
中淬透性	35CrMo	0.32～0.40	0.17～0.37	0.40～0.70	0.80～1.10	Mo：0.15～0.25	850 油	550 水，油	980	835	12	45	63	≤229	通常用作调质件，也可在高频感应淬火或淬火、低温回火后用作高载荷下工作的重要结构件，受冲击、振动、弯曲、扭转载荷机件，如主轴、大电机轴、曲轴等

续表

类别	牌号	化学成分/%					热处理		力学性能					退火或高温回火硬度（HBW）	用途举例
		C	Si	Mn	Cr	其他	第一次淬火温度/°C	第一次淬火温度/°C	回火温度/°C	σ_b/MPa	σ_s/MPa	δ_5/%	φ/%		
									不小于						
中淬透性	40CrMn	0.37～0.45	0.17～0.37	0.90～1.20	0.90～1.20	—	840 油	550 水，油	980	835	9	45	47	≤229	用于制作在高速、重载下工作的齿轮轴、齿轮、离合器等
	30CrMnSi	0.27～0.34	0.90～1.20	0.80～1.10	0.80～1.10	—	880 油 —	520 水，油	1080	885	10	45	9	≤229	用于制作重要用途的调质件，如高速重载荷的砂轮轴、齿轮、轴、螺母、螺栓、轴套等
	40CrNi	0.37～0.44	0.17～0.37	0.50～0.80	0.45～0.75	Ni：1.00～1.40	820 油 —	550 水，油	980	785	10	45	55	≤241	用于制造截面较大、载荷较重的零件，如轴、连杆、齿轮轴等
	38CrMoAl	0.35～0.42	0.20～0.45	0.30～0.60	1.35～1.65	Mo：0.15～0.25 Al：0.70～1.10	940 水、油	640 水，油	980	835	14	50	71	≤229	高级氮化钢，常用于制造磨床主轴、自动车床主轴、精密丝杠、精密齿轮、高压阀门、压缩机活塞杆、橡胶及塑料挤压机上的各种耐磨件等
高淬透性	40CrMnMo	0.37～0.45	0.17～0.37	0.90～1.20	0.90～1.20	Mo：0.20～0.30	850 油	600 水，油	980	785	10	45	63	≤217	通常用作截面较大、要求高强度和高韧性的调质件，如 8 t 卡车半轴、齿轮轴、偏心轴、齿轮连杆等
	40CrNiMoA	0.37～0.44	0.17～0.37	0.50～0.80	0.60～0.90	Mo：0.15～0.25 Ni：1.25～1.65	850 油	600 水，油	980	835	12	55	78	≤269	用于制作要求韧性好、强度高及尺寸大的重要调质件，如重型机械中的重载荷的轴类、直径大于 250 mm 的汽轮机轴、叶片、曲轴等
	25CrNi4WA	0.21～0.28	0.17～0.37	0.30～0.60	1.35～1.65	W：0.80～1.20 Ni：4.00～4.50	880 油 —	550 水，油	1080	930	11	45	71	≤269	用于制作 200 mm 以下要求淬透的大截面重要零件

注：表中 38CrMoAl 钢试样的毛坯尺寸为 ϕ30 mm，其余牌号的合金调质钢试样的毛坯尺寸均为 ϕ25 mm。

弹簧钢中碳的质量分数一般为 0.5% ~ 0.70%。以满足高弹性、高强度的性能要求，加入的合金元素主要是 Si、Mn、Cr，其作用是强化铁素体，提高淬透性和耐回火性。但加入过多的 Si 会造成钢在加热时表面容易脱碳，加入过多的 Mn 容易使晶粒长大。加入少量的 V 和 Mo 可细化晶粒，从而进一步提高强度并改善韧性。此外，它们还有进一步提高淬透性和耐回火性的作用。

有代表性的弹簧钢有以下几种。

（1）65Mn、70 钢。这两种钢可用于制造截面直径小于 15 mm 的小型弹簧，如坐垫弹簧、发条、弹簧环、刹车弹簧、离合器簧片等。

（2）55Si2Mn、60Si2Mn。这类钢中加入了 Si、Mn 元素，提高了钢的淬透性，可用于制造直径为 20 ~ 25 mm 的弹簧，如汽车、拖拉机、机车上的减振板簧和螺旋弹簧、气缸安全阀簧（工作温度小于 230 °C）。图 4-12 为 60Si2Mn 制造的减振板簧。

（3）50CrVA。50CrVA 不仅淬透性高，还有较高的热强性，适用于制造工作温度在 350 ~ 400 °C 下的重载大型弹簧，如阀门弹簧、气门弹簧。

6. 滚动轴承钢

滚动轴承钢是用于制造滚动轴承的滚动体和内外套圈的专用钢，通常在淬火状态下使用。滚动轴承在工作中需承受很高的交变载荷，滚动体与内外圈之间的接触应力大，同时又工作在润滑剂介质中。因此，滚动轴承钢具有高的抗压强度和抗疲劳强度，有一定的韧性、塑性、耐磨性和耐蚀性，钢的内部组织、成分均匀，热处理后有良好的尺寸稳定性。常用的滚动轴承钢是含碳 0.95% ~ 1.10%、含铬 0.40% ~ 1.60%的高碳低铬轴承钢，如 GCr6、GCr9、GCr15 等。其中用量最大的是 GCr15，图 4-13 为 GCr15 制造的深沟球轴承。

图 4-12　减振板簧

图 4-13　深沟球轴承

为了满足轴承在不同工作情况下的使用要求，还发展了特殊用途的轴承钢，如制造轧钢机轴承用的耐冲击渗碳轴承钢、航空发动机轴承用的高温轴承钢和在腐蚀介质中工作的不锈轴承钢等。从化学成分看，滚动轴承钢属于工具钢范畴，所以这类钢也经常用于制造各种精密量具、冷冲模具、丝杠、冷轧辊和高精度的轴类等耐磨零件。

7. 易切削钢

易切削钢是指在钢中加入一定数量的一种或一种以上的硫、磷、铅、钙、硒、碲等易切削元素，以改善其切削性的合金钢。易切削钢能降低切削力和切削热，减少刀具磨损，提高工件、刀具的寿命，改善排屑性能，提高切削速度。

自动机床加工的零件大多选用低碳易切削钢，对切削性能要求高的可选用含硫较高的 Y15，需要焊接的可选低硫的 Y12，对强度要求较高的可选用 Y20 或 Y30，车床丝杠可选用 Y40Mn。Y12Pb 广泛用于精密仪表行业，如制造手表、照相机齿轮、轴类等。新研制的 Y40CrCaS 适用于高速切削，具有良好的切削加工性能。

4.3.4 合金工具钢

合金工具钢，是在碳素工具钢基础上加入铬、钼、钨、钒等合金元素以提高淬透性、韧性、耐磨性和耐热性的一类钢种。它主要用于制造量具、刃具、耐冲击工具和冷、热模具及一些特殊用途的工具。合金工具钢按用途可分为合金刃具钢、合金模具钢和合金量具钢。

1. 合金工具钢的牌号

合金工具钢牌号的表示方法与合金结构钢相似，基本组成为“一位数字（或无数字）+ 元素符号 + 数字”，其平均含碳量是用质量分数的千分位表示，当碳的质量分数 $w_C \geq 1.0\%$时，钢号中不标出。例如，9SiCr 的成分为 $w_C = 0.9\%$，$w_{Si} < 1.5\%$，$w_{Cr} < 1.5\%$；CrWMn 的成分分别为 $w_C \geq 1.0\%$，w_{Cr}、w_W、w_{Mn} 均小于 1.5%。高速钢如 W18Cr4V、W6Mo5Cr4V2 等，碳的质量分数均小于 1.0%，但不标明其数字；合金元素含量与合金工具钢的标注方法相同，如 W18Cr4V 的成分为 $w_C = 0.7\% \sim 0.8\%$，$w_W = 18\%$，$w_{Cr} = 4\%$，$w_V < 1.5\%$。合金工具钢均属于高级优质钢，但钢号后不加“A”字。属于这一编号方法的钢种还有不锈钢、奥氏体型和马氏体型耐热钢。

2. 合金刃具钢

合金刃具钢主要用于制造切削刀具，如车刀、铣刀、钻头、丝锥、板牙等。刃具钢经热处理之后应具有高硬度、高耐磨性、高红（热）硬性、高淬透性、足够的韧性和塑性。

合金刃具钢有两类：一类是低合金刃具钢，用于低速切削，其工作温度低于 300 °C；另一类是高速钢，用于高速切削，工作温度高达 600 °C。

（1）低合金刃具钢。低合金刃具钢的典型牌号为 9SiCr 和 CrWMn。9SiCr 的淬透性高，油中淬火最大直径为 60 mm，230 ~ 250 °C 回火后硬度仍不低于 60 HRC，常用于制造薄刃刀具和冷冲模等，工作温度小于 300 °C。图 4-14 为 9SiCr 制造的圆板牙。CrWMn 含有较多的碳化物，有较高的硬度和耐磨性，淬透性也较高，淬火后有较多的残留奥氏体，工件变形很小，但其热硬性不如 9SiCr，常用于制造截面较大、切削刃受热不高、要求变形小、耐磨性高的刃具，如长丝锥、长铰刀、拉刀等，也常用作量具钢和冷作模具钢。常用合金刃具钢的牌号、化学成分、力学性能及用途见表 4-7。

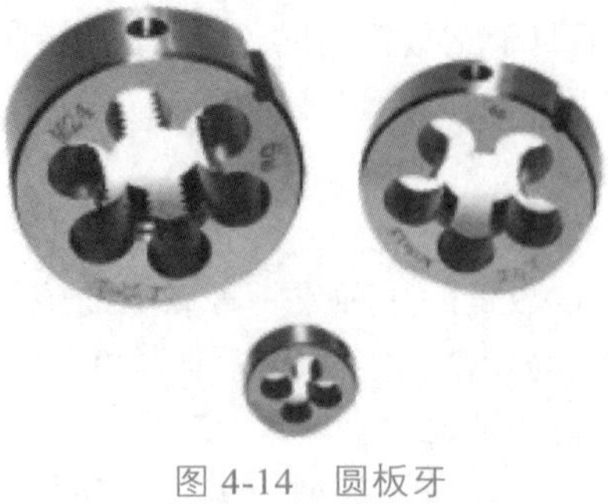

图 4-14 圆板牙

表 4-7　常用合金刃具钢的牌号、化学成分、力学性能及用途（摘自 GB/T 1299—2014）

牌号	化学成分/%					力学性能				用途举例
	C	Mn	Si	Cr	S、P	淬火温度/°C	硬度（HRC）	回火温度/°C	硬度（HRC）	
9SiCr	0.85～0.95	0.30～0.60	1.20～1.60	0.95～1.25	≤0.03	820～860 油	≥62	180～200	62～66	板牙、丝锥、铰刀、搓丝板、冷冲模、齿轮铣刀、拉刀等
8MnSi	0.75～0.85	0.80～1.10	0.30～0.60	—	≤0.03	800～820 油	≥60	—	—	木工錾子、锯条、切削工具等
Cr06	1.30～1.45	≤0.04	≤0.04	0.50～0.70	≤0.03	780～810 水	≥64	—	—	外科手术刀、剃刀、刮刀、刻刀、锉刀等
Cr2	0.95～1.10	≤0.04	≤0.04	1.30～1.65	≤0.03	830～860 油	≥62	—	—	车刀、插刀、铰刀、钻套、量具、样板、偏心轮、拉丝模、大尺寸冷冲模等
9Cr2	0.80～0.95	≤0.04	≤0.04	1.30～1.70	≤0.03	820～850 油	≥62	—	—	木工工具、冷冲模、钢印、冷轧辊等

（2）高速钢。高速钢主要有两种，一种为钨系 W18Cr4V（简称 18-4-1），另一种为钨-钼系 W6Mo5Cr4V2（简称 6-5-4-2）。前者的热硬性高，过热倾向小；后者的耐磨性、热塑性和韧性较好，适用于制造要求耐磨性与韧性配合良好的薄刃细齿刃具。

3. 合金模具钢

模具是机械、仪表等工业部门中的主要加工工具。专门用于制造各种模具的钢材称为模具钢。根据使用状态，模具钢可分为两大类：一类是用于冷成型的冷作模具钢，工作温度不超过 300 °C；另一类是用于热成型的热作模具钢，模具表面温度可达 600 °C。

（1）冷作模具钢。冷作模具钢适用于制作在室温下对金属进行变形加工的模具，包括冷冲模、冷镦模、冷挤压模、拉丝模、落料模等，图 4-15 为冷作模具钢制造的冷冲模。冷作模具钢应具有高的硬度和耐磨性，以承受很大的压力和强烈的摩擦；具有较高的强度和韧性，以承受很大的冲击和载荷，保证尺寸的精度并防止崩刃。截面尺寸较大的模具要求具有较高的淬透性，而高精度模具则要求热处理变形小。

图 4-15　冷冲模

根据冷作模具的工作条件，可选用碳素工具钢，如 T8A、T10A、T12A 等，制造载荷大、尺寸小、形状简单的模具。合金工具钢，如 9SiCr、CrWMn、GCr15 等，可制造载荷、尺寸较大、形状较复杂、批量不是很大的模具。而载荷大、形状复杂、变形要求小的大型冷作模具应选用 Cr12 型钢，如 Cr12MoV 等。常用冷作模具钢的牌号、化学成分、热处理级用途见表 4-8。

表 4-8 常用冷作模具钢的牌号、化学成分、热处理级用途（摘自 GB/T 1299—2014）

牌号	化学成分/%						交货状态（退火）（HBW）	热处理		用途举例
	C	Si	Mn	Cr	其他	P、S		淬火温度/°C	硬度（HRC）	
CrWMn	0.90～1.05	≤0.40	0.80～1.10	0.90～1.20	W：1.20～1.60	≤0.03	207～255	800～830 油	62	要求制作淬火要求变形很小，长而形状复杂的切削刀具，如拉刀、长丝锥及形状复杂、精度高的冷冲模件
Cr12	2.00～2.30	≤0.40	≤0.40	11.50～13.00	—	≤0.03	217～269	950～1000 油	60	用于制作耐磨性高、不受冲击、尺寸较大的模具，如冷冲模、冲头、钻套、量规、螺纹滚丝模、拉丝模、冷切剪刀等
Cr12MoV	1.45～1.70	≤0.40	≤0.40	11.00～12.50	Mo：0.40～0.60 V：0.15～0.30	≤0.03	207～255	950～1000 油	58	用于制作截面较大、形状复杂、工作条件繁重的各种冷作模具及螺纹搓丝板、量具等
Cr4W2MoV	1.12～1.25	0.40～0.70	≤0.40	3.50～4.00	W：1.20～1.60 Mo：0.80～1.20 V：0.80～1.10	≤0.03	≤269	960～980 油	60	可代替 Cr12MoV 钢、Cr12 钢制作冷冲模、冷挤压模、搓丝板等
W6Mo5Cr4V	0.55～0.60	≤0.04	≤0.60	3.70～4.30	Mo：4.50～5.50 V：0.70～1.10	≤0.03	≤269	1100～1200 油	60	用于制作冲头、冷作凹模等

（2）热作模具钢。热作模具钢适用于制造在受热状态下对金属进行变形加工的模具，包括热锻模、压铸模、热镦模、热挤压模、高速锻模等。图 4-16 为热作模具钢制造的热锻模。

图 4-16 热锻模

在热作模具钢工作时经常会接触炽热的金属，型腔表面温度高达 400 ~ 600 °C。因此，热作模具钢的主要性能要求是优异的综合力学性能、抗热疲劳性和高的淬透性等。

（1）工作条件和性能要求。热作模具钢工作时接触炽热的金属，型腔温度很高，被加工的金属在巨大的压力、扩张力和冲击载荷作用下，与型腔做相对运动，从而产生强烈的摩擦；剧烈的急冷急热循环引起不均匀的热应力，模具工作表面发生高温氧化，热疲劳导致出现“龟裂”现象，以致模具破坏。因此，热作模具应具备以下性能：高的热硬性和高温耐磨性；足够的强度和韧性；高的热稳定性，不易氧化；高抗热疲劳性和高的淬透性等。

（2）化学成分特点。热作模具钢一般是中碳钢，其含碳量 $w_C = 0.3\% \sim 0.6\%$，以保证良好的强度、韧性和较高的硬度（35 ~ 52 HRC），加入的合金元素为 Cr、Ni、Mn、Mo、W、V 等。Cr、Ni、Mn 是提高淬透性的主要元素；同时 Cr、Ni 一起可提高钢的回火稳定性；Ni 在强化铁素体的同时还可增加钢的韧性；Cr、W 和 V 可提高抗热疲劳性；Mo 主要防止第二回火脆性，以提高高温强度和回火稳定性。

热作模具钢中，最常用的是 5CrMnMo 和 5CrNiMo，制造中、小型热锻模（模具有效高度小于 400 mm）一般选用 5CrMnMo，制造大型热锻模（模具有效高度大于 400 mm）多选用 5CrNiMo，5CrNiMo 的淬透性和抗热疲劳性比 5CrMnMo 好。热挤压模和压铸模冲击载荷较小，但因模具与热态金属长时间接触，对热硬性和热强性要求较高，常选用 3Cr2W8V、4Cr5MoSiV、4Cr3Mo3V 等钢种。其中 4Cr5MoSiV 是一种空冷硬化的热模具钢，广泛应用于制造模锻锤的锻模和热挤压模以及铝、铜及其合金的压铸模等。常用热作模具钢的牌号、化学成分、热处理及用途见表 4-9。

表 4-9 常用热作模具钢的牌号、化学成分、热处理及用途（摘自 GB/T 1299—2014）

牌号	化学成分/%							交货状态（退火）（HBW）	淬火温度/°C	应 用
	C	Si	Mn	Cr	其他	P	S			
						不大于				
5CrMnMo	0.50～0.60	0.25～0.60	1.20～1.60	0.60～0.90	Mo：0.15～0.30	0.03	0.03	197～241	820～850 油	用于制作中、小型热锻模（边长不超过 400 mm）

续表

牌号	化学成分/%							交货状态（退火）（HBW）	淬火温度/°C	应用
	C	Si	Mn	Cr	其他	P	S			
						不大于				
5CrNiMo	0.50～0.60	≤0.40	0.50～0.80	0.50～0.80	Mo：0.15～0.30	0.03	0.03	197～241	830～860 油	用于制作形状复杂、冲击载荷大的各种大、中型热锻模（边长大于 400 mm）
3Cr2W8V	0.30～0.40	≤0.40	≤0.40	0.20～2.79	W：7.50～9.00；V：0.20～0.50	0.03	0.03	207～255	1075～1125 油	用于制作压铸模，平锻机上的凸模和凹模、镶块、铜合金挤压模等
4Cr5W2VSi	0.32～0.42	0.08～1.20	≤0.40	4.50～5.50	W：1.60～2.40；V：0.60～1.00	0.03	0.03	≤229	1030～1050 油或空气	可用于制作高速锤用模具与冲头、热挤压用模具及芯棒、有色金属压铸模等
4Cr5MoSiV	0.33～0.43	0.08～1.20	0.20～0.50	4.75～5.50	Mo：1.10～1.60；V：0.30～0.60	0.03	0.03	≤235	790 °C 预热，1100 °C 盐浴或 1010 °C（炉控气氮）加温，保温 5～15 min，空冷 550 °C 回火	使用性能和寿命高于 3Cr2W8V 钢，用于制作铝合金压铸模、热挤压模、锻模和耐 500 °C 以下的飞机、火箭零件等
5Cr4W5Mo2V	0.32～0.42	0.08～1.20	≤0.40	4.50～5.50	Mo：1.50～2.10；V：0.70～1.10	0.03	0.03	≤269	1100～1150 油	热挤压模、精密锻造模具钢。常用于制造中、小型精锻模，或代替 3Cr2W8V 钢制作热挤压模具

4. 合金量具钢

用于制造各种测量工具，如游标卡尺、千分尺、块规、塞规等的合金钢称为合金量具钢，如图 4-17 所示。

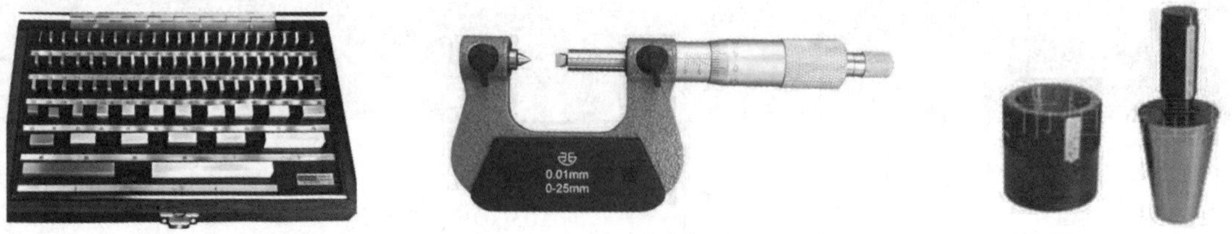

（a）块规　　（b）螺纹千分尺　　（c）圆锥环规、塞规

图 4-17　各种测量工具

量具在使用过程中必须保持自身尺寸的稳定性，因此，量具钢必须具有高硬度、高耐磨性、较高的尺寸稳定性、良好的耐蚀性。

一般非精密量具可选用碳素工具钢（如 T10A、T12A），对于精密量具，应选用 CrWMn、GCr15 等。如 CrWMn 的淬透性较高，淬火变形小，可用于制作高精度且形状复杂的量规及块规；GCr15 的耐磨性及尺寸稳定性好，可用于制作高精度块规、千分尺。在腐蚀性介质中使用的量具可使用铬不锈钢（如 4Cr13、9Cr18 等）制造。

任务 4.4　特殊性能钢认知学习

特殊性能钢是指具有特殊物理和化学性能的专用钢，如不锈钢、耐热钢、耐磨钢、低温钢等。这些钢往往用在特殊工况条件下，故应具有某些特殊的性能。

1. 不锈钢

不锈钢是指耐空气、蒸汽、水等弱腐蚀介质和酸、碱、盐等化学浸蚀性介质腐蚀的钢，又称不锈耐酸钢。实际应用中，常将耐弱腐蚀介质腐蚀的钢称为不锈钢，而将耐化学介质腐蚀的钢称为耐酸钢。由于两者在化学成分上的差异，前者不一定耐化学介质腐蚀，而后者则一般均具有不锈性。不锈钢的耐蚀性取决于钢中所含的合金元素。

不锈钢常按组织状态分为马氏体不锈钢、铁素体不锈钢、奥氏体不锈钢、奥氏体-铁素体（双相）不锈钢及沉淀硬化不锈钢等。图 4-18 为食品级奥氏体不锈钢——304 不锈钢。另外，不锈钢还可按成分分为铬不锈钢、铬镍不锈钢和铬锰氮不锈钢等。常用不锈钢的牌号、化学成分、热处理、力学性能及用途见表 4-10。

（a）餐盘

（b）蒸锅

图 4-18　304 不锈钢

2. 耐热钢

耐热钢是指在高温下具有较高的强度和良好的化学稳定性的合金钢。耐热钢按其性能可分为抗氧化钢（或称高温不起皮钢）和热强钢两类。抗氧化钢一般要求较好的化学稳定性，但承受的载荷较低。热强钢则要求较高的高温强度和相应的抗氧化性。耐热钢按其正火组织可分为奥氏体耐热钢、马氏体耐热钢、铁素体耐热钢及珠光体耐热钢等。

耐热钢常用于制造锅炉、汽轮机、动力机械、工业炉和航空、石油化工等工业部门中在高温下工作的零部件。这些部件除要求高温强度和抗高温氧化腐蚀外，根据用途不同还要求有足够的韧性、良好的可加工性和焊接性，以及一定的组织稳定性。常用耐热钢的牌号、化学成分、热处理、力学性能及用途见表 4-11。

表 4-10　常用不锈钢的牌号、化学成分、热处理、力学性能及用途（摘自 GB/T 1299—2014）

类别	牌号	化学成分/%						热处理温度/℃				力学性能						用途举例
		C	Si	Mn	Cr	Ni	其他	退火温度	固溶处理温度	淬火温度	回火温度	σ_b /MPa	$\sigma_{r0.2}$ /MPa	δ_5/%	ψ/%	A_k/J	硬度（HBW）	
铁素体型	1Cr17	≤0.12	≤0.75	≤1.00	16.00～18.00	—	—	780～850 空冷或缓冷	—	—	—	≥450	≥205	≥22	≥40	—	≤183	耐蚀性良好的通用不锈钢，用于制作建筑装潢、家用电器、家庭用具
铁素体型	00Cr30Mo2	≤0.01	≤0.40	≤0.40	28.50～32.00	—	Mo：1.50～2.50	—	—	900～1050 快冷	—	≥450	≥295	≥20	≥45	—	≤228	耐蚀性很好，用于制作耐有机酸、苛性碱、点腐蚀的设备
马氏体型	1Cr13	≤0.15	≤1.00	≤1.00	11.50～13.50	≤0.60	—	800～900 缓冷或约 750 快冷	—	950～1000 油	700～750 快冷	≥540	≥345	≥25	≥55	≥78	≤159	具有良好的耐蚀性和切削加工性，用于制作一般用途的零件和刀具，如螺栓、螺母、日常生活用品等
马氏体型	3Cr13	0.26～0.40	≤1.00	≤1.00	12.00～14.00	≤0.60	—	800～900 缓冷或约 750 快冷	—	920～980 油	600～750 快冷	≥735	≥540	≥12	≥40	≥24	≤217	用于制作硬度较高的耐蚀、耐磨刀具、量具、喷嘴、阀座、阀门、医疗器械等
马氏体型	7Cr17	0.60～0.75	≤1.00	≤1.00	16.00～18.00	—	—	800～920 缓冷	—	1010～1070 油冷	100～180 快冷	—	—	—	—	—	≥54 HRC	淬火、回火后，强度、韧性、硬度较好，可制作刀具、量具、轴承等
马氏体型	11Cr17	0.95～1.20	≤1.00	≤1.00	16.00～18.00	—	—	退火	—	淬火	回火	—	—	—	—	—	≥58 HRC	在所有不锈钢和耐热钢中，其硬度最高，用于制作喷嘴、轴承等

续表

类别	牌号	化学成分/%						热处理温度/°C				力学性能						用途举例
		C	Si	Mn	Cr	Ni	其他	退火温度	固溶处理温度	淬火温度	回火温度	σ_b /MPa	$\sigma_{r0.2}$ /MPa	δ_5/%	ψ/%	A_k/J	硬度(HBW)	
奥氏体型	1Cr18Ni9	≤0.15	≤1.00	≤2.00	17.00～19.00	8.00～10.00	—	—	1050～1150 冷	—	—	≥520	≥205	≥40	≥60	—	≤187	冷加工后有高的强度，用于制作建筑装潢材料和生成硝酸、化肥等化工设备零件
	0Cr19Ni9	≤0.08	≤1.00	≤2.00	18.00～20.00	8.00～10.50	—	—	1050～1150 快冷	—	—	≥520	≥205	≥40	≥60	—	≤187	应用最广泛的不锈耐蚀钢，用于制作食品、化工、核能设备的零件
	00Cr19Ni10	≤0.03	≤1.00	≤2.00	18.00～20.00	9.00～13.00	—	—	1010～1150 快冷	—	—	≥480	≥177	≥40	≥60	—	≤187	含碳量低，耐晶界腐蚀，用于制作焊后不需热处理的零件
奥氏体+铁素体型	0Cr26Ni5Mo2	≤0.08	≤1.00	≤1.50	23.00～28.00	3.00～6.00	Mo：3.00～6.00	—	950～1100 快冷	—	—	≥590	≥390	≥18	≥40	—	≤277	具有双相组织，抗氧化性及耐点腐蚀性好，强度高，用于制作耐海水腐蚀的零件
	0Cr18Ni11Ti	≤0.08	≤1.00	≤2.00	17.00～19.00	9.00～13.00	Ti：>0.50	—	920～1150 快冷	—	—	≥520	≥205	≥40	≥50	—	≤187	加入 Ti 可提高耐晶界腐蚀性，不宜用作装饰材料

表 4-11 常用耐热钢的牌号、化学成分、热处理、力学性能及用途（摘自 GB/T 1221—2007）

类别	牌号	化学成分/%						热处理温度/°C				力学性能						用途举例
		C	Mn	Si	Ni	Cr	其他	退火温度	固溶处理温度	淬火温度	回火温度	σ_b /MPa	$\sigma_{r0.2}$ /MPa	δ_5/%	ψ/%	A_k/J	硬度 (HBW)	
珠光体型	15CrMo	0.12～0.18	0.40～0.70	0.17～0.37	—	0.80～1.10	Mo：0.4～0.55；W：0.8～1.10	—	—	900～950 空冷	630～700 空冷	≥440	≥295	≥22	≥60	≥12	≥179	用于制作工作温度不超过 550 °C 的锅炉受热管子、垫圈等
珠光体型	12CrMoV	0.08～0.15	0.40～0.70	0.17～0.37	—	0.40～0.60	Mo：0.25～0.35；V：0.15～0.30	—	—	960～980 空冷	700～760 空冷	≥440	≥225	≥22	≥50	≥10	≥241	用于制作工作温度不超过 570 °C 的汽轮机叶片、过热器管、导管等
马氏体型	1Cr13	≤0.15	≤1.00	≤1.00	≤0.60	11.50～13.50	—	800～900 缓冷或约 750 快冷	—	950～1000 快冷	700～780 油冷	≥540	≥345	≥25	≥55	≥78	≥159	用于制作工作温度小于 800 °C 的抗氧化零件
马氏体型	4Cr9Si2	0.35～0.50	≤0.70	2.00～3.00	≤0.60	8.00～11.00	—	—	—	1020～1040 空冷	700～780 油冷	≥885	≥590	≥19	≥50	—	—	有较高的热强性，用于制作工作温度小于 700 °C 的内燃机进气阀或轻载荷发动机排气阀
马氏体型	1Cr11MoV	0.11～0.18	≤0.60	≤0.50	≤0.60	10.0～11.50	Mo：0.50～0.70；V：0.25～0.40	—	—	1050～1100 空冷	720～740 空冷	≥685	≥490	≥16	≥55	≥47	—	兼有热强性、组织稳定性和减振性，用于制作汽轮机叶片和导向叶片
马氏体型	1Cr12WMoV	0.12～0.18	0.50～0.90	≤0.50	0.40～0.80	11.0～13.0	W：0.70～1.70；Mo：0.5～0.7	—	—	1000～1050 油冷	680～700 空冷	≥735	≥585	≥15	≥40	≥47	—	较好的热强性、组织稳定性和减振性，用于制作汽轮叶片、轮子、轮盘和紧固件

续表

类别	牌号	化学成分/%						热处理温度/°C				力学性能						用途举例
		C	Mn	Si	Ni	Cr	其他	退火温度	固溶处理温度	淬火温度	回火温度	σ_b /MPa	$\sigma_{r0.2}$ /MPa	δ_5/%	ψ/%	A_k/J	硬度(HBW)	
奥氏体型	1Cr18Ni9Ti	≤0.12	≤2.00	≤1.00	17.00~19.00	8.00~11.00	Ti: 0.5~0.8	—	1000~1100 快冷	—	—	≥520	≥205	≥40	≥50	—	≤187	良好的耐热性和抗蚀性，用于制作加热炉管、燃烧室筒体、退火炉罩等，也是不锈耐蚀钢
	0Cr25Ni20	≤0.08	≤2.00	≤1.50	24.00~26.00	19.00~22.00	—	—	1030~1180 快冷	—	—	≥520	≥205	≥40	≥60	—	≤187	抗氧化钢，可承受1035 °C 加热，可用于制作炉用材料、汽车净化装置材料
	0Cr18Ni11-Ti	≤0.08	≤2.00	≤1.00	17.00~19.00	9.00~13.00	—	—	920~1150 快冷	—	—	≥520	≥205	≥40	≥50	—	≤187	用于制作 400~900 °C 的腐蚀介质中的材料、高温焊接件
	4Cr14Ni-14W2Mo	0.40~0.50	≤0.70	≤0.80	13.00~15.00	13.00~15.00	Mo: 0.25~0.40; W: 2.00~2.75	—	820~850 快冷	—	—	≥705	≥315	≥20	≥35	—	≤248	用于制作 500~600 °C 温度下工作的锅炉和汽轮机零件、内燃机重载荷排气阀
	3Cr18Mn-12Si2N	0.22~0.30	10.50~12.50	1.40~2.20	17.00~19.00	—	N: 0.22~0.30	—	1100~1150 快冷	—	—	≥685	≥390	≥35	≥45	—	≤183	有较高的热强性，有抗氧性、抗硫性和抗碳性，用于制作渗碳炉构件，加热炉传送带、料盘、炉爪等

续表

类别	牌号	化学成分/%						热处理温度/°C				力学性能						用途举例
		C	Mn	Si	Ni	Cr	其他	退火温度	固溶处理温度	淬火温度	回火温度	σ_b/MPa	$\sigma_{r0.2}$/MPa	δ_5/%	ψ/%	A_k/J	硬度(HBW)	
铁素体型	0Cr13Al	≤0.08	≤1.00	≤1.00	11.50~14.50	—	Al: 0.10~0.30	780~830 空冷或缓冷	—	—	—	≥410	≥175	≥20	≥60	—	≥183	用于制作燃气轮机、压缩机叶片、淬火台架、退火箱
	1Cr17	≤0.12	≤1.00	≤0.75	16.0~18.0	—	—	780~850 空冷或缓冷	—	—	—	≥450	≥205	≥22	≥60	—	≥183	用于制作工作温度小于 900 °C 的抗氧化部件，如散热器、喷嘴、炉用部件
	00Cr12	≤0.03	≤1.00	≤0.75	11.0~13.0	—	—	退火	—	—	—	≥365	≥195	≥22	≥60	—	≥183	用于制作抗高温氧化，且要求焊接的部件，如汽车排气阀净化装置、燃烧室、喷嘴
	2Cr25N	≤0.20	≤1.50	≤1.00	23.00~27.00	≤0.60	N: ≤0.25	780~880 快冷	—	—	—	≥510	≥275	≥20	≥40	—	≤201	用于制作工作温度在 1080 °C 以下的抗高温氧化件，如燃烧室等

3. 耐磨钢

耐磨钢是耐磨损性能强的钢铁材料的总称，是当今耐磨材料中用量最大的一种。耐磨钢种类繁多，大体上可分为高锰钢，中、低合金耐磨钢，铬钼硅锰钢，耐气蚀钢，耐磨蚀钢以及特殊耐磨钢等。一些通用的合金钢如不锈钢、轴承钢、合金工具钢及合金结构钢等也都在特定的条件下作为耐磨钢使用，由于它们来源方便、性能优良，故在耐磨钢的使用中也占有一定的比例。

耐磨钢广泛用于矿山机械、煤炭采运、工程机械、农业机械、建材、电力机械、铁路运输等部门。例如，球磨机的钢球、衬板，挖掘机的斗齿、铲斗，各种破碎机的轧臼壁、齿板、锤头，拖拉机和坦克的履带板，风扇磨机的打击板，铁路辙叉，煤矿刮板输送机用的中部槽中板、槽帮、圆环链，推土机用的铲刀、铲齿，大型电动轮车斗用的衬板，石油和露天铁矿穿孔用的牙轮钻头等，如图 4-19 所示。常用耐磨钢的牌号、化学成分、热处理、力学性能及用途见表 4-12。

（a）铁路辙叉　　（b）挖掘机铲斗

图 4-19　耐磨钢的应用

表 4-12　常用耐磨钢的牌号、化学成分、热处理、力学性能及用途（摘自 GB/T 5680—2010）

牌号	化学成分/%					热处理		力学性能				用途举例
	C	Si	Mn	S	P	淬火温度/°C	冷却介质	σ_b/MPa	δ_5/%	A_k/J	硬度（HBW）	
ZGMn13-1	1.00～1.50	0.30～1.00	11.00～14.00	≤0.05	≤0.09	1060～1100	水	637	20	—	229	用于制作结构简单、要求以耐磨为主的低冲击铸件，如衬板、齿板、辊套、铲齿等
ZGMn13-2	1.00～1.40	0.30～1.00	11.00～14.00	≤0.05	≤0.09	1060～1100	水	637	20	118	229	
ZGMn13-3	0.90～1.30	0.30～0.80	11.00～14.00	≤0.08	≤0.08	1060～1100	水	686	25	118	229	用于制作结构复杂、要求以韧性为主的高冲击铸件，如履带板等
ZGMn13-4	0.90～1.20	0.30～0.80	11.00～14.00	≤0.05	≤0.07	1060～1100	水	735	35	118	229	

案例释疑

分析：车用钢铁材料的一般要求是具有高纯净度、对夹杂物的形态加以控制、良好的性能稳定性和高的表面质量。性能要求具体有：高的加工硬化指数，良好的涂覆性能和焊接性能，良好的扩孔和成型性能，高强度钢的延迟断裂性能和屈强比等。因此汽车车身用高强度钢板越来越多，如图 4-20 所示。高强度钢板的使用减轻车身质量 10%，节约 6%油耗。除了高强度钢板，车身用钢铁材料还有以下几种：

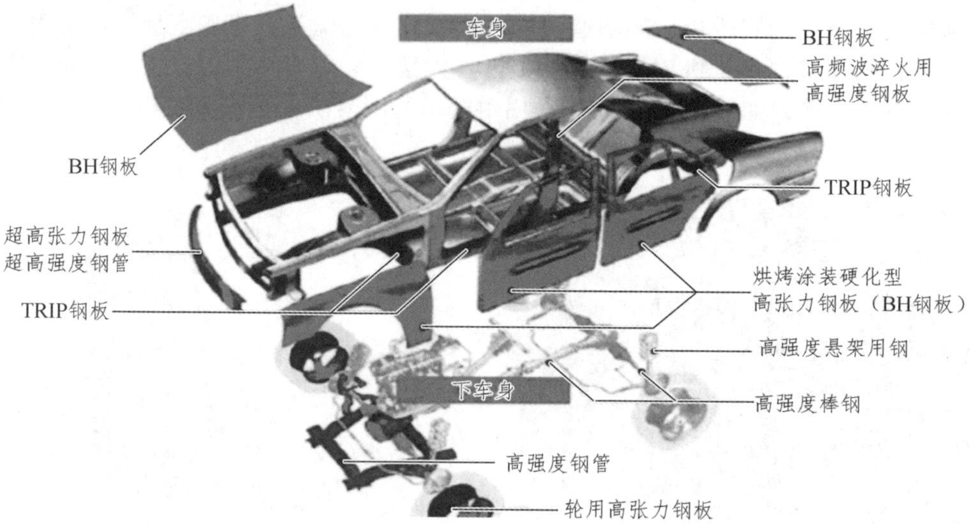

图 4-20　汽车车身高强度钢板及高强度部件

（1）低强度钢（又称软钢）：成本低廉，强度低，但具有较好的成型性能，主要用在受力较小的门板等部位。

（2）常规高强度钢：包括高强低合金钢、CMn 钢、BH 钢（烘烤硬化钢）、高强 IF 钢等，一般用在汽车外板内板等部位。

（3）第一代至第三代先进高强度钢：包括 DP 钢（双相钢）、CP 钢（复相钢）、TRIP（应变诱发塑性钢）、马氏体钢、TWIP 钢（孪晶诱发不锈钢）、X-IP 系列钢等，主要用在车身内蒙保险杠、横梁、边梁、支架和发动机框架等处。

技能提升

任务 4.5　实践技能训练

1. 任务内容

比较碳钢 20 钢、40 钢与合金调质钢 40Cr 硬度高低及冲击韧性大小。

2. 任务准备

实验设备：布氏硬度计或洛氏硬度计、冲击试验机。
材料：20 钢 3 根、40Cr 钢 6 根、40 钢 9 根。

3. 训练目的

比较含碳量不同对硬度的影响；比较合金元素 Cr 对冲击韧性的影响。

4. 训练过程

（1）取 20 钢 3 根和 40 钢 3 根在硬度计上进行硬度测试，测量压痕直径，比较硬度大小。

（2）取 40 钢 3 根和 40Cr 钢 3 根在硬度计上进行硬度测试，测量压痕直径，比较硬度大小。

（3）取 40 钢、40Cr 钢各 3 根，开 U 形缺口后，在冲击试验机上进行冲击韧性测试，比较冲击韧性大小。

（4）验证含碳量对硬度的影响规律和合金元素 Cr 对冲击韧性的影响趋势。

项目小结

（1）碳钢是指含碳量在 0.0218% ~ 2.11%的铁碳合金，也叫碳素钢。实际使用的碳钢中除铁和碳两种元素外，还有少量的硅、锰、硫、磷等元素。一般碳钢中含碳量越高则硬度越大，强度也越高，但塑性越低。

（2）普通碳素结构钢又称普通碳素钢，含碳量为 0.06% ~ 0.22%，以小于 0.25%最为常用，属于低碳钢。普通碳素结构钢的应用范围非常广泛，其中大部分用作焊接、铆接或栓接的钢结构件，少数用于制作各种机器部件。

（3）优质碳素结构钢是含碳量小于 0.8%的碳素钢，这种钢中所含的硫、磷及非金属夹杂物比普通碳素结构钢少，机械性能较为优良，主要用于制造一般结构及机械结构零、部件以及建筑结构件和输送流体用管道。

（4）碳素工具钢生产成本较低，原材料来源方便；易于冷、热加工，在热处理后可获得相当高的硬度；在工作受热不高的情况下，耐磨性也较好，因而得到广泛应用。含碳量越高，则碳化物含量越多，耐磨性就越高，但韧性就越差。

（5）许多形状复杂的零件不便通过锻压等方法加工成型，用铸铁时性能又难以满足需求，此时常常选用铸钢。

（6）为了克服碳钢的不足，在冶炼优质碳钢的同时可以有目的地加入一定量的一种或一种以上的金属或非金属元素，这类元素统称为合金元素，这类含有合金元素的钢统称为合金钢。

（7）合金结构钢的牌号通常是以“数字 + 元素符号 + 数字”的方法来表示的。牌号中起首的两位数字表示钢的平均含碳量的万分数，元素符号及其后的数字表示所含合金元素及其平均含量的百分数。

（8）合金结构钢又分为普通低合金钢、合金渗碳钢、合金调质钢、合金弹簧钢、滚动轴承钢和易切屑钢。

（9）合金工具钢，是在碳素工具钢基础上加入铬、钼、钨、钒等合金元素以提高淬透性、韧性、耐磨性和耐热性的一类钢种。它主要用于制造量具、刃具、耐冲击工具和冷、热模具及一些特殊用途的工具。合金工具钢按用途可分为合金刃具钢、合金模具钢和合金量具钢。

（10）特殊性能钢是指具有特殊物理和化学性能的专用钢，如不锈钢、耐热钢、耐磨钢、低温钢等。这些钢往往用在特殊工况条件下，故应具有某些特殊的性能。

思考与练习

一、判断题

1. 实际碳钢中只有铁和碳两种元素。（　　）
2. 45 号钢属于优质碳素结构钢。（　　）
3. T8 是碳素工具钢，含碳量为万分之八。（　　）
4. 合金结构钢又分为普通低合金钢、合金渗碳钢、合金调质钢、合金弹簧钢、滚动轴承钢和易切削钢。（　　）
5. 灰铸铁比铸钢的铸造性能更好。（　　）

二、单项选择题

1. 灰铸铁具有良好的抗压、减振性能，常用于制造（　　）。

　A. 曲轴　　B. 机床床身、底座、箱体
　C. 管接头　　D. 量具

2. 碳含量 $w_C = 4.3\%$的铁碳合金具有良好的（　　）。

　A. 可锻性　　B. 切削加工性能
　C. 可焊性　　D. 铸造性能

3. 建筑用钢筋宜选用（　　）。

　A. 高碳钢　　B. 中碳钢
　C. 低碳钢　　D. 工具钢

4. 下列钢铁材料中切削性能较好的是（　　）。

　A. 工业纯铁　　B. 45 钢
　C. 白口铸铁　　D. T12A 钢

5. 使钢产生热脆的元素是（　　）。

　A. S　　B. Si　　C. P　　D. Cr

三、简答题

1. 碳钢在性能上主要有哪几方面的不足？
2. 合金元素在钢中有哪些存在形式？主要起哪些强化作用？
3. 合金元素对 $Fe\text{-}Fe_3C$ 相图会产生哪些影响？
4. 渗碳钢有哪些性能要求？其成分特点是什么？
5. 调质钢一般要经过哪些热处理？其目的是什么？

6. 弹簧钢为什么要进行喷丸处理?

7. 滚动轴承钢的合金化与性能特点是什么?

8. 试简述高速工具钢的成分特点和热处理工艺特点。

9. 高速工具钢经铸造后为什么要反复锻造?在切削加工前为什么还要进行球化退火?

10. 生产中常用什么方法使奥氏体不锈钢得到强化?

项目 4 答案

项目5 铸铁

知识目标

- 了解碳在铸铁中的存在形式、石墨化过程及影响石墨化的因素。
- 掌握铸铁的分类、成分、组织、性能及用途。

技能目标

- 理解铸铁成分、组织和性能之间的关系。
- 了解相关铸铁材料的工程实际应用，加深对铸铁的理解和认识。

素养目标

- 培养学生树立正确的学习观，坚定知识助力产业提升、提高产品附加值、促进行业发展的理念。
- 培养学生树立高尚的职业道德，从价值观、认识观上理解和热爱学习、工作。
- 培养学生的团队精神，有良好的组织纪律及团队合作精神。

任务导航

- 任务 5.1　铸铁及其分类认知学习
- 任务 5.2　灰口铸铁认知学习
- 任务 5.3　球墨铸铁认知学习
- 任务 5.4　蠕墨铸铁认知学习
- 任务 5.5　可锻铸铁认知学习
- 任务 5.6　合金铸铁认知学习
- 任务 5.7　实践技能训练

引导案例

开元铁牛亦称唐代铁牛，位于永济市城西十五千米，蒲州城西的黄河古道两岸，各四尊。铸于唐开元十三年（725），为稳固蒲津浮桥，维系秦晋交通而铸。元末桥毁，久置不用，故习称“镇河铁牛”。因黄河变迁，逐渐为泥沙埋没。20 世纪 40 年代，河水沿蒲州西城墙外流过，枯水季节，下水还可摸到铁牛牛角，行船还有被牛角剐伤船底的情况。

1998 年 8 月由永济市博物馆在蒲津渡遗址上发掘出土铁牛四尊、铁人四个、两座铁山、一组七星铁柱和三个土石夯堆。开元铁牛的出土，是 1949 年以来我国首次发现黄河古渡口遗址，四尊铁牛也是我国发现的质量最大（每尊 45 ~ 72 t）、历史最久、工艺水平最高的珍贵文物。铁牛每尊高约 1.9 m，长约 3 m，宽约 1.3 m，牛尾后有横轴，直径约 0.4 m，长约 2.3 m。

历经千年后的开元铁牛出土后置于露天摆放，供游客欣赏，至今依然完好，如图 5-1 所示。

图 5-1　开元铁牛

知识导学

任务 5.1　铸铁及其分类认知学习

铸铁冶炼

5.1.1　铸铁的成分、组织及性能

据统计，在各类铸造合金的应用中，铸铁是近代工业生产中应用最为广泛的一种铸造金属材料，从铁碳合金相图可知，在铁碳合金系中对碳质量分数占比大于 2.11%的合金称为铸铁。工业上应用的铸铁并不是简单的铁碳二元系合金，而是以铁、碳、硅等为主要元素的多元合金系，其五大常规元素成分大致范围是：2.4% ~ 4.0% C、0.6% ~ 3.0% Si、0.2% ~ 1.2% Mn、0.04% ~ 1.2% P、0.04% ~ 0.20% S 等。此外，为了改善提高性能以适应不同工况的特殊需求，往往在合金熔体中加入一定的合金元素，如 Cr、Mo、V、Ti、Nb、Ni、Cu 等。由此可见，铸铁与钢在成分上的主要不同是：铸铁含碳、含硅量较高，杂质元素硫、磷量较多。

铸铁材料虽在强度、塑性及韧性上表现不足，不可锻造只能铸造成型，但因其具有优良的铸造性、减磨性、减振性和切削加工性等，且生产工艺简单，成本低廉，经过适当合金化后还可以获得良好的耐热性或耐蚀性。因此，铸铁在机械制造、冶金、建材、矿山、石化、交通和国防等领域中有着广泛的应用，铸铁件占整个机器质量的 45% ~ 90%。铸铁除用来制造要求强度和韧性不高的一般部件（如气缸、铸铁管、机床的床身等）外，还能用于制造需要具有综合力学性能的重要零部件，特别是稀土镁球墨铸铁的发展，更是进一步打破了钢与铁的应用界限，孕育出了大量以铁代钢、以铸代锻的生产实例，过去使用碳钢或合金钢制造的重要零件，如汽车后桥、齿轮、曲轴等，也可部分采用球墨铸铁制造。这不仅节约了大量优质钢材，还减少了加工、生产制造成本，所以学习、研究和推广应用好铸铁技术，对发挥铸铁在国民经济的作用，是意义非凡的。

铸铁之所以能够展现出众多的优良性能，除了成分中碳含量接近共晶点，使合金具有较低的熔点，流动性好以外，还因为含碳量、含硅量较高，致使合金熔体凝固后大部分碳以游离的石墨状态存在，使得铸铁拥有良好的减振性、减磨性和切削加工性。

5.1.2　铸铁的石墨化过程

1. 碳的存在形式

在铁碳合金中，碳的存在形式常以化合态的渗碳体（Fe_3C）和单质游离态的石墨（G）两种形式存在。从热力学观点看，渗碳体为亚稳相（自由能较高），在一定条件下可分解析出游离态的石墨，而石墨为稳定相（自由能低）。石墨（G）含碳量 $w_C \approx 100\%$，晶体结构为简单六方晶格，如图 5-2 所示，碳原子层状排列，同一层面上原子间距较小（约 1.42×10^{-10} m），结合力强，而两层面之间距离较大（约 3.40×10^{-10} m），结合力弱，故其结晶生长过程中沿层面方向上的扩张速度远远大于层面间方向的速度，导致结晶后形态常为片状，层面间易于滑动，其强度低，塑性和韧性接近为零。

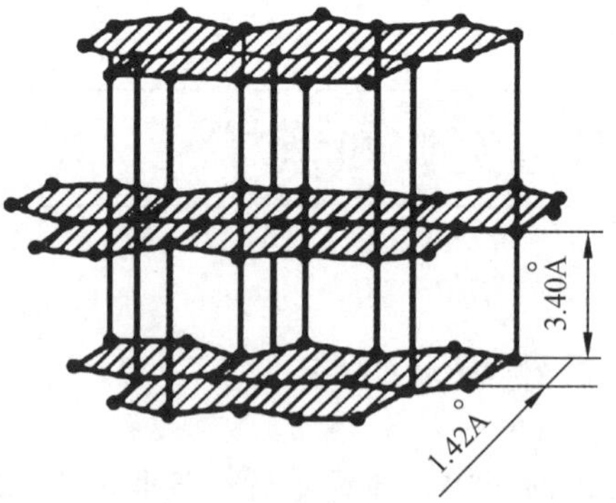

图 5-2　石墨晶体结构

2. 铁碳合金双重相图

生产实践表明，一定条件下含碳量大于 2.11%的铁碳合金可以从液态直接析出石墨；高温下长时间保温或缓慢冷却，莱氏体中的渗碳体会分解为铁和石墨（$Fe_3C \rightarrow 3Fe + C$）；在共析温度上下保温或缓慢冷却，奥氏体不再转变成珠光体（铁素体加渗碳体）而将转变成铁素体加石墨。常规条件下在铁碳合金结晶过程中，之所以从液态或奥氏体中析出的是渗碳体而不是石墨，主要是因为析出石墨的动力学条件不足，析出渗碳体晶核所需含碳量（6.69%）大大小于析出石墨所需含碳量（约 100%），原子更易扩散聚集形核。但在极其缓慢冷却条件下，或熔体中含有一定量的石墨化元素（如 Si 等）时，铁碳合金凝固过程会又从液体或奥氏体中析出石墨相。

由此可见，对铁碳合金的结晶过程实际上存在两种相图，如图 5-3 所示，其中实线部分为亚稳定的 Fe-Fe_3C 相图，虚线部分则是稳定的 Fe-G 相图。

铸铁石墨化过程

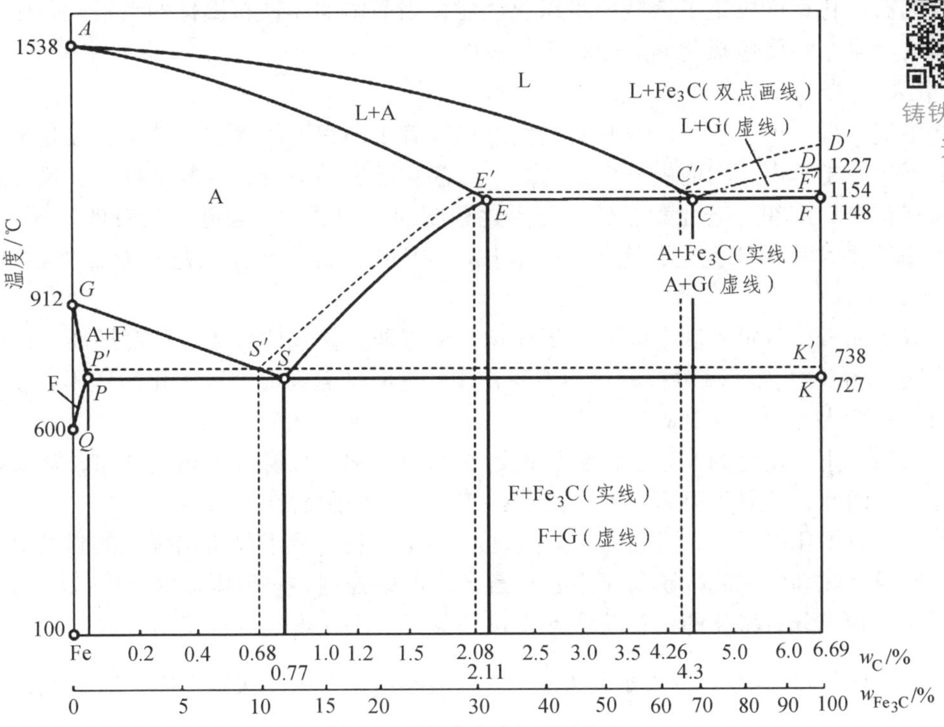

图 5-3　铁碳合金双重相图

3. 石墨化过程

如前述可知，铸铁中碳原子析出形成石墨的过程称为石墨化过程，可在结晶过程中直接析出，也可由渗碳体间接分解析出。根据铁碳合金双重相图（分别按 Fe-G 相图和 Fe-Fe_3C 相图分解）和结晶条件不同，铸铁的石墨化可分成三个阶段。

第一阶段（高温阶段）：从液相中直接析出石墨相，在 1154 °C 发生共晶转变析出共晶石墨，共晶反应式为 $L'_{C'} \rightarrow A'_{E'} + G_{\text{共晶}}$；一次渗碳体和共晶渗碳体在高温分解析出石墨。

第二阶段（中温阶段）：在共析温度和共晶温度之间（738 ~ 1154 °C），奥氏体沿 *ES* 线析出石墨；二次渗碳体分解析出石墨。

第三阶段（低温阶段）：在 738 °C 发生共析转变析出石墨，共析反应式为 $A'_{S'} \rightarrow F'_{P'} + G_{\text{共析}}$；共析渗碳体分解析出石墨。

通常，铸铁自高温冷却过程中，由于高温态时原子具有较高的扩散能力，故其第一、二阶段的石墨化比较容易进行，即凝固后得到（A + G）的中温组织；而随后较低温度的第三阶段石墨化常因温度、冷速、成分、扩散等动力学条件的限制，往往部分或全部会被抑制，导致室温得到三种不同的组织，即 F + G、F + P + G 和 P + G。

按石墨化程度的不同可获得不同类型的铸铁，如三个阶段的石墨化过程均被抑制，碳以渗碳体形式存在，称这种铸铁为白口铸铁；如三个阶段石墨化过程均充分进行，碳以石墨形式存在，称这种铸铁为灰口铸铁；如一、二阶段石墨化过程部分进行，三阶段石墨化过程完全抑制，碳以石墨和渗碳体形式存在，称这种铸铁为麻口铸铁。

4. 影响石墨化的因素

铸铁的石墨化程度决定了铸铁的组织及性能，因而影响铸铁石墨化的因素就是影响铸铁组织和性能的因素，主要包括化学成分和冷却速度。

1）化学成分

铸铁中碳、硅、锰、硫、磷对其石墨化过程有着不同程度的影响。其中，碳是形成石墨的元素，硅促进石墨析出，因而碳硅含量越高，石墨化越容易进行，其数量越多、尺寸越粗大，就越容易获得灰口组织。硅元素对铸铁石墨化程度的影响更大，当硅含量较低（$<0.5\%$）时，即使含碳量很高，也不能促进石墨化。一般灰口铸铁中碳硅含量控制范围为 2.7% ~ 3.6% C、1.1% ~ 2.5% Si。

锰是双重元素，一定程度上能阻止石墨化，促进珠光体基体形成，但锰还能与硫作用化合生成硫化锰（MnS），消除硫对石墨化的阻碍作用，进而又起到促进石墨化的作用。故锰含量应适当控制，一般为 0.4% ~ 1.2%。

硫是强烈阻止石墨化的元素，能够促进铸铁的白口化，且易产生热裂倾向，降低铸造性能和机械性能。因此，硫属于有害元素，应严格控制，一般限制在 0.1% ~ 0.15%。

磷是促进石墨化的元素，但当磷含量超过 0.3%时，在晶界上易析出硬脆的磷共晶，降低铸铁强度，形成冷脆性。因此，磷属于有害元素，应严格控制，一般限制在 0.2%以下。

为了评价各成分石墨化能力，将各元素按照其对石墨化影响的程度折算成碳的当量，其总和叫碳当量，其百分含量用 C_E 表示为 $C_E = C + \frac{1}{3}(Si + P)$。生产实践中除了铸铁成分中的五大常规元素外，其他合金元素也对铸铁的石墨化产生重大影响，在实际生产制造中应合理应用，常见促进石墨化的元素有：C、Si、Al、Cu、Ni、Co 等；常见阻碍石墨化的元素有：Cr、Mo、W、V、Mn、S 等。

2）冷却速度

化学成分一定的铸件其石墨化程度还主要受限于铸件冷却速度的影响。冷却速度越慢，原子扩散时间越充分（石墨析出生长动力学条件越充足），铸铁件石墨化倾向性就越大（按 Fe→G 相图转变），更容易获得粗大石墨片组织；反之冷却速度越大，铸铁件石墨化倾向性越小，越易获得白口组织（按 Fe→Fe_3C 相图转变）。

5.1.3 铸铁的分类

铸铁的分类

根据碳在铸铁中存在形式的不同，铸铁分为以下几类：

（1）白口铸铁：碳除了少量溶于铁素体外，大部分都是以渗碳体化合物的形式存在，断口呈白色，具有莱氏体组织，性能硬脆，在工业上很少应用，主要用于炼钢原料，还可用于生产可锻铸铁。

（2）灰口铸铁：碳全部或大部分以片状的石墨形式存在，因断裂后断口呈暗灰色而得名。工业上所用的铸铁几乎全部都属于这类铸铁。

（3）麻口铸铁：其组织介于白口和灰口之间，碳以石墨和渗碳体的混合形式存在，断口呈灰白色，这种铸铁含有不同程度的莱氏体、较大的硬脆性，工业上很少使用。

根据石墨形态的不同，铸铁又可分为如下四类：

（1）灰口铸铁：组织中石墨形态呈片状，生产工艺简单，价格低廉，在工业上应用最广，但机械性能一般。

（2）可锻铸铁：组织中石墨形态呈团絮状，由白口铸铁经石墨化退火后形成，又称展性铸铁。其生产工艺较复杂，成本高，机械性能较普通灰铸铁高，只用来制造一些重要的小零件。

（3）球墨铸铁：组织中石墨呈球状，是铁液在浇铸前经球化处理的结果。这种铸铁不但机械性能较高，生产工艺简单，而且能通过进一步热处理显著提高强度，其应用广泛，并在一定条件下可替代碳钢或合金钢制造的重要零件，如齿轮、曲轴等。

（4）蠕墨铸铁：石墨呈蠕虫状，介于片状和球状之间，其因浇铸前经相应的蠕化处理所致。

根据化学成分的不同，铸铁还可分为以下两类：

（1）普通铸铁：未经合金化处理的铸铁，如常规的白口铸铁、灰口铸铁、球墨铸铁、蠕墨铸铁等。

（2）合金铸铁：经相应合金化处理，如向铸铁溶液中加入 Cr、Mo、V、Ni、Cu 等合金元素，用于改善凝固组织状态，提高材料性能，其工程应用极其广泛，常见的有耐磨铸铁、耐蚀铸铁、耐热铸铁等。

任务 5.2 灰口铸铁认知学习

5.2.1 成分、组织、性能及用途

1. 成分及组织

如上所述，碳、硅是能够有效促进铸铁石墨化的元素，其含量越高，石墨化越充分。因此，为了使铸件在凝固后能够获得灰口组织且不致石墨片过于粗大，需控制铸件碳硅含量，通常把铸铁成分控制在 2.5% ~ 4.0% C 及 1% ~ 2.5% Si。

金属锰因能够与硫形成 MnS，一定程度上削弱了硫的有害作用，所以 Mn 虽然能够阻碍石墨化进程，但可以适当提高含量，通常允许含量在 0.5% ~ 1.4%。

硫不仅能够阻止石墨化进程，还会降低铸件的机械性能和流动性，因此必须严格控制降低其含量，通常含量小于 0.1% ~ 0.15%。

磷是微促进石墨化的元素，有提高铁液流动性的作用，但当磷含量 > 0.3%时，将在晶界析出磷共晶，增大铸件脆性，故磷含量通常控制在<0.3%范围内。

在铸铁石墨化过程中按第三阶段石墨化程度的不同（石墨化程度由高到低），灰铸铁基体组织可分为三种类型，常见的三种基体组织类型有：铁素体、铁素体 + 珠光体、珠光体，如图 5-4 所示。

（a）铁素体灰铸铁　　（b）铁素体加珠光体球墨铸铁　　（c）珠光体球墨铸铁

图 5-4　不同基体灰铸铁显微组织

生产实践中能否得到灰口组织或获得何种基体组织，主要视其凝固过程中石墨化的程度决定，其中最主要的影响因素即铸件的化学成分和冷却速度。

化学成分对石墨化程度的影响如上详述，而铸件冷却速度对石墨化的影响主要在于对凝固过程动力学因素的影响，即冷速越慢，利于原子充分扩散的石墨化程度越容易，否则反之。实际生产中对铸件冷却速度的控制主要体现在铸造方法及铸件壁厚上，不同铸造工艺方法的凝固冷却速度差异很大，而壁厚差异越大，凝固冷速差别也越大，进而致使最终获得不同的凝固组织。如图 5-5 所示，在车间生产中，对于不同壁厚的铸件，常常应用这一关系调整碳硅含量，用以保证获得所需的灰口组织。图 5-5 表明了成分及冷却速度对铸件凝固组织的影响，实际生产中可根据铸件壁厚调整铁液中的碳硅含量以获得相应组织。

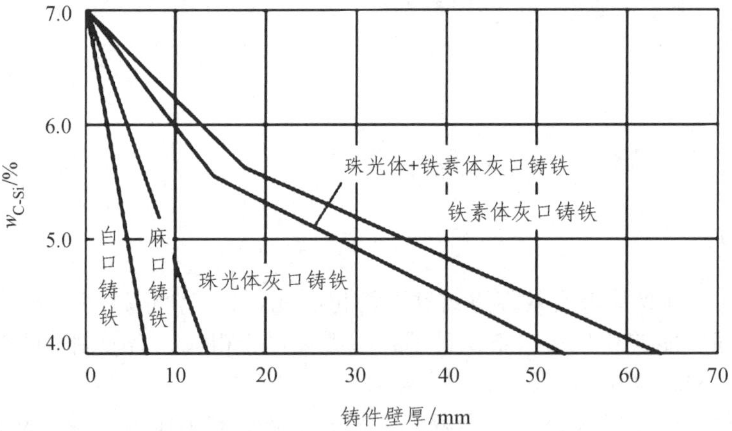

灰铸铁和球墨铸铁

图 5-5　铸铁成分（C + Si）%和壁厚对石墨化的影响

2. 性能及用途

由前所述可知灰铸铁的凝固组织等效于在钢基体中镶嵌着大量的石墨片，与碳钢相比，石墨片是决定铸铁机械性能的关键因素，其性能表现如下：

（1）耐磨性好：石墨自身兼具润滑作用，且当石墨被削掉后的凹槽可存储润滑油，以进一步提高铸铁耐磨性，主要应用在摩擦环境下的零件，如机床导轨、发动机缸套等。

（2）减振性好：石墨片的割裂作用阻止振动的传播，并能转化为热能消失，常用于机床床身、机座等零部件。石墨片的割裂及润滑作用导致灰铸铁缺口敏感性小、切削加工性能良好，且因共晶型成分致使其铸造性流动性好。

（3）机械性能较差：石墨（$\sigma_b \leqslant 20\ \text{N/mm}^2$，硬度极低，为 3 HBS，塑性近于零）的存在致使灰铸铁的组织如同在钢基体中分布着大量的孔洞和裂纹，减小了基体的有效承载面积；同时石墨片尖角处应力集中，易造成裂纹源，即使在较小的拉应力作用下，裂纹也会迅速扩展。但石墨片对压应力的影响较小，致使其抗压强度和硬度仍与同基体的碳钢近似。灰铸铁不能冲压、锻造及焊接性差、热处理性能也较差，其根本在于热处理只能改变基体组织，对石墨的分布及形状特征影响甚微，不能改变其强度。

灰口铸铁牌号由“HT + 数字”组成，其中 HT 是灰铁的汉语拼音第一个字母，其后数字表示该牌号灰铸铁的最低抗拉强度。例如，HT250 表示灰铸铁最低抗拉强度为 250 MPa，牌号最小的灰铸铁是 HT100，以 50 MPa 为间隔递增，常见灰铸铁的牌号及性能见表 5-1。

表 5-1　常见灰铸铁的牌号及性能（GB/T 9439—2010）

牌号	铸件壁厚/mm		最小抗拉强度 R_m（强制性值）		铸件本体预期抗拉强度 R_m/MPa
	>	≤	单铸试棒/MPa	附铸试棒或试块/MPa	
HT100	5	40	100	—	—
HT150	5	10	150	—	155
	10	20		—	130
	20	40		120	110
	40	80		110	95
	80	150		100	80
	150	300		90	—
HT200	5	10	200	—	205
	10	20		—	180
	20	40		170	155
	40	80		150	130
	80	150		140	115
	150	300		130	—
HT250	5	10	250	—	250
	10	20		—	225
	20	40		210	195
	40	80		190	170
	80	150		170	155
	150	300		160	—
HT300	10	20	300	—	270
	20	40		250	240
	40	80		220	210
	80	150		210	195
	150	300		190	—

续表

牌号	铸件壁厚/mm		最小抗拉强度 R_m（强制性值）		铸件本体预期抗拉强度 R_m/MPa
	>	≤	单铸试棒/MPa	附铸试棒或试块/MPa	
HT350	10	20	350	—	315
	20	40		290	280
	40	80		260	250
	80	150		230	225
	150	300		210	—

5.2.2 孕育处理

为了改善铸件的机械性能，首先考虑从石墨片的含量及尺寸出发。众所周知，铸铁件石墨片的含量主要是与含碳量和含硅量有关，故降低碳硅含量时可以一定程度缓解石墨化的程度，但由于低含量的碳硅会大大加大铸铁组织的白口化，尤其在薄壁位置。为此在铸铁浇注之前向铁水中加入少量的变质剂进行变质处理，使得铸件凝固过程中产生大量晶核促进石墨的形成与结晶，使得石墨片的尺寸及分布得以改善，这就是孕育处理的实质。在工业应用中最为广泛的孕育剂为硅铁和硅钙合金，其加入量一般为铁水总质量的 0.4%左右。

5.2.3 热处理

如前所述可知热处理只能改变灰铸铁的基体组织，不能改变石墨片的存在状况，因此利用热处理来提高灰口铸铁的机械性能效果不大，常应用如下几种方法来提高灰口铸铁的机械性能：

（1）去应力退火，铸件在凝固冷却过程中因各部分冷速收缩不一致，常会在铸件内部产生很大的内应力，故大型、复杂的铸件或精度要求较高的零件在开模后或切削加工之前，往往要进行一次消除内应力的退火处理。一般加热至 500 ~ 600 °C，保温一定时间再缓慢冷却，通常经过时效处理可消除内应力的 90%。

（2）表面淬火，为了获得更高的硬度和耐磨性，对表面进行淬火处理。

（3）高温退火，为促进渗碳体分解，降低表层白口化硬度，改善切削加工性，将铸件加热至 850 ~ 950 °C，保温 2 ~ 5 h，随炉冷却至 600 °C，出炉空冷。

任务 5.3 球墨铸铁认知学习

球墨铸铁是 20 世纪 50 年代发展起来的一种铸铁材料，通过浇注前向铁水中加入一定量的球化剂（镁、钙及稀土元素等）进行球化处理，同时辅助少量的孕育剂（硅铁或硅钙合金）以促进石墨化，凝固后可获得具有球状石墨的铸铁，即球墨铸铁。因球墨铸铁具有优良的机械性能、铸造性能和加工性能，且生产工艺简单便捷，成本低廉，因此得到了越来越广泛的应用。目前，我国球墨铸铁的应用遍及动力机械、汽车、机床、农机、矿山机械、冶金、石化、造船等多个行业部门，其中尤以农机和汽车行业应用最多，如图 5-6 所示为用球墨铸铁制造的凸轮轴及核燃料储存运输容器。

（a）凸轮轴

（b）核燃料储存运输容器

图 5-6　球墨铸铁的应用

5.3.1　成分、组织、性能及用途

1. 成分及组织

从碳当量角度看，球墨铸铁的碳当量大致在 4.5% ~ 4.7%波动，属于过共晶铸铁。碳当量过低时石墨球化往往不好，但过高则易在凝固过程中出现石墨的漂浮现象，使石墨聚集在铸件表面造成缺陷。对于碳硅含量的分配，通常是采用高碳低硅配比，故碳含量多选择在 3.6% ~ 3.9%，而硅含量一般控制在 3%以下。对不同的基体要求时控制含量有一定差别，铁素体基体含硅量可控制在下限，即 2.4% ~ 2.9%，珠光体基体含硅量控制在上限，取 2% ~ 2.6%，且在不同壁厚时，通常薄壁件取上限，厚件取下限。锰含量一般在 1%以下，镁和稀土元素在铁液中通硫发生化学反应生成 MgS 和 CeS 等，造成球化元素的烧损，且所产生的硫化物夹杂能显著降低铸件的力学性能。故一般原铁液中硫含量控制在 0.07%以下；为控制凝固形成低熔点的磷共晶，一般要求磷含量控制在 0.1%以下。因此，对球墨铸铁的成分一般要求较严格，五大元素通常成分范围是：3.6% ~ 3.9% C、2% ~ 2.8% Si、0.6% ~ 0.8% Mn、<0.07% S、<0.1% P。与灰口铸铁相比，球墨铸铁在化学成分中含碳量和含硅量相对较高，锰含量较低，对磷硫的控制较严，且为了实现石墨球化，要求含有一定量的残余镁和残余稀土元素。

球墨铸铁的基体组织主要有铁素体（F）、珠光体（P）和铁素体加珠光体（F + P）三种，它们的显微组织如图 5-7 所示，其中应用最为广泛的是铁素体球墨铸铁和珠光体球墨铸铁。从图 5-7 球墨铸铁显微组织可见，在铸态组织中石墨呈球状，形态圆整优良，且通常孤立地分布在基体中，相当于在类似的钢基体中加上球状的石墨组织，故对基体组织的强度、塑性和韧性的影响小。石墨数量越少、尺寸越小且分布越均匀，球墨铸铁的机械性能越高，换言之，即铸铁基体强度的有效承载利用率越高。通常球墨铸铁的有效承载利用率可达 70% ~ 90%，而灰口铸铁因石墨片的割裂效应致使基体强度的有效承载利用率仅为 30% ~ 50%。

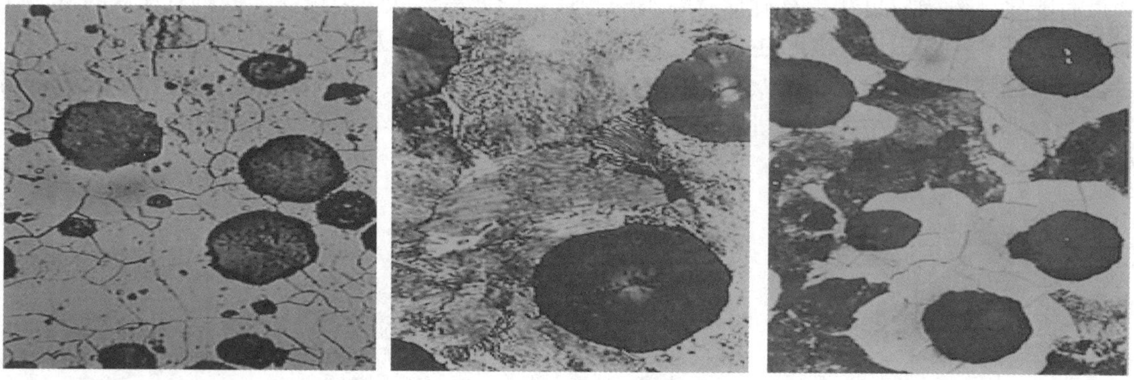

（a）铁素体球墨铸铁　　（b）珠光体球墨铸铁　　（c）铁素体加珠光体球墨铸铁

图 5-7　球墨铸铁显微组织

2. 性能及用途

球墨铸铁牌号由“QT + 数字”组成，其中 QT 代表球铁汉语拼音首字母，后面两组数字分别代表最低抗拉强度和最小延伸率。球墨铸铁不仅机械性能远远超过灰口铸铁，且同样具有灰口铸铁的一系列优点，如良好的铸造性、切削加工性、减磨性及低的缺口敏感性；甚至在某些方面其性能可与锻钢媲美，如疲劳强度大致与中碳钢相近，耐磨性优于表面淬火钢等。此外，球墨铸铁还可通过热处理获得不同的基体组织，其性能可在较大的范围内变化，因而扩大了应用范围，在某些工况下一定程度可替代部分铸钢、锻钢、合金钢等，用来制造受力复杂、负荷较大和耐磨的重要铸、锻件。如铁素体球墨铸铁可制造机器底座、汽车后桥壳、受压阀门等；珠光体球墨铸铁可用来制造曲轴、齿轮、连杆、机床主轴、蜗轮、蜗杆、轧辊等。常用球墨铸铁的牌号及性能见表 5-2。

表 5-2　常用球墨铸铁牌号及性能（GB/T 1348—2019）

牌号	σ_b/MPa	$\sigma_{0.2}$/MPa	δ/%	基体组织	用　途
QT400-18	400	250	18	铁素体	阀门阀体，阀盖支架，高压气缸输气管，铁路垫板，汽车、拖拉机牵引框、轮毂、离合器及减速器壳体，农机具犁铧、犁柱等
QT400-15	400	250	15	铁素体	
QT450-10	450	310	10	铁素体	
QT500-7	500	320	7	铁素体 + 珠光体	液压泵齿轮、阀体、轴瓦、机器底座、支架、传动轴、飞轮、链轮、电动机机架等
QT600-3	600	370	3	铁素体 + 珠光体	曲轴、连杆、凸轮轴、气缸体、进排气门座、脱粒机齿条、轻载荷齿轮、部分机床主轴、球磨机齿轮轴、矿车轮、小型水轮机主轴、缸套等
QT700-2	700	420	2	珠光体	
QT800-2	800	480	2	珠光体或索氏体	
QT900-2	900	600	2	回火马氏体或屈氏体 + 索氏体	汽车螺旋锥齿轮、减速器齿轮、凸轮轴、传动轴、转向节等

5.3.2 球墨铸铁的热处理

1. 热处理特点

球墨铸铁的基体组织对铸铁的力学性能起重要作用，由于影响球铁基体组织的因素较多，难于严格控制凝固后球铁的基体组织，故在铸后还要对球铁进行适当的热处理，借助热处理来调整基体组织以达到性能要求。因成分含有较多的硅及其他元素，使得球墨铸铁的热处理有如下特点：共析转变温度显著升高，且温度范围较宽；奥氏体等温转变曲线显著右移，且珠光体与贝氏体的转变曲线明显分离，变成两个拐弯，使得球墨铸铁的临界冷却速度显著降低，淬透性明显增大，易实现油冷淬火和等温淬火，淬火应力减小，铸件变形及开裂倾向小。

2. 常用热处理方法

（1）退火：球墨铸铁在浇铸后，铸态组织中常会出现不同程度的珠光体和自由渗碳体，不仅机械性能较低，且切削加工性能低。为了获得铁素体球墨铸铁，改善切削加工性，并消除铸造应力，需进行退火处理，使珠光体和渗碳体得以分解，根据获得组织的不同，往往有两种退火工艺，即高温退火和低温退火。

① 高温退火：当球墨铸铁铸态组织中出现珠光体和渗碳体时，铸件硬度高、脆性大且切削性能恶化，应进行高温退火处理。方法是将铸件加热至共析转变温度范围以上，即 900 ~ 950 °C，保温 2 ~ 5 h 后随炉冷却至 600 °C，然后出炉空冷。

② 低温退火：当球墨铸铁铸态组织仅为“铁素体 + 珠光体 + 石墨”而没有渗碳体时，则选择低温退火便可达到目的。方法是将铸件加热至共析转变温度范围附近，即 720 ~ 760 °C，保温 3 ~ 6 h 后随炉缓冷却至 600 °C，最后出炉空冷，使珠光体中的渗碳体发生石墨化分解。

（2）正火：为了获得珠光体球墨铸铁，并细化组织，提高强度、硬度和耐磨性，需对铸件进行正火处理。根据加热温度的不同，也可将正火分为高温正火和低温正火。

① 高温正火：即将铸件加热至 880 ~ 950 °C，保温 1 ~ 3 h，使基体全部转变为奥氏体，然后空冷，从而获得全部珠光体基体的球墨铸铁。

② 低温正火：将铸件加热至共析相变温度范围上限以下，一般为 840 ~ 880 °C，然后在空气中冷却，这种正火通常叫部分奥氏体化正火，主要是为了获得适当韧性的铁素体 + 珠光体球墨铸铁。

由于正火时冷却速度的加大，常会在铸件中引起一定的内应力，故在正火之后常常再进行一次消除内应力的回火。一般在 550 ~ 600 °C 回火，保温 1 ~ 2 h，然后空冷。

（3）调质处理：对于一些工况较复杂、性能要求较高的零部件，如曲轴、连杆等，若采用正火处理，其强度和韧性仍不足时，可采用调质处理。即在共析温度范围以上 30 ~ 50 °C 淬火，对于 Si 含量 2% ~ 3%的铸铁，淬火温度为 860 ~ 900 °C，常常用油冷，而后在 550 ~ 620 °C 回火 2 ~ 4 h，得到回火索氏体与石墨组织。

（4）等温淬火：对于一些外形较复杂、热处理易变形且综合机械性能要求较高的零件（如齿轮、滚动轴承套圈、凸轮轴等）可采用等温淬火。通常加热温度与普通淬火相同，即 860 ~ 900 °C，适当保温后，迅速移至 250 ~ 300 °C 的等温盐浴中进行等温处理 30 ~ 90 min，然后取出空冷。由于盐浴的冷却能力有限，等温淬火一般仅用于截面尺寸不大的零件。

任务 5.4 蠕墨铸铁认知学习

蠕墨铸铁是 20 世纪 80 年代迅速发展起来的一种新型铸铁材料，因石墨大部分呈蠕虫状并有少量球状，致使其组织和性能介于灰口铸铁和球墨铸铁之间，有良好的综合性能。另外，蠕墨铸铁的铸造性能优于球墨铸铁，接近灰铸铁，且具有较好的耐热性，因此在形状复杂的铸件或高温工作的零件可以用蠕墨铸铁制造。如图 5-8 所示为用蠕墨铸铁制造的液压阀的阀体及柴油机缸体。

（a）液压阀的阀体　　（b）柴油机缸体

图 5-8　蠕墨铸铁的应用

5.4.1　成分组织与性能

蠕墨铸铁中的石墨呈蠕虫状，是片状与球状之间的一种中间形态。与球墨铸铁类似，蠕墨铸铁是液态铁水经蠕化处理和孕育处理得到的，常用的蠕化剂有稀土硅铁镁合金、稀土硅铁合金、稀土硅铁钙合金等。蠕墨铸铁的显微组织由基体与蠕虫状石墨组成，其基体组织与球墨铸铁类似，如图 5-9 所示。其大致成分范围为：3.5% ~ 3.9%C，2.2% ~ 2.8%Si，0.4% ~ 0.8%Mn，<0.1%S，<0.1%P。

与片状石墨相比，蠕虫状石墨的长厚比值明显减小，尖端变钝，因而对基体的割裂程度和引起应力集中减小，所以蠕墨铸铁的强度、塑性和抗疲劳性能优于灰铸铁，其力学性能介于灰铸铁与球墨铸铁之间。

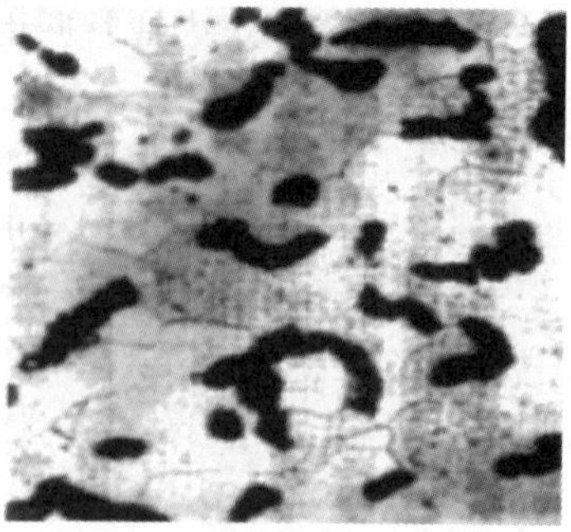

图 5-9　蠕墨铸铁显微组织

5.4.2　牌号与应用

其牌号是以“蠕”字的汉语拼音“Ru”和“铁”字的汉语拼音首字母“T”作为代号，后面的一组数字表示其最低抗拉强度值。例如，牌号 RuT300 表示最低抗拉强度为 300 MPa 的蠕墨铸铁。

对于蠕墨铸铁的应用选择，一般要求塑性、韧性、热疲劳性和热导率较高的零部件，通常选用铁素体基体的蠕墨铸铁；对于要求强度、硬度和耐磨性较高的零件，选用珠光体基体的蠕墨铸铁；而介于二者之间的零件，可选择混合基体的蠕墨铸铁。

蠕墨铸铁常用于制造承受热循环载荷的零件和结构复杂、强度要求高的铸件，如钢锭模、玻璃模具、柴油机气缸、气缸盖、排气阀、液压阀的阀体、耐压泵的泵体等。常见蠕墨铸铁的牌号、组织、力学性能及用途见表 5-3。

表 5-3　常见蠕墨铸铁牌号及力学性能（GB/T 26655—2011）

牌号	σ_b/MPa	$\sigma_{0.2}$/MPa	δ/%	基体组织	布氏硬度（HBW）	用　途
RuT300	300	210	2.0	铁素体	140～210	大功率船用、机车和固定式内燃机缸盖，排气歧管，增压器壳体等
RuT350	350	245	1.5	铁素体＋珠光体	160～220	机床底座，联轴器，大功率船用、机车和固定式内燃机缸盖，钢锭模、铝锭模，变速箱体，液压件等
RuT400	400	280	1.0	珠光体＋铁素体	180～240	内燃机缸体缸盖，机床底座、托架和联轴器，卡车制动鼓，机车制动盘，泵壳和液压件，钢锭模、铝锭模、玻璃模等
RuT450	450	315	1.0	珠光体	200～250	汽车内燃机缸体、缸套，重卡制动盘，泵壳和液压件，活塞环，玻璃模具等
RuT500	500	350	0.5	珠光体	220～260	高负荷内燃机缸体、气缸套等

5.4.3　热处理

为了调整铸件基体组织以获得不同的力学性能，对蠕墨铸铁的热处理常常有正火和退火两种方式。通过正火处理，可增加基体中珠光体的含量，减少铁素体占比，进而提高铸件强度和耐磨性；相反退火则是为了获得更多的铁素体基体，或者消除游离渗碳体。

任务 5.5　可锻铸铁认知学习

可锻铸铁是由白口铸铁在固态下经长时间石墨化退火而获得的一种具有团絮状石墨的高强度铸铁，又称为马铁。其历史悠久，我国早在一千多年前已经出现可锻铸铁，而国外直到 1772 年法国才出现白心可锻铸铁，1931 年美国才试验成功黑心可锻铸铁。由于可锻铸铁中的石墨呈团絮状，所以这明显减轻了石墨对基体金属的割裂。与灰铸铁相比，可锻铸铁的强度和韧性有明显提高，但可锻铸铁并不能用锻造方法制成零件，它广泛应用于管类零件和农机具、汽车、拖拉机及建筑扣件等零件，如图 5-10 所示为可锻铸铁制造的三通、疏水阀。

（a）三通　　（b）浮球式疏水阀

图 5-10　可锻铸铁的应用

可锻铸铁与灰口铸铁

5.5.1　成分及组织

可锻铸铁的生产必须经过两个步骤，即第一步先浇铸成白口铸铁，第二步经过石墨化退火获得。为此为了第一步获得完全白口组织，铸铁的成分有较低的含碳和含硅量，保证在通常的冷速下即可获得完全白口。可锻铸铁通常成分是：2.2% ~ 2.8%C，1.2% ~ 2.0%Si，0.4% ~ 1.2%Mn，≤0.1%P，≤0.2%S。

在退火过程中，根据共析反应的冷速不同，可锻铸铁可获得的基体组织分为铁素体和珠光体两种，其显微组织如图 5-11 所示。

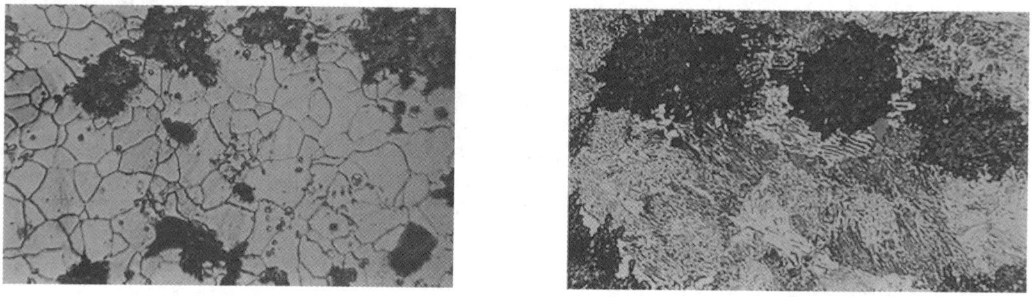

（a）铁素体可锻铸铁　　（b）珠光体可锻铸铁

图 5-11　可锻铸铁显微组织

5.5.2　牌号性能及应用

可锻铸铁牌号以“KT + 字母 + 两组数字”表示，其中，“KT”是“可铁”二字汉语拼音的首字母，表示可锻铸铁；其后加汉语拼音字母“H”表示黑心可锻铸铁，加“Z”表示珠光体基体可锻铸铁；随后的两组数字分别表示最低抗拉强度和最低伸长率的百分值。例如，牌号 KTH 350-10 表示最低抗拉强度为 350 MPa、最低断后伸长率为 10%的黑心可锻铸铁，即铁素体可锻铸铁；KTZ 650-02 表示最低抗拉强度为 650 MPa、最低断后伸长率为 2%的珠光体可锻铸铁。

可锻铸铁的力学性能介于灰铸铁与球墨铸铁之间，有较好的耐蚀性，但由于退火时间长，生产效率极低，其使用受到限制，故可锻铸铁一般用于制造形状复杂、承受冲击载荷且壁厚小于 25 mm 的铸件（如汽车、拖拉机的后桥壳、轮毂）。可锻铸铁也适用于制造在潮湿空气、炉气和水等介质中工作的零件，如管接头、阀门等，其常见牌号及应用见表 5-4。

表 5-4 常见可锻铸铁牌号、性能及应用（GB/T 9440—2010）

牌号	σ_b/MPa	$\sigma_{0.2}$/MPa	δ/%	基体组织	用途
	不小于				
KTH300-06	300	—	6	铁素体	用于承受低动载荷、要求气密性好的零件，如中低压阀门、管道配件等
KTH330-08	330	—	8		用于承受中等动载荷和静载荷的零件，如犁刀、犁柱、机床用扳手及钢丝绳扎头等
KTH350-10	350	200	10		用于承受较大冲击、振动及扭转载荷的零件，如汽车、拖拉机后轮壳、转向节壳、制动器壳等，铁道零件，缓冲器接头，船用电机壳，犁刀，犁柱等
KTH370-12	370	—	12		
KTZ450-06	450	270	6	珠光体	用于承受较高应力与磨损的零件，如曲轴、连杆、凸轮轴、活塞环、摇臂、齿轮、轴套、犁刀、耙片、万向接头、棘轮扳手、传动链条、矿车轮等
KTZ550-04	550	340	4		
KTZ650-02	650	430	2		
KTZ700-02	700	530	2		

任务 5.6 合金铸铁认知学习

随着现代工业化的不断发展，对铸铁性能的要求越来越高，不但要求铸铁件服役过程中具有较高的机械性能，有时还要求它具有某些特殊的性能，如耐磨、耐蚀、耐热等。为此在普通铸铁中加入一定量的合金元素获得具有某些特殊性能的铸铁，即合金铸铁。合金铸铁与相似条件下使用的合金钢相比，熔铸简便、成本低廉，具有良好的使用性能，但其脆性较大，综合力学性能不如钢，常见的合金铸铁有以下几类。

5.6.1 耐磨铸铁

耐磨铸铁按其工作条件和磨损形式的不同可分为两大类：一是减磨铸铁，二是抗磨铸铁。

（1）减磨铸铁，在有润滑、受黏着磨损条件下工作，一般摩擦系数小、磨损少及抗咬合性能好，如机床导轨与滑板、滑块，发动机缸套与活塞，各种滑动轴承等。在摩擦磨损条件下，具有上述性能的铸铁即减磨铸铁。减摩铸铁的组织通常是在软基体上牢固地嵌有坚硬的强化相，通常情况下，基体组织越硬，理论上耐磨性越好，但高硬度的基体组织，又不利于石墨成膜，综合考虑一般珠光体基体是适合的基体组织。铁素体是软基体，磨损后形成沟槽，可储存润滑油，以降低磨损；渗碳体是硬质相，起支撑和骨架作用，对保持润滑剂、减少磨损有利；而片状石墨又可起储油润滑作用。在普通灰铸铁中加入适量的磷、钒、铬、钼、稀土等元素，可增加珠光体，细化珠光体和石墨，进一步提高硬度和耐磨性。

（2）抗磨铸铁。通常用于抵抗磨料磨损的铸铁称为抗磨铸铁，而由硬颗粒或突出物作用使材料迁移导致的磨损就是磨料磨损。据统计，因磨料磨损造成的损失，可占工业国家国民生产总值的 1%～4%，可见开发和研究抗磨铸铁具有相当重要的实际意义。抗磨铸铁在干摩擦条件下经受各种磨粒的作用，如轧辊、杂质泵叶轮、破碎机锤头、球磨机的衬板、磨球等，如图 5-12 所示为合金铸铁制造的轧辊及破碎机锤头，要求有高而均匀的硬度。白口铸铁是一种很好的抗磨铸铁，我国很早就用它制作犁铧等耐磨铸件，但普通白口铸铁因其脆性大不能制作承受冲击载荷的零件。在普通白口铸铁中加入 Cr、Mo、Cu、V、B 等元素，可促进白口化，提高淬透性。目前，抗磨铸铁主要有普通白口铸铁、镍硬铸铁、铬系白口铸铁等。

（a）轧辊

（b）破碎机锤头

图 5-12　合金铸铁的应用

5.6.2　耐热铸铁

金属零部件在高温环境气氛服役并与气体接触时，往往会发生反应，在金属表层形成氧化物；另外，置于高温环境中的零部件，其体积还将发生不可逆的膨胀，即发生在高温下的生长。铸件“生长”的原因是氧化性气体沿石墨片边界或裂纹渗入铸铁内部发生内氧化，铸件中的渗碳体在高温下分解成密度小的石墨及在加热冷却过程中铸铁基体组织发生相变引起体积的不可逆膨胀，结果将使铸件失去精度和产生微裂纹。氧化和生长的共同作用将减少铸件的有效承载面积，降低铸件的承载能力，故应尽可能减小铸铁件在高温环境工作中带来的氧化和生长危害，这就催生了耐热铸铁的产生。所谓耐热铸铁，是指在高温条件下具有良好的抗氧化和抗生长性能，并能承受一定载荷的铸铁。因此，制造高温铸铁件，如加热炉炉底板、换热器、坩埚、废气管道及压铸模等，必须使用耐热铸铁制造。

耐热铸铁按加入合金元素的不同分类，可分为含硅耐热铸铁、含铝耐热铸铁和含铬耐热铸铁。其中含铝耐热铸铁脆性较大，而含铬耐热铸铁的价格较贵，所以，我国多采用含硅和含硅铝耐热铸铁。

5.6.3　耐蚀铸铁

在石油、化工、造船等工业中，阀门、管道、泵体、容器等各种铸铁件经常在大气、海水及酸、碱、盐等介质中工作，要求具有较好的抵抗腐蚀破坏的能力。普通铸铁通常是由石墨、渗碳体和铁素体组成的多相合金，在电解质溶液中，石墨的电极电位最高，渗碳体次之，铁素体最低。因此，铸铁件在腐蚀气氛中服役时，铁素体将会不断被溶解，产生严重的电化学腐蚀。为了提高铸铁基体的电极电位，并使铸铁表面形成一层致密的钝化膜，需加入大量的硅、铝、铬、镍、铜等合金元素，同时应尽量降低耐蚀铸铁中的渗碳体和石墨含量，且组织最好为铁素体加上孤立分布的球状石墨组织，这就催生了耐蚀铸铁的产生。耐蚀铸铁具有较高的耐蚀性能，其耐蚀措施与不锈钢相似，一般加入 Si、Al、Cu、Cr 等合金元素，在铸件表面形成牢固、致密而又完整的保护膜，阻止腐蚀继续进行，并提高铸铁基体的电极电位，提高铸铁的耐蚀性。按合金元素划分，耐蚀铸铁可分为高硅、高铝、高铬耐蚀铸铁等，其中以高硅耐蚀铸铁应用最广。

案例释疑

四尊开元铁牛由于常年沉浸在泥沙之中，隔绝了氧气，因此保存的状态十分完好。也正因为如此，出土后保护铁牛就成了一个巨大的难题，因为铁质文物本来就少，再加上铁牛如此笨重，在文物界几乎没有什么保护的先例。

前车之鉴，沧州震天吼的遭遇令人心痛，开元铁牛的防护显然更理智。在清理完身上的泥沙与铁锈之后，铁牛表面经过初步处理，便一直被安排在露天放置，对游客进行开放，欢迎来自世界各地的人去感受盛唐的雄伟与壮阔。除此之外，游客还可以随意碰触铁牛的各个部位，人手的触摸，仿佛给铁牛包了一层浆，这种保护使得铁牛所受到的侵蚀寥寥无几，因而有很多年过去了，铁牛依旧保存得非常完好，英姿不减当年。

技能提升

任务 5.7 实践技能训练

1. 任务内容

利用万能试验机（见图 5-13）检测不同种类铸铁的室温拉伸和室温压缩力学性能，试样规格要求分别参照《金属材料 拉伸试验 第 1 部分：室温试验方法》(GB/T 228.1）及《金属材料 室温压缩试验方法》(GB/T 7314）执行。

2. 任务准备

（1）实训设备：万能试验机。

（2）教学设备：多媒体机房。

（3）实训用具：游标卡尺、引伸计。

3. 训练目的

（1）了解万能试验机的基本原理和构造。

（2）掌握铸铁拉伸、压缩相关力学性能。

（3）能够切实理解铸铁件表征在拉伸及压缩性能上的巨大差异。

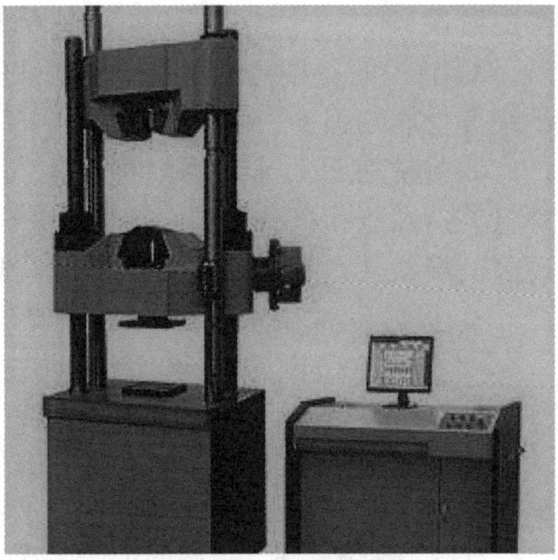

图 5-13　万能试验机

（4）能够运用万能试验机检测不同种类铸铁的拉伸及压缩相关力学性能指标。

4. 训练过程

（1）按标准要求进行制样，保证尺寸规格统一，记录相关原始数据尺寸。
（2）调整工作台，将标准试样装夹在万能试验机上。
（3）按标准要求选择合适的拉伸或压缩速度，系统自动调整试验力。
（4）启动万能试验机开始测试，各测三个试样取平均值。
（5）测试完毕后，降下工作台，取下试样。
（6）按标准要求对测试结果进行处理修约，记录相关测试值。
（7）撰写实训报告。

项目小结

本项目主要介绍了铸铁材料的相关知识，具体概述了铸铁的概念，碳在铸铁中存在的两种形式，铸铁石墨化过程的三个阶段及对应的铁碳双重相图；根据不同分类方式对铸铁进行了详细分类，并从成分、组织、性能、用途及热处理上分别对灰口铸铁、球墨铸铁、蠕墨铸铁及可锻铸铁展开阐述；最后，简单篇幅对合金铸铁进行了相关介绍。通过本项目的学习，学生能够较为全面地了解铸铁材料的相关知识，理解碳在铸铁与钢中的存在形式及差异，理解铸铁石墨化过程及影响石墨化的相关因素；重点掌握铸铁的分类、成分、组织、性能及用途的关系；能够结合相关理论知识在工业实践中正确选用、合理利用及推广应用相关铸铁材料。

思考与练习

一、填空题

1. 在铁碳合金中，碳的存在形式常以________________和________________两种形式存在。

2. 铸铁的石墨化过程通常分为三阶段，第一阶段从________________直接析出石墨，第二阶段从______________中析出石墨，第三阶段________________分解析出石墨。

3. 铸铁的石墨化程度决定了铸铁的组织和性能，因而影响铸铁石墨化的因素就是影响铸铁组织和性能的因素，主要包括________________和________________。

4. 硫是强烈阻止石墨化的元素，能够促进铸铁的白口化，且易产生______________，降低铸造性能和机械性能；磷是促进石墨化的元素，但当磷含量超过0.3%时，在晶界上易析出硬脆的磷共晶，降低了铸铁强度，形成______________。

5. 根据石墨形态的不同，铸铁又可为____________、____________、____________、____________。

二、选择题

1. 化学成分是石墨化的主要因素之一，下列选项在实际生产中属于常见的促进铸铁石墨化的元素是（　　）。

A. C、Si、S　　B. Cu、Ni、Co　　C. Cr、Mo、W　　D. Al、Cu、Mn

2. QT400-18 铸铁因其优良的综合性能广泛应用于阀门阀体等管道设备中，其抗拉强度不小于（　　）。

A. 392 MPa　　B. 180 MPa　　C. 400 MPa　　D. 418 MPa

3. 按金属基体组织的不同，灰铸铁分为（　　）。

A. 铁素体、铁素体 + 珠光体、珠光体　　B. 奥氏体、铁素体 + 珠光体、珠光体

C. 奥氏体、奥氏体 + 珠光体、珠光体　　D. 铁素体、铁素体 + 珠光体、渗碳体

4. 生产实践中，可锻铸铁是白口铸铁经（　　）处理获得。

A. 孕育处理　　B. 球化处理

C. 石墨化退火　　D. 蠕化处理

5. 与灰口铸铁相比，球墨铸铁在化学成分中含碳量和含硅量相对较高，锰含量较低，对磷硫的控制较严，且为了实现石墨球化，要求含有一定量的（　　）。

A. 残余硫、残余磷　　B. 残余硫、残余锰

C. 残余硫、残余镁　　D. 残余镁和稀土元素

三、简答题

1. 什么是铸铁？与钢相比，铸铁有何特点？

2. 根据铁碳合金双重相图（分别按 Fe-G 相图和 Fe-Fe_3C 相图分解）和结晶条件不同，简述铸铁的三个石墨化阶段。

3. 什么是可锻铸铁？可锻铸铁能锻造吗，为什么？

4. 简述下列牌号各表示什么含义：HT250、RuT300、KTH350-10。

5. 简述球墨铸铁的组织特点及常用热处理工艺。

项目 5 答案

项目 6 有色金属及其合金

知识目标

- 掌握有色金属及粉末冶金材料常用的性能指标。
- 熟悉常用有色金属及粉末冶金材料的主要性能及用途。

技能目标

- 能够根据零件的使用条件，选择材料的性能指标。
- 能够根据材料的牌号，判断其所属种类、性能特点、应用场合。

素养目标

- 培养学生的爱国思想，增强文化自信，激发学生为国家科技进步做出贡献。
- 培养学生刻苦钻研的学习态度，善于思考的学习方法，脚踏实地的工作作风。
- 培养学生爱岗敬业、团结协作、吃苦耐劳的职业精神与创新设计意识。

任务导航

- 任务 6.1　铜及铜合金认知学习
- 任务 6.2　铝及铝合金认知学习
- 任务 6.3　钛及钛合金认知学习
- 任务 6.4　镁及镁合金认知学习
- 任务 6.5　轴承合金认知学习
- 任务 6.7　实践技能训练

引导案例

嫦娥五号执行月球采样返回任务，完成我国探月工程“绕、落、回”三步走的最后一步——回。嫦娥五号、嫦娥四号探测器的着陆系统、望远系统、转移机构以及太阳能关键部位用的高精尖有色金属材料，就有中铝西南铝业（集团）有限责任公司为其提供的棒材、蒙皮板、自由锻件、超大规格板、锻环、铝锂合金等高精尖铝材。如图 6-1 为嫦娥五号月球探测器，图 6-2 是被誉为“中国天眼”的 500 m 口径球面射电望远镜。“蛟龙”入海、“神舟”飞天、“嫦娥”奔月、“天眼”探空……，都有优质铝材的支撑，是什么原因让工程师选择了铝材呢?

图 6-1 嫦娥五号月球探测器

图 6-2 被誉为“中国天眼”的 500 m 口径球面射电望远镜

知识导学

金属材料可分为黑色金属和有色金属两大类。黑色金属主要指钢和铸铁，有色金属通常指除去铁、锰、铬和铁基合金以外的所有金属。常用的有色金属包括铜、铝、铅、锌、镍、镁及钛。

世界上已发现的 112 种元素中，有色金属占 2/3 以上。有色金属及其合金具有许多特殊的力学、物理和化学性能，在航空、航天、汽车、机械制造、电力、通信、建筑、家电等行业应用广泛，在国民经济中占有十分重要的地位。如 Al、Mg、Ti 及其合金的密度小、比强度高，在航天航空工业、汽车制造、船舶制造等方面应用十分广泛；Cu、Ag 及其合金的导电性好，是电器工业和仪表工业不可缺少的材料；Ni、Mo、Nb、Co 及其合金能耐高温，是制造在 1300 °C 以上使用的高温零件及电真空元件的理想材料。

有色金属分类如下：

（1）轻有色金属：简称轻金属，指密度小于 4.5 g/cm^3 的有色金属，如铝、镁、钾、锶、钡等。

（2）重有色金属：简称重金属，指密度大于 4.5 g/cm^3 的有色金属，如铜、镍、铅、锌等。

（3）贵金属：指在地壳中含量少，开采和提取都比较困难，对氧和其他试剂稳定，价格比一般金属贵的有色金属，如金、银、铂、钯等。

（4）稀有金属：稀有金属在地壳中的含量并不都是很少的，是指在地壳中分布不广，开采冶炼较难，工业应用较晚的有色金属，如钨、钼、锗、锂、澜、铀、钒、钛等。

任务 6.1 铜及铜合金认知学习

在有色金属中，铜的产量仅次于铝。铜及铜合金在我国有着悠久的使用历史，并且使用范围很广。

6.1.1 纯　铜

工业上使用的纯铜，其纯度为 99.50% ~ 99.95%，呈玫瑰红色，但容易与氧反应，在表面形成氧化铜薄膜，外观呈紫红色，故工业纯铜常称紫铜。纯铜密度为 8.96 g/cm^3，熔点为 1083 °C。纯铜具有优良的导电、导热性，其导电性仅次于银，故主要用作导电材料，如图 6-3 为铜芯电缆。铜是逆磁性物质，用纯铜制作的各种仪器和机件不受外磁场的干扰，故纯铜适合制作磁导仪器、定向仪器和防磁器械等，如图 6-4 为防磁铜游标卡尺。

图 6-3　铜芯电缆

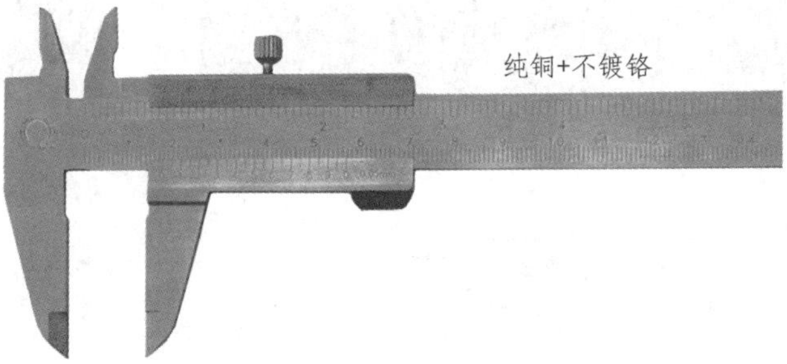

图 6-4　防磁铜游标卡尺

纯铜的强度不高，具有极好的塑性，适用于冷、热压力加工。在冷变形过程中，铜有明显的加工硬化现象，并且导电性略微降低。冷变形铜材退火时，也和其他金属一样，产生再结晶。再结晶的程度和晶粒的大小显著影响铜的性能，再结晶软化退火温度一般为 500 ~ 700 °C。

纯铜的化学性能比较稳定，在大气及淡水中有良好的耐蚀性，但在含有二氧化碳的潮湿空气中，纯铜会产生绿色铜膜，俗称铜绿。

纯铜中常含有 0.05% ~ 0.30%的杂质（主要有铅、铋、氧、硫和磷等），它们对铜的力学性能和工艺性能的影响很大。纯铜一般不用于制作受力的结构零件，常用冷加工方法制造电线、电缆、铜管、配制铜合金，制造抗磁干扰仪器，如罗盘、航空仪表等。纯铜及铜合金的低温力学性能很好，是制造冷冻设备的主要材料。纯铜中还有无氧铜，牌号有 TU1、TU2，它们的含氧量极低，不大于 0.003%，其他杂质也很少，主要用于制作电真空器件及高导电性铜线。无氧铜制作的导线能抵抗氢的作用，不发生氢脆现象。

我国工业纯铜的代号有 T1、T2、T3、T4，顺序号越大，纯度越低，导电性越差。纯铜的牌号、化学成分、力学性能及用途见表 6-1。

表 6-1　纯铜的牌号、化学成分、力学性能及用途

牌号	化学成分 w_{Cu}/%	力学性能		用途
		σ_b/MPa	δ/%	
T1	99.95	230～240	40～50	电线、电缆、导电螺钉
T2	99.90			
T3	99.70			电器开关、垫圈、铆钉、油管等

6.1.2　铜合金

铜合金是以铜为主要元素，加入少量的其他元素形成的合金。它不仅强度高，而且还具有许多优良的物理、化学性能，常用作工程结构材料。纯铜的强度不高，用加工硬化方法虽可提高铜的强度，但却会使其塑性大大降低，因此，常用合金化的方法来获得强度较高的铜合金。

1. 铜合金的分类

（1）按化学成分的不同可分为黄铜、青铜和白铜。

（2）按生产方法的不同可分为压力加工铜合金和铸造铜合金。

2. 铜合金的强化方法

（1）固溶强化：最常用的固溶强化元素为 Zn、Si、Al、Ni 等，形成置换固溶体。

（2）热处理强化：Be、Si 等元素在铜中的溶解度随温度的降低而减小，因而合金元素加入铜中后，可使合金具有时效强化的性能。

（3）过剩相强化：当合金元素的含量超过最大溶解度后，便会出现过剩相。过剩相多为硬而脆的金属间化合物。过剩相数量少时，可使强度提高，塑性降低；数量多时，会使强度和塑性同时降低。

3. 常用的铜合金

1）黄　铜

以锌为主要合金元素的铜合金称为黄铜。黄铜具有良好的塑性、耐蚀性、变形加工性和铸造性，在工业中有很好的应用价值，图 6-5 为黄铜制造的闸阀。按化学成分的不同，黄铜可分为普通黄铜和特殊黄铜两类。

图 6-5　黄铜闸阀

（1）普通黄铜。由铜和锌组成的二元合金称为普通黄铜，其强度比纯铜高，塑性较好，耐蚀性也好，价格比纯铜和其他铜合金低，加工性能也好。其牌号由“H + 数字”组成。其中，“H”是“黄”字的汉语拼音首字母，数字表示铜的平均质量分数。如 H62 即表示含铜 62% 的铜锌合金。普通黄铜中最常用的牌号有 H70 和 H62。H70 含锌 30%，为单相黄铜，强度高，塑性好，可用冲压方式制造弹壳、散热器、垫片等零件。故有弹壳黄铜之称。H62 含锌量 38%，属双相（ + ）黄铜，有较好的强度，塑性比 H70 差，切削性能好，易焊接，耐腐蚀，价格便宜，工业上应用较多，如制造散热器、油管、垫片、螺钉等。

（2）特殊黄铜。为了获得更高的强度、耐蚀性和某些良好的工艺性能，在铜锌合金中加入铅、锡、铝、铁、硅、锰、镍等元素，形成各种特殊黄铜。特殊黄铜具有更好的力学性能、耐蚀性和抗磨性。各种元素具有不同的作用，其中铝能提高黄铜的强度、硬度和耐蚀性，但使塑性降低，适合用其作海轮冷凝管及其他耐蚀零件；铅能改善黄铜的切削性能，易切削黄铜，常用其作钟表零件；锡能提高黄铜的强度和对海水的耐腐性，故称海军黄铜，常用其作船舶热工设备和螺旋桨等，如图 6-6 所示为船用螺旋桨。

图 6-6　船用螺旋桨

特殊黄铜的牌号由“H + 主加元素符号（锌除外）+ 铜的平均质量分数 + 主加元素的平均质量分数”组成。特殊黄铜可分为压力加工黄铜（以黄铜加工产品供应）和铸造黄铜两类。

压力加工黄铜加入的合金元素少，塑性较高，具有较高的变形能力，又称为变形黄铜。常用的有铅黄铜 HPb59-1、铝黄铜 HAl59-3-2。HPb59-1 为加入 1%铅的黄铜，其含铜量为 59%，其余为锌。压力加工黄铜有良好的切削加工性，常用来制作各种结构零件，如销子、螺钉、螺母、衬套、垫圈等。HAl59-3-2 含铝量 3%，含镍量 2%，含铜量 59%，其余为锌。其耐蚀性较好，用于制造耐腐蚀零件。

铸造黄铜的牌号前有“铸”字的汉语拼音字首“Z”，在 ZCuZn16Si4 中，“Z”是“铸”汉字拼音的字母，“Zn”表示主加元素，“16”为 Zn 含量，“4”是 Si 含量，剩余为 Cu，即含锡 16%、含硅 4%、含铜 80%的铸造硅黄铜。其综合力学性能、耐磨性、耐蚀性、铸造性能、可焊性、切削加工性等均较好，常用作轴承衬套。

常用黄铜的牌号、化学成分及用途见表 6-2。

表 6-2　常用黄铜的牌号、化学成分、力学性能及用途

类别	牌　号	化学成分/%			加工状态或铸造方法	力 学 性 能			用途举例
		Cu	其他	Zn		σ_b/MPa	δ/%	硬度（HBW）	
						不小于			
普通黄铜	H68	67.0～70.0	—	余量	软	320	55	—	复杂的冷冲件和深冲件、散热器外壳、导管及波纹管等
					硬	660	3	150	
	H62	60.5～63.5	—	余量	软	330	49	56	销钉、铆钉、螺母、垫圈、导管、夹线板、环形件、散热器等
					硬	600	3	164	
特殊黄铜	HPb59-1	57～60	Pb：0.8～1.9	余量	硬	65	16	140HRB	销子、螺钉等冲压件或加工件
	HMn58-1	57～60	Mn：1.0～2.0	余量	硬	7000	10	175	船舶零件及轴承等耐磨零件
铸造黄铜	ZCuZn16Si4	79～81	Si：2.5～4.5	余量	S	345	15	88.5	接触海水工作的配件、水泵、叶轮和在空气、淡水、油、燃料，以及工作压力在 4.5 MPa 和 250 °C 以下蒸汽中工作的零件
					J	390	20	98.0	
	ZCuZn40Pb2	58～63	Pb：0.5～2.5 Al：0.2～0.8	余量	S	220	15	78.5	一般用途的耐磨、耐蚀零件，如轴套、齿轮等
					J	280	20	88.5	

2）青　铜

青铜是人类历史上应用最早的合金，最早的青铜仅指铜锡合金，即锡青铜。它在铸造时体积收缩量很小，充模能力强，耐蚀性好，有极高的耐磨性，故得到广泛的应用。4000 年前的夏朝，我们的祖先已经能够炼铜，到殷、商时期，我国的青铜冶炼和铸造技术已达到很高水平。如商晚期青铜铸造的后母戊鼎饰纹优美，如图 6-7 所示。春秋晚期越国青铜兵器越王勾践剑锋芒犀利，如图 6-8 所示。

图 6-7　商晚期青铜后母戊鼎

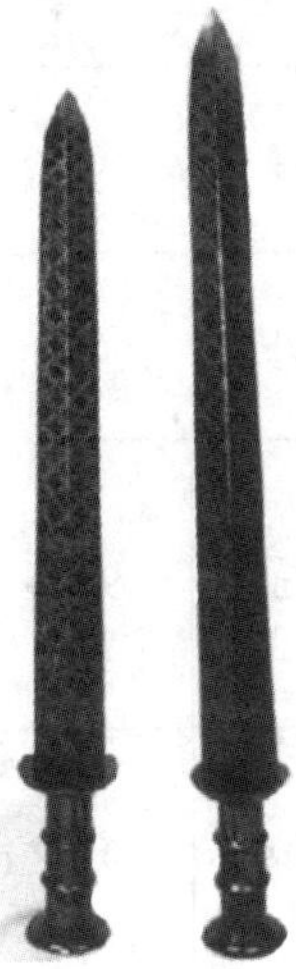

图 6-8　春秋晚期越王勾践剑

现在把黄铜和白铜以外的铜合金统称为青铜，而在青铜前冠以主要添加元素的名称，如锡青铜、铝青铜、硅青铜、铍青铜等。按有无含锡可将青铜分为锡青铜和无锡青铜两类。锡青铜在大气及海水中的抗蚀性比纯铜和黄铜都高，抗磨性也好，多用来制造耐磨零件，如轴承、轴套、齿轮、蜗轮等；但在酸类及氨水中的耐蚀性较差，广泛用于制造蒸汽锅炉和海船的零部件。无锡青铜具有较高的强度、耐磨性和良好的耐蚀性，并且价格较低廉，是锡青铜很好的代用品。

青铜按生产方式分为压力加工青铜和铸造青铜两类。其牌号是用“Q + 主加元素符号 + 主加元素平均含量（或 + 其他元素平均含量）”表示，“Q”是“青”字的汉语拼音首字母。例如，QAl5 表示铝的平均质量分数为 5%的铝青铜，QSn4-3 表示锡的平均质量数为 4%、锌的平均质量分数为 3%的锡青铜。铸造青铜的牌号前加“Z”，如 ZQSn10-5 表示 Sn 的平均质量分数为 10%，Pb 的平均质量分数为 5%，其余为 Cu 的铸造锡青铜。此外，青铜还可以合金成分的名义百分含量命名。例如，ZCuSn10Pb5 表示锡的平均质量分数为 10%、铅的平均质量分数为 5%的铸造锡青铜。

常用青铜的牌号、化学成分及用途见表 6-3。

3）白　铜

以镍为主要添加元素的铜基合金，呈银白色，有金属光泽，故称为白铜。白铜根据加入的合金元素种类不同可分为普通白铜和复杂白铜。铜镍二元合金（即二元白铜）称为普通白铜。加有锰、铁、锌、铝等元素的白铜合金称为复杂白铜（即三元以上的白铜），包括铁白铜、锰白铜、锌白铜和铝白铜等。

表 6-3　常用青铜的牌号、化学成分、力学性能及用途

类别		代号（或牌号）	主要成分/%			状态	力学性能不小于		用途举例
			Sn	Cu	其他		σ_b/MPa	δ_5/%	
锡青铜	压力加工	QSn4-3	3.5～4.5	余量	Zn：2.7～3.3	软	290	40	弹簧、管配件和化工机械中的耐磨及抗磁零件
						硬	635	2	
		QSn6.5-0.4	6.0～7.0	余量	P：0.26～0.40	软	295	40	耐磨及弹性零件
						硬	665	2	
		QSn6.5-0.1	6.0～7.0	余量	P：0.1～0.25	软	290	40	弹簧、接触片、振动片、精密仪器中的耐磨零件
						硬	640	1	
	铸造	ZCuSn10Zn2	9.0～11.0	余量	Zn：1.0～3.0	砂型	240	12	在中等及较高载荷下工作的重要管配件，如阀、泵体
						金属型	245	6	
		ZCuSn10P1	9.0～11.5	余量	P：0.5～1.0	金属型	310	2	重要的轴瓦、齿轮、轴套、轴承、蜗轮、机床丝杠螺母
特殊青铜	压力加工	QAl7	Al：6.0～8.5	余量	Zn：0.20 Fe：0.50	硬	635	5	重要的弹簧和弹性零件
		QBe2	Be：1.8～2.1	余量	Ni：0.20～0.50	—	—	—	重要仪表的弹簧、齿轮等，耐磨零件，高速、高压、高温下工作的轴承
	铸造	ZCuAl10-Fe3Mn2	Al：9.0～11.0	余量	Fe：2.0～4.0 Mn：1.0～2.0	金属型	540	15	耐磨、耐蚀的重要铸件
		ZCuPb30	Pb：27.0～33.0	余量	—	金属型	—	—	高速双金属轴瓦、减磨件，如柴油机曲轴及连杆轴承、齿轮、轴套

普通白铜的代号以“B＋数字”表示，字母 B 表示镍的含量，如 B5 表示镍的含量约为 5%，其余为铜的含量。复杂白铜的代号以“B＋元素符号＋数字-数字”表示，第一个数字表示镍的含量，第二个数字表示第二主加元素的含量。如 BMn3-12 表示镍的含量约为 3%，锰的含量约为 12%。

由于镍和铜能形成无限互溶的固溶体，在铜中加入镍元素可以显著提高其强度、硬度、电阻和热电性，并降低电阻率、温度系数，因此白铜较其他铜合金的力学性能、物理性能都异常良好，延展性好、硬度高、色泽美观、耐腐蚀、深冲性能好，被广泛用于造船、石油化工、电器、仪表、医疗器械、日用品、工艺品等领域。白铜还是重要的电阻及热电耦合金。白铜的缺点是主加元素镍属于稀缺元素，价格比较昂贵。

任务 6.2 铝及铝合金认知学习

铝是地壳中含量最丰富的金属元素，约占地壳总质量的 8.2%，超过铁（5.8%）。铝合金是工业中应用最广泛的一类有色金属结构材料，被世人称为第二金属，其产量及消费仅次于钢铁，在航空、航天、汽车、机械制造、船舶及化学工业中已大量应用。我国首款按照国际先进适航标准研制的单通道大型干线客机 C919 飞机的机身蒙皮、长桁、地板梁、座椅滑轨、边界梁、客舱地板支撑立柱等部件都使用了铝锂合金，其机体结构质量占比达到 7.4%，获得综合减重 7%的收益，在国际上属于领先水平，如图 6-9 所示为国产 C919 飞机。

图 6-9 国产 C919 飞机

6.2.1 纯 铝

纯铝是一种银白色的轻金属，熔点为 660 °C，有延展性。它的密度（2.72 g/cm^3）小，除镁和铍外，铝在工程金属中最轻，具有很高的比强度和比刚度；导电性、导热性好，仅次于金、铜和银。虽然它的导电率只有铜的 2/3，但密度只有铜的 1/3，所以输送同量的电，铝线的质量只有铜线的一半。铝的导热能力比铁大 3 倍，工业上可用铝制造各种热交换器、散热材料和炊具等。纯铝的化学性质活泼，在大气中极易氧化，在表面形成一层牢固致密的氧化膜，有效地隔绝铝和氧的接触，从而阻止铝表面的进一步氧化，使它在大气和淡水中具有良好的耐蚀性。纯铝在低温下，甚至在超低温下都具有良好的塑性（A = 80%）和韧性。铝的强度（R_m = 80 ~ 100 MPa）低，冷变形加工硬化后强度可提高到 R_m = 150 ~ 250 MPa，但其塑性却降低到 A = 50% ~ 60%。

纯铝具有许多优良的工艺性能，易于铸造、切削，也易于通过压力加工，适合制造电缆以及要求具有导热性和抗大气腐蚀性而对强度要求不高的一些用品。

纯铝按纯度可分为三类。

（1）工业纯铝。工业纯铝中铝的质量分数为 98.0% ~ 99.0%，牌号有 1070、1060、1050、1035、1200 等。1070A、1060、1050A 用于高导电体、电缆（见图 6-10）、导电机件和防腐机械，1035、1200、8A06 用于器皿、管材、棒材、型材和铆钉等。

（2）工业高纯铝。工业高纯铝中铝的质量分数为 98.85% ~ 99.90%，用于制造铝箔（见图 6-11）、包铝，也是冶炼铝合金的原料。

图 6-10　铝芯电缆

图 6-11　铝箔

（3）高纯铝。高纯铝中铝的质量分数为 99.93% ~ 99.99%，主要用于制造特殊化学机械、电容器片等，也用于科学研究。

6.2.2　铝合金

纯铝的强度和硬度很低，不适宜作为工程结构材料使用。向铝中加入适量 Si、Cu、Zn、Mn 等主加元素和 Cr、Ti、Zr、B、Ni 等辅加元素组成铝合金，可提高强度并保持纯铝的特性。

1. 铝合金的分类

铝合金一般具有图 6-12 所示的相图，从图中可以看出，以 D 点成分为界可将铝合金分为变形铝合金和铸造铝合金两大类。D 点以左的合金为变形铝合金，其特点是加热到固溶线 DF 以上时为单相 α 固溶体，具有塑性好的特点，适用于压力加工；D 点以右的合金为铸造铝合金，其组织中存在共晶体，适用于铸造。在变形铝合金中，成分在 F 点以左的合金其固溶体成分不随温度变化而变化，不能通过热处理强化，为不可热处理强化的铝合金；成分在 F、D 两点之间的合金其固溶体成分随温度变化而变化，可通过热处理强化，为可热处理强化的铝合金。

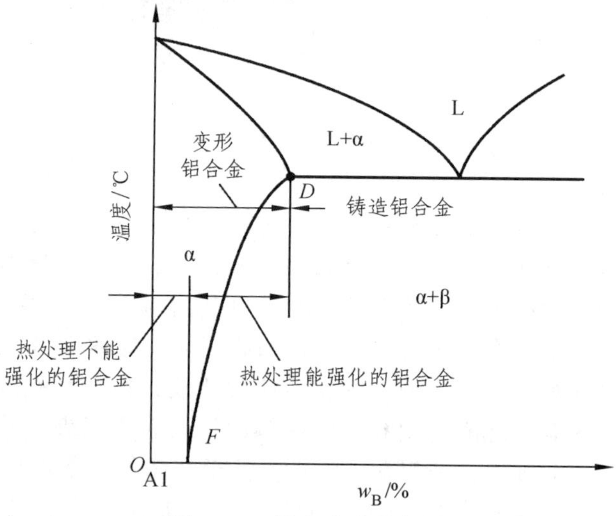

图 6-12　铝合金分类相图

2. 铝合金的强化

铝合金的强化方式主要有固溶强化和时效强化两种。

（1）固溶强化。纯铝中加入合金元素形成铝基固溶体，造成晶格畸变，以阻碍位错的运动，起到固溶强化的作用，可使其强度提高。根据合金化的一般规律，形成无限固溶体或高浓度的固溶体型合金时，不仅能获得高的强度，还能获得优良的塑性与良好的压力加工性能。Al-Cu、Al-Mg、Al-Si、Al-Zn、Al-Mn 等二元合金一般都能形成有限固溶体，并且均有较大的溶解度，因此具有较明显的固溶强化效果。

（2）时效强化。经过固溶处理的过饱和铝合金在室温下或加热到某一温度后放置一段时间，其强度和硬度随时间的延长而增高，但塑性、韧性则降低，这个过程称为时效。在室温下进行的时效称为自然时效，在加热条件下进行的时效称为人工时效。时效过程使铝合金的强度、硬度增高的现象称为时效强化或时效硬化。

（3）过剩相强化。当铝中加入的合金元素含量超过其极限溶解度时，淬火加热时便有一部分不能溶于固溶体的第二相出现，称之为过剩相。这些过剩相多为金属间化合物，它们在合金中阻碍位错运动，使铝合金强度、硬度增大，而塑性、韧性降低，这种强化称为过剩相强化。实际生产中常采用这种方法来强化铸造铝合金和耐热铝合金。但过剩相太多，会使强度降低，合金变脆。

（4）细晶强化。对于不能进行时效强化或时效强化效果不好的铝合金，在浇注时，常采用加入微量合金元素（如 Ti、Zr、Be 或稀土元素等）的方法来进行变质处理，通过提高形核率，获得细小均匀的组织，可显著提高合金的强度和塑性。

3. 铝合金的代号、牌号表示方法

（1）变形铝合金的分类和牌号。按性能特点和用途不同，变形铝合金可分为防锈铝合金、硬铝合金、超硬铝合金及锻铝合金。

根据国家标准规定，变形铝合金命名有两种体系牌号，即国际四位数字体系牌号和四位字符体系牌号。国际四位数字体系牌号是由四位数字或四位数字后缀英文大写字母 A、B 或其他数字组成的，如 3004、2017A、6101B 等；四位字符体系牌号表示法的第一、三、四位是数字，第二位是大写英文字母 A、B 或其他字母，如 7C04、2D70 等。

两种表示方法中，第一位数字均表示变形铝合金的组别，具体见表 6-4。第二位的数字或字母表示铝合金的改型情况，字母 A 或数字 0 表示原始合金，B ~ Y 或 1 ~ 9 表示原始合金改型情况。牌号最后两位数字用以标识同一组中不同的铝合金，纯铝则表示铝的最低百分含量。

表 6-4　常用变形铝合金的牌号、化学成分、力学性能及用途

类别		牌号	原牌号	化学成分/%					力学性能			用途举例
				Si	Cu	Mn	Mg	Zn	σ_b/MPa	δ/%	硬度（HBW）	
不能热处理强化的变形铝合金	防锈铝合金	5A05	LF5	0.50	0.10	0.30～0.60	1.00～1.50	0.20	280	20	70	焊接油箱、油管、铆钉、焊条、中载零件及制品等
		3A21	LF21	0.60	0.20	0.10～1.60	1.00～1.50	1.0	130	20	20	焊接油箱、油管、焊条、轻载零件及制品等
能热处理强化的变形铝合金	硬铝合金	2A11	LY11	0.70	3.8～4.8	0.4～0.8	1.00～1.50	0.30	420	15	100	中等强度结构零件，如整流罩、螺旋桨叶片、骨架、局部镦粗零件、螺栓、铆钉等
		2A12	LY12	0.50	3.8～4.9	0.3～0.9	1.2～1.8	0.30	480	11	131	高强度构件及 150 °C 以下工作的零件，如骨架、梁、铆钉等

续表

类别		牌号	原牌号	化学成分/%					力学性能			用途举例
				Si	Cu	Mn	Mg	Zn	σ_b/MPa	δ/%	硬度(HBW)	
能热处理强化的变形铝合金	超硬铝合金	7A04	LC4	0.50	1.4～2.0	0.2～0.6	0.8～2.8	5.0～7.0	600	12	150	主要受力构件，如飞机大梁、桁架、加强框、起落架、蒙皮接头、翼肋等
	锻造铝合金	2A50	LD5	0.7～1.2	1.8～2.6	0.4～0.8	0.4～0.8	0.30	420	13	105	形状复杂、中等强度的锻件或模锻件等
		2A70	LD7	0.35	1.9～2.5	0.20	1.4～1.8	0.30	440	12	120	内燃机活塞和在高温下工作的复杂锻件、板材、风扇轮等

常用变形铝合金的牌号、化学成分、力学性能及用途见表 6-4。

（2）铸造铝合金的分类和牌号。按主加元素的不同，铸造铝合金可分为 Al-Si 系铸造铝合金、Al-Cu 系铸造铝合金、Al-Mg 系铸造铝合金和 Al-Zn 系铸造铝合金。

铸造铝合金的代号由“ZL + 三位数字”组成。其中，“ZL”是“铸铝”二字的汉语拼音首字母，其后第一位数字表示合金类别，如 1、2、3、4 分别表示铝硅、铝铜、铝镁、铝锌系列合金；第二、三位数字表示顺序号，顺序号不同，化学成分也不同。例如，ZL102 表示 2 号铝硅系铸造铝合金。优质合金在牌号后加“A”，压铸合金在牌号前面用字母“YZ”表示。

铸造铝合金的牌号是由“Z + 基体金属的元素符号 + 合金元素符号 + 数字”组成的。其中，“Z”是“铸”字的汉语拼音首字母，合金元素符号后的数字表示该元素的质量分数。例如，ZAlSi12 表示硅的质量分数为 12%的铸造铝合金。

4. 常用的变形铝合金

（1）不可热处理强化的铝合金。

① Al-Mn 系合金。Al-Mn 系合金，如 3A21，其强度高于纯铝，又有高的塑性、抗蚀性和优良的焊接性及压力加工性能，但因太软而切削加工性能不良，常以管、板和型材形式应用于飞机油箱、油管等焊接用品方面，国外还大量应用于饮料罐、炊具及建筑用屋面板。

② Al-Mg 系合金。Al-Mg 系合金，如 5A05、5A11，是应用最广的一类铝合金，其密度比纯铝小，强度比 Al-Mn 系合金高，具有高的耐蚀性和良好的塑性，焊接性良好，但切削加工性能差。Al-Mg 系合金主要用于焊接容器、管道以及承受中等载荷的零件及制品，也可用于制作铆钉。图 6-13 为飞机制造蒙皮用铝合金铆钉。

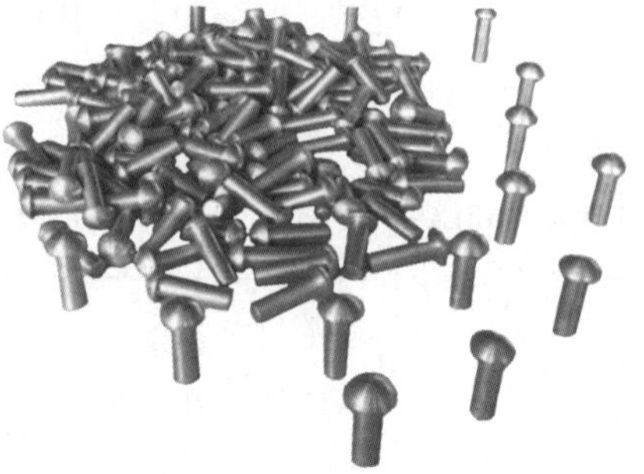

图 6-13　铝合金铆钉

③ Al-Zn-Mg-Cu 系合金。Al-Zn-Mg-Cu 系合金抗拉强度较高，具有优良的耐海水腐蚀性、较高的断裂韧度及良好

的成型工艺性能，适用于制造水上飞机蒙皮及其他要求耐腐蚀的高强度钣金零件。

（2）可热处理强化的铝合金。

① 硬铝合金（Al-Cu-Mg 系）。Cu 和 Mg 的时效强化可使抗拉强度达到 420 MPa。铆钉用硬铝合金典型牌号为 2A01、2A10，淬火后冷态下塑性极好，时效强化速度慢，时效后切削加工性能也较好，可利用孕育期进行铆接，主要用于制作铆钉。

标准硬铝的典型牌号为 2A11，强度较高，塑性较好，退火后冲压性能好，主要用于形状较复杂、载荷较轻的结构件。

高强度硬铝的典型牌号为 2A12，强度、硬度高，塑性及焊接性较差，主要用于高强度结构件，如飞机翼肋、翼梁等。

硬铝合金耐蚀性不如纯铝和防锈铝合金，尤其不耐海水腐蚀，所以硬铝板材的表面常包有一层纯铝，以提高其耐蚀性，包铝板材在热处理后强度降低。

② 超硬铝合金（Al-Zn-Mg-Cu 系）。超硬铝合金是工业上使用的室温力学性能最高的变形铝合金，抗拉强度可达 600 MPa，既可通过热处理强化，又可采用冷变形强化，其时效强化效果最好。其强度、硬度高于硬铝合金，故称为超硬铝合金，但其耐蚀性、耐热性较差。超硬铝合金主要用于要求质量轻、受力较大的结构件，如飞机大梁、起落架、桁架等。

③ 锻铝合金（Al-Cu-Mg-Si 系）。锻铝合金的力学性能与硬铝合金相近，但热塑性及耐蚀性较高，适于锻造，故称为锻铝合金。锻铝合金主要用于制造形状复杂并能承受中等载荷的各类大型锻件和模锻件，如叶轮、框架、支架、活塞、气缸头等，如图 6-14 所示为铝合金活塞。中国长征系列运载火箭贮箱就是用 2A14 合金制造的，是一种 Al-Cu-Mg-Mn-Si 合金。2021 年 4 月 29 日，长征五号 B 运载火箭搭载空间站天和核心舱，在海南文昌航天发射场发射升空。长征五号的研制历时 10 年，突破了 247 项关键技术，新技术比例几乎达到 100%，核心技术全部是自创的，实现了长征火箭的跨越式升级换代。如图 6-15 所示为长征五号 B 运载火箭，图 6-16 所示为长征系列火箭贮箱的铝合金锻环。

图 6-14　铝合金活塞

图 6-15　长征五号 B 运载火箭

图 6-16　西南铝生产的铝合金锻环

④ 铝锂合金（Al-Li 系）。Al-Li 系合金具有密度小、比强度高、比刚度大、疲劳性能良好、耐蚀性及耐热性好等优点，可进行热处理强化。但 Al-Li 系合金的塑性和韧性差，缺口敏感性大，材料加工及产品生产困难。铝锂合金主要为航空航天设备的减重而研制，因此主要应用于航空航天领域，用 Al-Li 合金制作飞机结构件，可使飞机减重 10%～20%，大大提高了飞机的飞行速度和承载能力。此外，还应用于军械和核反应堆用材、坦克穿甲弹、鱼雷和其他兵器结构件方面，同时在汽车、机器人等领域也有充分运用。

5. 常用的铸造铝合金

（1）铝硅合金（Al-Si 系）。铝硅合金密度小，有优良的铸造性（如流动性好、收缩及热裂倾向小）、一定的强度和良好的耐蚀性，但塑性较差。在生产中对它采用变质处理，可显著改善其塑性和强度。例如，ZAlSi12 是一种典型的铝硅合金，属于共晶成分，通常称为简单硅铝明，致密性较差，且不能热处理强化。若在铸造铝合金中加入 Cu、Mg、Mn 等合金元素，可获得多元铝硅合金（也称为特殊硅铝明），经固溶时效处理后强化效果更为显著。铝硅合金适用于制造质轻、耐蚀、形状复杂且有一定力学性能要求的铸件或薄壁零件。

（2）铝铜合金（Al-Cu 系）。铝铜合金的优点是室温、高温下力学性能都很高，加工性能好，表面粗糙度小，耐热性好，可进行时效硬化。在铸铝中，它的强度最高，但铸造性和耐蚀性差，主要用来制造要求较高强度或高温下不受冲击的零件。

（3）铝镁合金（Al-Mg 系）。铝镁合金密度小，强度和塑性均高，耐蚀性优良，但铸造性差，耐热性低，时效硬化效果甚微，主要用于制造在腐蚀性介质中工作的零件。

（4）铝锌合金（Al-Zn 系）。铝锌合金铸造性好，经变质处理和时效处理后强度较高，价格便宜，但耐蚀性、耐热性差。铝锌合金主要用于制造工作温度不超过 200 °C、结构形状复杂的汽车、仪表、飞机零件等。

部分铸造铝合金的牌号、化学成分、力学性能及用途见表 6-5。

表 6-5　部分铸造铝合金的牌号、化学成分、力学性能及用途

类别	牌　号	代　号	主要特点	用途举例
铝硅合金	ZAlSil2	ZL102	熔点低，密度小，流动性好，收缩和热倾向小，耐蚀性、焊接性好，可切削性差，不能热处理强化，有足够的强度，但耐热性低	适合铸造形状复杂、耐蚀性和气密性高、强度不高的薄壁零件，如飞机仪器零件、船舶零件等
	ZAlSi5CulMg	ZL105	铸造工艺性能好，不需变质处理，可热处理强化，焊接性、切削性好，强度高，塑韧性低	用于制作形状复杂、工作温度不超过 250 °C 的零件，如气缸体、气缸盖、发动机箱体等
铝铜合金	ZAlCu5Mn	ZL201	铸造性能、耐蚀性能差，可热处理强化，室温强度高，韧性好，焊接性能、切削性能好，耐热性好	用于制作承受中等载荷、工作温度不超过 300 °C 的飞行受力铸件、内燃机气缸头
	ZAlRE5Cu3Si2	ZL207	铸造工艺性能好，耐热性高，可在 300～400 °C 下长期工作，室温力学性能较低，焊接性能好	适合铸造形状复杂、在 300～400 °C 下长期工作的液压零部件

续表

类别	牌　号	代 号	主要特点	用途举例
铝镁合金	ZAlMg10	ZL301	铸造工艺性差，耐热性不高，焊接性差，切削性能好，能耐大气和海水腐蚀	用于制作承受高的静载荷、冲击载荷，工作温度不超过 200 °C，长期在大气和海水中工作的零件，如船舰配件等
	ZAlMg5Sil	ZL303	铸造性能比 ZL301 好，热处理不能明显强化，但切削性能好，焊接性好，耐蚀性一般，室温力学性能较低	用于制作承受中等载荷、工作温度不超过 200 °C 的耐蚀零件，如轮船、内燃机配件
铝锌合金	ZAlZnllSi7	ZL401	铸造性能优良，需变质处理，不经热处理可以达到高的强度，焊接性和切削性能优良，耐蚀性低	用于制作承受高的静载荷、形状复杂、工作温度不超过 200 °C 的铸件，如汽车、仪表零件
	ZAlZn6Mg	ZL402	铸造性能优良，耐蚀性好，可加工性能好，有较高的力学性能；但耐热性低，焊接性一般；铸造后能自然失效	用于制作承受高的静载荷或冲击载荷、不能进行热处理的铸件，如活塞、精密仪表零件等

任务 6.3　钛及钛合金认知学习

钛及钛合金具有优良的综合性能，具有密度小、比强度高、耐腐蚀、耐高温及良好的低温韧性等特点，广泛应用于航天航空、冶金等工业领域。但是钛及钛合金的加工条件复杂、成本较高，其应用受到限制。2018 年 1 月 3 日，嫦娥四号探测器自主着陆月球背面，并传回首张近距拍摄月背影像图，实现了人类探测器首次月背软着陆，钛金科技公司所生产的钛合金紧固件在探测器的巡视器、着陆器、监视相机、降落相机中均得到应用。

6.3.1　纯　钛

纯钛呈灰白色，钛的密度小，为 4.51 g/cm^3，熔点高（约为 1668 °C），热膨胀系数小，导电性、导热性差。纯钛具有良好的塑性和较低的强度，以及良好的加工成型能力和焊接性能，可制成细丝和薄片，而且在大气、海水及大多数酸、碱介质（如硫酸、盐酸、硝酸、氢氧化钠）中具有优良的耐蚀性，其抗氧化能力优于大多数奥氏体不锈钢。

钛在固态下有同素异构转变现象：在 882.5 °C 以下为 α-Ti，具有密排六方晶格；在 882.5 °C 以上直到熔点为 β-Ti，具有体心立方晶格；在 882.5 °C 时发生同素异构转变 α-Ti $\rightleftharpoons$ β-Ti，对钛合金的强化有重要意义。

工业纯钛中含有 H、O、C、Fe、Mg 等杂质元素，少量杂质可使钛的强度和硬度显著提高，塑性和韧性明显下降。工业纯钛按杂质含量的不同分为 TA1、TA2、TA3、TA4 等（见表 6-6），可用于制作在 350 °C 以下工作的、强度要求不高的零件。

表 6-6　工业纯钛的牌号和化学成分

牌号	化学成分/%									
	w_{Ti}	w_{Al}	w_{Si}	w_{Fe}	w_{C}	w_{N}	w_{H}	w_{O}	$w_{其他元素}$	
									单一	总和
TA1EL1	余量	—	—	0.10	0.03	0.012	0.008	0.10	0.05	0.20
TA1	余量	—	—	0.20	0.08	0.03	0.015	0.08	0.10	0.40
TA1-1	余量	<0.20	≤0.08	0.15	0.05	0.03	0.003	0.12	—	0.10
TA2EL1	余量	—	—	0.20	0.05	0.03	0.008	0.10	0.05	0.20
TA2	余量	—	—	0.30	0.08	0.03	0.015	0.25	0.10	0.40
TA3EL1	余量	—	—	0.25	0.05	0.004	0.008	0.18	0.05	0.20
TA3	余量	—	—	0.30	0.08	0.005	0.015	0.35	0.10	0.40
TA3EL1	余量	—	—	0.30	0.05	0.005	0.008	0.25	0.05	0.20
TA4	余量	—	—	0.50	0.08	0.005	0.015	0.40	0.10	0.40

6.3.2　钛合金

钛合金是指在纯钛中加入 Al、Mo、Mn、Cr 等元素形成的合金。合金元素溶入 α-Ti 中，形成 α 固溶体；溶入 β-Ti 中，形成 β 固溶体。Al、C、N、O、B 等元素使 α-Ti $\rightleftharpoons$ β-Ti 的转变温度升高，称为 α 稳定化元素；Fe、Mo、Mg、Cr、Mn、V 等元素使同素异构转变温度降低，称为 β 稳定化元素；Sn、Zn 等元素对转变温度的影响不明显，称为中性元素。

钛合金的相变是钛合金热处理的基础，为了改善钛合金的性能，除采用合理的合金化外，还要配合适当的热处理才能实现。钛合金的热处理种类较多，常用的有退火处理、时效处理、形变热处理和化学热处理等。

1. 钛合金的分类

根据钛合金使用状态的组织不同，可将钛合金分为三类：α 钛合金、β 钛合金和 α + β 钛合金，牌号分别用 TA、TB、TC 加编号来表示。

钛合金按用途可分为耐热合金、高强合金、耐蚀合金（钛-钼、钛-钯合金等）、低温合金以及特殊功能合金（钛-铁贮氢材料和钛-镍记忆合金）等。

1）α 钛合金

α 钛合金是通过在纯钛中加入 Al、B 等 α 稳定化元素而获得的。与 β 钛合金和 α + β 钛合金相比，α 钛合金的室温强度低，而高温（500 ~ 600 °C）强度和蠕变强度较高，并且组织稳定，具有良好的抗氧化性、抗蠕变性和焊接性能。α 钛合金不能淬火强化，主要依靠固溶强化。热处理只能进行退火（变形后的消除应力退火或消除加工硬化的再结晶退火）。

常用 α 钛合金有 TA4、TA5、TA6、TA7 等，使用最为广泛的是 TA7，它可在 500 °C 以下使用；当 O、H、N 等间隙杂质的含量极低，在超低温时还具有良好的韧性和综合的力学性能，是优良的超低温合金之一。

2）β 钛合金

β 钛合金是通过在纯钛中加入 Mo、Cr、V 等 β 稳定化元素而获得的。β 钛合金有较高的强度、优良的冲压性能和焊接性能，并可通过淬火和时效进行强化；但其性能不够稳定，熔炼工艺复杂，所以应用范围不如 α 钛合金和 α + β 钛合金广泛。

β 钛合金的典型牌号为 TB1、TB2。

3）α + β 钛合金

α + β 钛合金是通过在纯钛中加入 β 稳定化元素和 α 稳定化元素而获得的，其具有良好的塑性，容易锻造、压延和冲压，而且大多数可通过淬火和时效进行强化，热处理后强度可提高 50% ~ 100%，但是 TC1、TC2、TC7 不能通过热处理进行强化。

2. 钛合金的特点

（1）比强度高。密度为钢的 60%左右，但是强度却高于钢，适用于作飞机的零部件。

（2）强热性好。经合金强化后，可大大提高钛合金的热稳定性和高温强度。300 ~ 350 °C 下，其强度为铝合金的 3 ~ 4 倍。

（3）耐热性好。钛合金表面生成致密坚固的氧化膜，故耐蚀性能比不锈钢要好。如不锈钢导管在 19%HCl + 10 mg/L NaOH 条件下寿命为 5 个月，而钛合金则为 8 年。

（4）化学活性大。它能与空气中的氧、氮、氢、一氧化碳、二氧化碳、水蒸气、氨气等产生强烈的化学反应，生成硬化层或脆性层，使脆性加大，塑性下降。

（5）导热性能差、弹性模量小。钛合金的导热性仅为钢的 1/7、铝的 1/14；弹性模量为钢的 1/2，刚性差、变形大，不宜制作细长杆和薄壁件。

3. 钛合金的应用

三种钛合金中最常用的是 α 钛合金和 α + β 钛合金；α 钛合金的切削加工性最好，α + β 钛合金次之，β 钛合金最差。应用最为广泛的是 TC4，其用量约占现有钛合金产量的一半，成分为 Ti-6Al-4V，经淬火和时效处理后，显微组织为块状（α + β）+ 针状 α，其中针状 α 是时效过程中从 β 相中析出的。TC4 不仅具有良好的室温、高温和低温力学性能，而且具有良好的抗海水应力腐蚀及抗热盐应力腐蚀的能力，同时可以焊接，冷、热变形，还可以通过热处理强化，所以广泛应用于航天航空、船舰等领域。

钛合金的价格昂贵，故在豪华车、赛车和跑车中应用较多。钛合金零部件应用在汽车上主要分布在引擎系统和底盘系统中，还用于汽车门突入梁、汽车挡支架、制动器卡钳活塞、销轴栓、框架螺钉、离合器片、压力板、变速按钮、轮机转子、悬挂弹簧、刹车延时器等，如图 6-17 所示为钛合金连杆，图 6-18 所示为钛合金轮毂螺栓。钛合金零部件的性能优异，但仍然没有达到大规模使用，其根本原因是钛合金的成本太高。这主要是因为纯钛的制备困难，且合金元素多以价格较高的 V 等作为合金元素提高强度。近年来，随着粉末冶金注射成型、喷射成型等新技术的发展，钛合金近净成型技术及电子束焊、激光焊等现代焊接技术不断进步，其应用已扩大到汽车工业领域。

图 6-17　钛合金连杆

图 6-18　钛合金轮毂螺栓

常用钛合金的牌号、成分、性能及用途如表 6-7 所示。

表 6-7 常用钛合金的牌号、成分、性能及用途

<table>
<tr><th rowspan="2">类别</th><th rowspan="2">牌号</th><th rowspan="2">名义化学成分</th><th colspan="3">室温机械性能</th><th colspan="3">高温机械性能</th><th rowspan="2">用 途</th></tr>
<tr><th>热处理</th><th>σ_b/MPa</th><th>δ/%</th><th>试验温度/%</th><th>σ_b/MPa</th><th>σ_{100}/MPa</th></tr>
<tr><td rowspan="3">α 钛合金</td><td>TA5</td><td>Ti · 4Al · 0.005B</td><td>退火</td><td>700</td><td>15</td><td>—</td><td>—</td><td>—</td><td rowspan="3">在 500 °C 以下工作的零件、导弹燃料罐、超音速飞机的涡轮机匣</td></tr>
<tr><td>TA6</td><td>Ti · 5Al</td><td>退火</td><td>700</td><td>12 ~ 20</td><td>350</td><td>430</td><td>400</td></tr>
<tr><td>TA7</td><td>Ti · 5Al · 2.5Sn</td><td>退火</td><td>800</td><td>12 ~ 20</td><td>350</td><td>500</td><td>450</td></tr>
<tr><td rowspan="2">β钛合金</td><td rowspan="2">TB2</td><td rowspan="2">Ti · 5Mo · 5V · 8Cr · 3Al</td><td>淬火</td><td>1000</td><td>20</td><td rowspan="2">—</td><td rowspan="2">—</td><td rowspan="2">—</td><td rowspan="2">在 350 °C 以下工作的零件、压气机叶片、轴、轮盘等载荷旋转件、飞机构件</td></tr>
<tr><td>淬火 + 时效</td><td>1350</td><td>8</td></tr>
<tr><td rowspan="5">α + β钛合金</td><td>TC1</td><td>Ti · 2Al · 1.5Mn</td><td>退火</td><td>600 ~ 800</td><td>20 ~ 25</td><td>350</td><td>350</td><td>350</td><td rowspan="5">在 400 °C 以下工作的零件、有一定高温强度的发动机零件、低温用部件</td></tr>
<tr><td>TC2</td><td>Ti · 4Al · 1.5Mn</td><td>退火</td><td>700</td><td>20 ~ 25</td><td>350</td><td>430</td><td>400</td></tr>
<tr><td>TC3</td><td>Ti · 5Al · 4V</td><td>退火</td><td>900</td><td>12 ~ 15</td><td>500</td><td>450</td><td>200</td></tr>
<tr><td rowspan="2">TC4</td><td rowspan="2">Ti · 6Al · 4V</td><td>退火</td><td>950</td><td>8 ~ 10</td><td rowspan="2">400</td><td rowspan="2">630</td><td rowspan="2">580</td></tr>
<tr><td>淬火 + 时效</td><td>1200</td><td>8</td></tr>
</table>

任务 6.4 镁及镁合金认知学习

镁在地壳中的储藏量非常丰富，约为 2.5%。镁及镁合金不仅具有高比强度、优良的可切削加工性和耐冲击性能，并对碱、汽油及矿物油具有化学稳定性，广泛应用于汽车、电子、电器、航空航天、国防军工、交通等领域。

6.4.1 纯 镁

纯镁呈银白色，其密度为 1.74 g/cm^3，熔点为 651 °C，沸点为（1100 ± 10）°C，强度不高，与铝接近，其熔炼技术很复杂。镁具有密排六方晶格，其塑性变形能力比铝差，而且室温和低温塑性较低，容易脆断，但高温塑性较好，可进行各种形式的热变形加工。纯镁的电极电位很低，其抗蚀性较差，在潮湿大气、淡水、海水及绝大多数酸、盐溶液中易受腐蚀。镁的化学活性很强，在空气中容易氧化，尤其在高温条件下，如氧化反应放出的热量不及时散失，则很容易燃烧。

纯镁因强度低，一般不能单独用作结构材料，常用于制造照明弹、烟火、脱氧剂和镁合金原料。纯镁的牌号以“Mg + 数字”来表示，Mg 后面的数字表示 Mg 的质量分数。

6.4.2 镁合金

在纯镁中加入 Al、Zn、Si、Fe、Ni 等合金元素，形成镁合金。镁合金作为“21 世纪绿色工程材料”，具有高的比强度和比刚度，良好的尺寸稳定性、导热导电性，抗振能力强，切削加工性好，电磁屏蔽性佳，可承受较大冲击载荷，以及优异的铸造、切削加工性能和易回收利用，但耐蚀性差。通过合金元素产生固溶强化、时效强化、细晶强化及过剩相强化作用，来提高镁合金的力学性能、抗腐蚀性能和耐热性能。

镁合金可以按照化学成分或成型工艺两种方式分类。根据化学成分，以主要合金元素 Mn、Al、Zn、Zr 和 RE（稀土元素）等为基础，可以组成合金系：二元系有 Mg-Mn、Mg-Al、Mg-Zn、Mg-Zr、Mg-RE、Mg-Ag、Mg-Li、Mg-Th 等；三元系有 Mg-Al-Mn、Mg-Zn-Zr、Mg-RE-Zr、Mg-Mn-Ce 等；多元系有 Mg-Al-Zn-Mn、Mg-Ag-RE-Zr、Mg-Y-RE-Zr。按照有无 Al，镁合金可分为含 Al 镁合金和不含 Al 镁合金；按照有无 Zr，镁合金还可分为含 Zr 镁合金和不含 Zr 镁合金。根据成型工艺，镁合金则可分为铸造镁合金和变形镁合金两大类。

目前，国外工业中应用较广泛的镁合金是压铸镁合金，主要有以下四个系列：AZ 系列 Mg-Al-Zn（如 AZ91）、AM 系列 Mg-Al-Mn（如 AM60）、AS 系列 Mg-Al-Si（如 AS21）和 AE 系列 Mg-Al-RE（如 AE42）。我国铸造镁合金主要有如下三个系列：Mg-Zn-Zr、Mg-Zn-Zr-RE 和 Mg-Al-Zn 系。变形镁合金有 Mg-Mn、Mg-Al-Zn 和 Mg-Zn-Zr 系。

1. 铸造镁合金

铸造镁合金包括高强铸造镁合金（如 ZM1、ZM2 和 ZM5）和耐热铸造镁合金（如 ZM3 等）两类。铸造镁合金的牌号以“Z + M + 数字”表示，其中 Z 是“铸造”汉语拼音的首字母；M 表示镁合金；后面的数字表示顺序号，代表合金体系。

ZM1（ZMgZn5Zr）具有较高的抗拉强度和屈服强度，以及良好的耐蚀性、塑性、切削加工性和铸造流动性，且力学性能和壁厚效应小，但是热裂倾向大，焊接性差，用于制造断面均匀、形状简单、尺寸小的受力铸件及抗冲击载荷的零件，如飞机轮毂、支架等抗冲击件。

ZM2（ZMgZn4RE1Zr）具有良好的高温力学性能（优于 ZM1）、铸造性能和耐蚀性，缩松和热裂倾向小，可焊接，但是常温力学性能低，用于制造长期在 170 ~ 200 °C 下工作的发动机、飞机零件。

ZM3（ZMgRE3ZnZr）是以混合稀土为主要合金元素的热强镁合金，具有良好的高温性能和气密性，而且热裂倾向小，用于制造在 150 ~ 250 °C 下长期工作的发动机部件、室温下高气密性铸件。

ZM4（ZMgRE3Zn2Zr 具有良好的抗蠕变性能和气密性，以及较高的持久强度，而且热裂倾向小，室温强度高于 ZM3，用于制造在 150 ~ 250 °C 下长期工作的零件。

ZM5（ZMgAl8Zn）是应用最广泛的合金之一，具有较高的强度和良好的铸造性、焊接性和切削加工性能，而且成本较低，用于制造中等载荷的零件，如机舱隔框、增压机匣等高载荷零件。

ZM6（ZMgRE2ZnZr）具有优良的综合性能和高温强度，其高温性能优于 ZM3 和 ZM4，用于制造在 250 °C 下长期工作的高强度、高气密性零件。

ZM7（ZMgZn8AgZr）具有很高的室温拉伸强度、屈服极限和疲劳极限，以及良好的塑性、铸造充型性，但是其疏松倾向较大，用于制造要求高强度的形状简单的各种受力构件，不宜用于制作耐压零件。

ZM10（ZMgAl10Zn）的含铝量高，具有良好的耐蚀性，适于压铸，用于制造无较高要求的普通零件。

2. 变形镁合金

变形镁合金不同于铸造镁合金的液态成型，它是通过在 300 ~ 500 °C 温度下采用挤压、轧制、锻造的方法固态成型的。由于变形加工不仅消除了铸造组织缺陷，而且细化了晶粒，因此与铸造镁合金相比，变形镁合金具有更高的强度、更好的延展性和力学性能，以及更低的生产成本。

合金元素对变形镁合金的性能有显著的影响。铝和锌可以提高变形镁合金的机械性能，当其含量较高时，可形成 Mg_4Al_3、MgZn 等金属间化合物；Mn 的主要作用是提高耐蚀性，并细化晶粒；Zr 不仅可以细化晶粒，还可以提高变形镁合金的机械性能；加入稀土元素铈后，在晶界上析出金属间化合物 Mg_9Ce，起强化晶界作用。含铈较高的镁合金，如 MB14（含 2%锰、3%铈）属于热强镁合金，其最高工作温度可达 200 °C。

加工工艺、热处理状态等因素影响变形镁合金的力学性能，尤其是加工温度的影响较大。在 400 °C 以下进行挤压，合金发生再结晶；在 300 °C 以下进行冷挤压，材料内部保留了许多冷加工的显微组织特征，如高密度位错或孪晶，在再结晶温度以下进行挤压，可使压制品获得更好的力学性能。

6.4.3 镁合金应用的发展

汽车车重每轻 100 kg，消耗的燃料可减少 5%。目前，汽车仪表、座椅架、方向操纵系统部件、引擎盖、变速箱、进气歧管、轮毂、发动机和安全部件上都有压铸和变形镁合金产品的应用。近年来，大众帕萨特轿车的用镁量从 14 kg（占车重 1%）增加到 30 ~ 50 kg，奥迪 A6 轿车用镁量从 14.2 kg 增加到 50 ~ 80 kg。如图 6-19 所示为镁合金轮毂。日本、韩国和中国台湾着重利用镁合金轻质、易回收、导热、抗电磁干扰等特性以及较好的薄壁件压铸技术，生产了便携式计算机壳体、手机与照相机壳体和体育生活用品（射箭的弓、自行车、残疾人用车、摩托车零件等）。目前，全世界便携式计算机壳体的 1/3 是用镁合金压铸而成的。

我国的歼击机、轰炸机、直升机、运输机、民用机、机载雷达、地空导弹、运载火箭、人造卫星、飞船上均选用了镁合金构件。我国研制的"昆仑号"发动机附件机匣采用 ZM5 镁合金，某型直升机主减速器主机匣选用 ZM6 镁合金，可在海洋环境下使用。如图 6-20 所示为镁合金制造的某型直升机尾部减速机匣。另外，中南大学和长春应用化学研究所等单位开发出高强高韧稀土镁合金、高性能压铸镁合金和稀土镁合金批量生产技术，成功应用于航空、航天、国防军工、汽车、电子产品等领域，大幅降低了稀土镁合金产品的成本，提升了市场竞争力，填补了国内相关领域的空白。表 6-8 列出了常用镁合金的牌号、化学成分、特性及用途。

图 6-19　镁合金轮毂

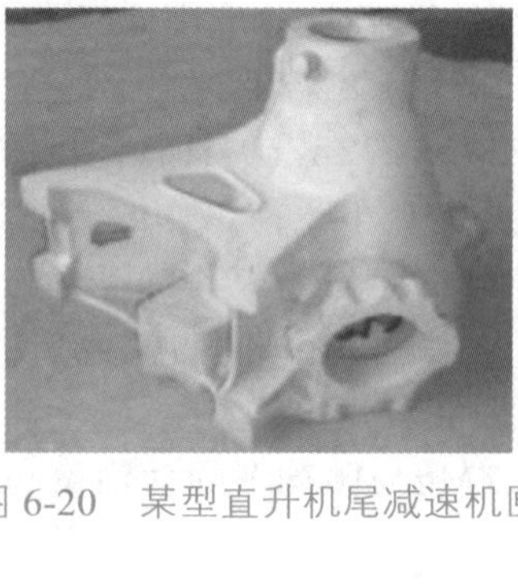

图 6-20　某型直升机尾减速机匣

表 6-8　常用镁合金的牌号、化学成分、特性及用途

合金组别	牌号	化学成分/%											$w_{其他元素}$		特　性	用　途
		w_{Mg}	w_{Al}	w_{Zn}	w_{Mn}	w_{Ce}	w_{Zr}	w_{Si}	w_{Fe}	w_{Cu}	w_{Ni}	w_{Be}	单一	总和		
MgMn	M2M	余量	≤0.20	≤0.30	1.3～2.5	—	—	≤0.10	≤0.05	≤0.05	≤0.007	≤0.01	≤0.01	≤0.20	等温强度和塑性低，高温塑性和耐热性高，焊接性良好，可气焊、氩弧焊、点焊；切削性能良好，不可热处理强化	用于制作受力不大，但要求高焊接性和耐蚀性的零件，如汽油系统附件
MgAlZn	AZ40M	余量	3.0～4.0	0.20～0.80	1.15～0.50	—	—	≤0.10	≤0.05	≤0.05	≤0.005	≤0.01	≤0.01	≤0.30	强度高，可热处理强化，铸造性能良好。AZ40M 和 AZ41M 的应力腐蚀倾向较小，热塑性和焊接性较好；AZ61M、AZ62M、AZ80M 的应力腐蚀倾向较大。AZ62M、AZ80M 的热塑性较差，AZ61M 的可焊接性低	主要用于制作形状复杂的锻件、模锻件及中等负荷的结构件
	AZ41M	余量	3.7～4.7	0.80～1.40	0.30～0.60	—	—	≤0.10	≤0.05	≤0.05	≤0.005	≤0.01	≤0.01	≤0.30		主要以板材供应，用于制造飞机内部组件、壁板等
	AZ61M	余量	5.8～7.2	0.40～1.50	0.15～0.50	—	—	≤0.10	≤0.05	≤0.05	≤0.005	≤0.01	≤0.01	≤0.30		用于制作承受大负荷的零件
	AZ62M	余量	5.5～7.0	0.50～1.50	0.15～0.50	—	—	≤0.10	≤0.005	≤0.05	≤0.005	≤0.01	≤0.01	≤0.30		
	AZ80M	余量	7.8～9.2	0.20～0.80	0.15～0.50	—	—	≤0.10	≤0.05	≤0.05	≤0.005	≤0.01	≤0.01	≤0.30		
MgMnRE	ME20M	余量	≤0.20	≤0.30	1.3～2.2	0.15～0.35	—	≤0.10	≤0.05	≤0.05	≤0.005	≤0.07	≤0.01	≤0.30	与 M2M 相比，其强度较高，高温性能良好	常代替 M2M 用于制作强度要求稍高的零件
MgZnZr	ZK61M	余量	≤0.05	5.0～6.0	≤0.10	—	0.30～0.90	≤0.05	≤0.05	≤0.05	≤0.05	≤0.01	≤0.01	≤0.30	具有高强度和良好的塑性、耐蚀性和切削加工性，没有应力腐蚀倾向，热处理工艺简单，但焊接性较差	用于制造高深度、高屈服的零件，如飞机的翼桁、翼肋等

任务 6.5 轴承合金认知学习

轴承合金用于制造滑动轴承中的轴瓦及轴承衬。当轴旋转时，轴瓦和轴发生强烈摩擦，并承受周期性载荷。由于轴的制造成本高，所以应首先考虑使轴的磨损最小，再尽量提高轴承的耐磨性。为此，滑动轴承合金应具备较高的抗压强度、疲劳强度、耐磨性，良好的磨合性，较小的摩擦系数，足够的塑性和韧性，良好的耐蚀性、导热性，较小的热膨胀系数和良好的工艺性。

轴承是用来支承轴进行工作的零件。机械设备中所用的轴承主要有滚动轴承和滑动轴承两大类，如图 6-21 所示。虽然滚动轴承应用广泛，但由于滑动轴承具有承压面大、工作平稳、无噪声、维修更换方便等优点，因此滑动轴承常用于重载、高速的场合，如磨床主轴轴承、连杆轴承、发动机轴承等。

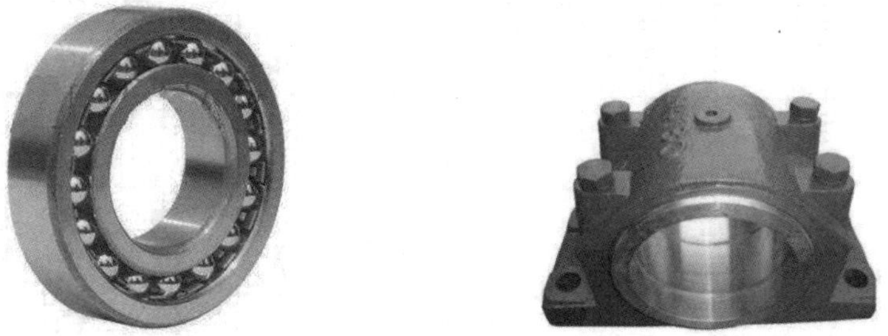

（a）滚动轴承　　（b）滑动轴承

图 6-21　轴承类型

6.5.1　滑动轴承的性能与组织特征

1. 滑动轴承的性能要求

（1）较高的抗压强度和疲劳强度，以承受轴颈施加的交变压力。

（2）高的耐磨性、良好的磨合性和小的摩擦系数，并能储存润滑油。

（3）良好的耐蚀性、较小的热膨胀系数，以防咬合。

（4）足够的塑性和韧性，以耐冲击和振动。

（5）良好的工艺性，且价格低廉。

2. 滑动轴承的组织特征

为了满足上述性能要求，既不能选高硬度的金属，以免轴径受到磨损，也不能选用软的金属，以防止承载能力过低。故轴承合金的组织应当是软硬兼顾，常见的组织有以下两种。

（1）软基体上分布着硬质点的组织。

轴在旋转时，软的部分较快磨损而凹陷，而硬质点相应地突出。这使其接触面积大大减小，有利于保存润滑油，因而摩擦系数减小，摩擦和磨损减少。软基体还能承受冲击和振动，并使轴径和轴瓦很好地磨合。属于这一类组织的合金有锡基和铅基轴承合金（又称巴氏合金）。

（2）硬基体上分布着软质点的组织。

这种组织的合金摩擦系数低，能承受较大的载荷，但磨合性差。属于这一类组织的合金有铜基和铝基轴承合金。

6.5.2 常用轴承合金、牌号及应用

常用轴承合金，按其主要化学成分可分为锡基、铅基、铝基和铜基合金等。

轴承合金的牌号为"Z + 基体元素符号 + 主加元素符号 + 主加元素的质量分数 + 辅助元素 + 辅助元素的质量分数"，其中，"Z"是"铸"的汉语拼音首字母。例如，ZSnSb11Cu6表示锑的平均质量分数为11.0%、铜的平均质量分数为6%的锡基轴承合金，图6-22为巴氏合金轴瓦。

图 6-22 巴氏合金轴瓦

1. 锡基轴承合金

锡基轴承合金（锡基巴氏合金）是Sn-Sb-Cu系合金，是一种在软基体分布硬质点的轴承合金，是以锑溶入锡中形成的固溶体为软基体，以锡与锑、锡与铜形成的化合物为硬质点组成的合金。常用的牌号有ZSnSb11Cu6、ZSnSb8Cu4、ZSnSb4Cu4等。

锡基轴承合金热膨胀系数小，磨合性良好，抗咬合性、嵌藏性、耐蚀性、导热性和浇注性能也很好。锡基轴承合金的缺点是疲劳强度及熔点较低，工作温度也较低（一般不大于150 °C），价格高。锡基轴承合金主要用于制作汽车、拖拉机、汽轮机的高速轴承。

2. 铅基轴承合金

铅基轴承合金（铅基巴氏合金）为Pb-Sn-Cu系合金，是在Pb-Sb合金的基础上，加入锡、铜等元素形成的合金，铅基轴承合金的硬度、强度、韧性都比锡基轴承合金低，但摩擦系数较大，价格便宜，铸造性好。铅基轴承合金常用于制作低速、低载荷或中速、静载荷设备的轴承，其工作温度一般不超过120 °C。

常用的铅基轴承合金为ZPbSb16Sn16Cu2，表示锡的质量分数为15%～17%，锑的质量分数为15%～17%，铜的质量分数为1.5%～2.0%，余量为铅的铅基轴承合金。

铅基、锡基巴氏合金的强度都较低，为了提高巴氏合金的疲劳强度、承压能力和使用寿命，常通过挂衬工艺，即把它镶铸在钢的轴瓦（一般用08钢冲压成型）上形成薄而均匀的轴承衬，称为双金属轴承。

表6-9列举了常用的铅基及锡基轴承合金的牌号、化学成分及用途。

表 6-9　常用轴承合金的牌号、化学成分及用途

类别	牌号	化学成分/%				硬度(HBW)	主要用途
		Sb	Cu	Pb	Sn	不小于	
铅基轴承合金	ZPbSb16SnCu2	15.0～17.0	1.5～2.0	其余	15.7～17.0	30	用于制作工作温度小于 120 °C，无显著冲击载荷、重载、高速的轴承，如汽车、拖拉机曲柄轴承，750 kW 以内的电动机轴承
	ZPbSb15Sn10	14.0～16.0	0.7	其余	9.0～11.0	24	用于制作在中等载荷、中速、冲击载荷下工作的机械轴承，如汽车、拖拉机的曲轴轴承、连杆轴承，也可用于制作高温轴承
锡基轴承合金	ZSnSb8Cu4	7.0～8.0	3.0～4.0	0.35	其余	24	用于制作一般大机器的轴承及轴衬
	ZSnSb12Pb10Cu4	11.0～13.0	2.5～5.0	9.0～11.0	其余	29	适用于制作中等速度和受压的机器主轴衬，但不适用于制作高温部分
	ZSnSb11Cu6	10.0～12.0	5.5～6.5	0.35	其余	27	适用于制作 1471 kW 以上的高速蒸汽机和 368 kW 的涡轮压缩机、涡轮泵及高速内燃机等

3. 铝基轴承合金

铝基轴承合金是以 Al 为基本元素，Sb 或 Sn 等为主加元素的轴承合金。它具有密度小、导热性好、疲劳强度高和耐蚀性好等优点。铝基轴承合金原料丰富，价格便宜，广泛用于制造高速高载荷条件下工作的轴承。按化学成分将铝基轴承合金分为铝锡系、铝锑系和铝石墨系三类。

（1）铝锡系轴承合金是一种既有高疲劳强度，又有适当硬度、耐热性和良好耐磨性的轴承合金，在轧制成成品后，经退火使锡球化，获得在较硬的铝基体上弥散分布着较软的球状锡的组织。铝锡系轴承合金适用于制造高速、重载条件下工作的轴承。

（2）铝锑系轴承合金适用于载荷不超过 2000 MPa、滑动线速度不大于 10 m/s 条件下工作的轴承。

（3）铝石墨系轴承合金具有优良的自润滑作用和减振作用以及耐高温性，适用于制造活塞和机床主轴的轴承。

铝基轴承合金的缺点是膨胀系数较大，抗咬合性低于巴氏合金。为此，常采用较大的轴承间隙，并采取降低轴与轴承表面的粗糙度值和镀锡的措施来改善其综合性，以减小启动时发生咬合的危险。

4. 铜基轴承合金

铜基轴承合金是以 Pb 为基本合金元素的铜基合金，也称为铅青铜。由于固态下 Pb 不溶于 Cu，所以铅青铜在室温时的组织是在硬基体铜上均匀分布着软的铅颗粒，极有利于保持润滑油

膜，使合金具有优良的耐磨性，铅青铜比巴氏合金更能耐疲劳、抗冲击，承载能力也更强。

ZCuPb30 是典型的铜基轴承合金，将 ZCuPb30 浇注在钢管或铜板上，形成一层薄而均匀的内衬，使钢的强度和减磨合金的耐磨性很好地结合起来。铅青铜与钢套的黏合性很好，使其承载能力好、疲劳强度好、导热性好、摩擦系数小，其工作温度可达 250 °C。所以铜基轴承合金可用于制造高速、高载荷下的发动机轴承和其他高速重载轴承（如柴油机、汽轮机或航空发动机上的轴承）。

任务 6.6 其他有色金属及其合金认知学习

6.6.1 锌基合金

锌基合金是以锌为基加入其他元素组成的合金。常加的合金元素有铝、铜、镁、镉、铅、钛等。

锌基合金熔点低，流动性好，易熔焊、钎焊和塑性加工，在大气中耐腐蚀，废料便于回收和重熔，但蠕变强度低，易发生自然时效而引起尺寸变化。锌基合金通常用熔融法制备，采用压铸或压力加工成材。锌基合金按制造工艺可分为铸造锌基合金和变形锌基合金。

锌基合金是重要的压铸合金。锌成本低，熔点仅为 380 °C，对压铸模无不利影响，而且能制成强度特性好、尺寸稳定性好的合金。

锌合金压铸件的强度高于除铜外的大多数其他压铸合金的强度，且具有优良的抗冲击能力。这些合金压铸件尺寸精度高且成本低。它们具有足够的抗蚀能力，虽长期与潮湿空气接触会产生白色腐蚀物，但可采用表面处理来防止。

6.6.2 镍基合金

镍基合金是指以镍为基加入其他元素组成的合金。其在 650 ~ 1000 °C 高温下有较高的强度和一定的抗氧化腐蚀能力等综合性能。镍基合金按照主要性能又细分为镍基耐热合金、镍基耐蚀合金、镍基耐磨合金、镍基精密合金与镍基形状记忆合金等。大多数镍合金比较难铸造，但可以锻造或热成型。

镍基合金以具有优良的强度及抗腐蚀性，特别是高温性能而著称，可焊性较好。如蒙乃尔合金约含镍 67%、铜 30%，由于具有优良的抗腐蚀性，已在化学工业和食品工业中使用多年。与其他合金相比，镍基合金在更多的介质中显示出良好的耐腐蚀性，特别是耐盐水和硫酸的腐蚀，甚至能耐高速高温蒸汽的侵蚀。因此，蒙乃尔合金可用作蒸汽发动机叶片。

案例释疑

无论是超音速飞机，还是火箭、人造卫星和宇宙飞船，所用的材料都必须是质量轻、比强度大，并且还要耐高温。铝锂合金是近年来引起人们关注的一种新型超轻结构材料，它是以锂为主要合金元素的新型铝合金。锂是一种极为活泼且很轻的化学元素，密度为 0.533 g/cm^3，为铝的 1/5，铁的 1/15。在铝合金中加入锂元素，可以降低其密度，并改善合金的性能。例如，添加锂 2%～3%，合金密度可减少 10%，比刚度可增加 20%～30%，强度可与硬铝合金 JY12 媲美。

西南铝业公司为嫦娥五号提供的高精度、高表面、高性能的铝合金材料，其比强度、比刚度、耐低温等方面的综合性能均达到了国际先进水平，满足了航天工程建设的苛刻要求。

技能提升

任务 6.7 实践技能训练

1. 任务内容

按照国家标准 GB/T 5125—2008《有色金属冲杯试验方法》对厚度为 0.10～3.00 mm 的深冲用铝合金薄板、带材，在室温下进行冲杯试验，即用圆柱形冲头将夹紧的金属薄板压入规定冲模中而形成圆柱杯，以显示用制耳率表示的材料各向异性的试验。

2. 任务准备

（1）实训设备：杯突试验机或配有冲杯工具、具有压紧装置的万能试验机。

（2）教学设备：多媒体机房。

（3）实训用具：由铝合金薄板或带材冲剪的铝合金圆坯料，圆片试样的标准直径可选 $\phi52_{-0.20}^{-0.05}$ mm、$\phi55_{-0.20}^{-0.05}$ mm、$\phi60_{-0.20}^{-0.05}$ mm，以及冲头、冲模、外径千分尺、深度游标卡尺等。

3. 训练目的

（1）了解有色金属外观及特性。

（2）掌握有色金属相关标准查阅方法。

（3）掌握有色金属冲杯试验方法，了解材料各向异性的实质。

（4）培养严谨细致的职业素质。

4. 训练过程

（1）按照圆片试样厚度，选择合适的冲头及冲模，冲头直径偏差为 ${}_{-0.05}^{0}$ mm，冲模直径偏差为 ${}_{0}^{+0.05}$ mm，冲头或冲模圆角半径偏差为 ± 0.05 mm。

（2）安装冲头及冲模，不允许偏心。

（3）将圆片试样上下两表面涂以少量润滑剂，如机油、工业凡士林等。

（4）将圆片试样放入冲模中。

（5）调整压紧装置，对圆片试样施加适当的压边力，以使圆片拉延时不出现失稳皱褶，且便于冲压成型，而不破裂。

（6）以可控制的均匀速度移动冲头或冲模直至冲出杯子，且杯子不破裂。如出现下列情况之一时，试验结果无效，应重做试验：

① 杯子周边出现影响制耳率准确测定的皱褶；

② 杯子形状明显不对称；

③ 圆片试样冲裂。

（7）测量杯子的制耳峰高及制耳谷高，测量精度应不小于 0.05 mm。求出平均制耳峰高、平均制耳谷高及平均制耳高度，计算制耳率 e，制耳率 e 的计算值按 GB/T 8170 修约到 0.1%的整数倍。

（8）测试完毕后，清理擦拭试验设备及工具，放回专用存储箱中。

（9）撰写试验报告。一般应包括下列内容：①试样的合金牌号、规格、批号、状态及圆片试样直径；②试样的委托单位；③检测试样的必要说明；④试样的试验结果，必要时标明制耳相对于轧制方向的方位，如 0°、90°或 45°；⑤本标准未规定的操作或可能影响试验结果的任何情况；⑥试验标准的名称及编号；⑦试验者、审核者、试验日期。

项目小结

（1）金属材料分为黑色金属和有色金属两大类。黑色金属主要指钢和铸铁，而其余金属，如铝、铜、锌、镁、铅、钛、锡等及其合金统称为有色金属。

（2）根据杂质含量的不同，工业纯铜可分为 T1、T2、T3、T4 四个代号。代号中的“T”为铜的汉语拼音首字母，其后的数字表示序号，序号越大，纯度越低。

（3）铜合金分为黄铜、青铜和白铜。在普通机器制造业中，应用较为广泛的是黄铜和青铜。

（4）工业纯铝经常代替贵重的铜合金制作导线，还可配制各种铝合金，同时也可制作要求质轻、导热或耐大气腐蚀但强度要求不高的器具。

（5）纯铝的强度低，不适宜用作结构材料，在纯铝中加入硅、铜、镁、锰、锌等合金元素，形成铝合金，可以显著提高其强度。

（6）钛及钛合金具有优良的综合性能，具有密度小、质量轻、比强度高、耐高温、耐腐蚀以及良好低温韧性等优点，并有很好的低温冲击韧度，是一种理想的轻质结构材料，特别适用于制造航天、航空、造船和化工工业中要求比强度高的器件。

（7）镁及镁合金具有高比强度、优良的可切削加工性和耐冲击性能，并对碱、汽油及矿物油具有化学稳定性，广泛应用于汽车、电子、电器、航空航天、国防军工、交通等领域。

（8）用来制造轴瓦及其内衬的合金，称为轴承合金。常用轴承合金按其主要化学成分可分为铅基、锡基、铝基和铜基等几种。

思考与练习

一、名词解释

有色金属、时效强化、过剩相强化、$\alpha+\beta$ 钛合金、变形镁合金、巴氏合金

二、判断题

1. 金属材料按颜色可分为黑色金属和有色金属两大类。 (　　)

2. 铸造铝合金可以通过变质处理及固溶时效强化来提高其力学性能。 (　　)

3. 工业纯铝按纯度分为高纯铝、工业高纯铝和工业纯铝三类。 (　　)

4. 工业纯铜的代号有 T1、T2、T3、T4，顺序号越大，纯度越高。 (　　)

5. 铁、锡、钛在固态下有同素异构转变现象。 (　　)

6. 巴氏合金摩擦系数低，能承受较大的载荷，但磨合性差。 (　　)

三、单项选择题

1. 防锈铝合金可以通过（　　）来提高其强度。

A. 冷变形强化　　B. 时效强化

C. 过剩相强化　　D. 热处理强化

2. α 钛合金主要依靠（　　）。

A. 淬火强化　　B. 固溶强化

C. 时效强化　　D. 过剩相强化

3. 普通黄铜是由（　　）组成的二元合金。

A. 铜和锌　　B. 铜和锡

C. 铜和铅　　D. 铜和铝

4. 合金元素对变形镁合金的性能有显著的影响，（　　）可以提高其机械性能。

A. 铅和锰　　B. 铝和锰

C. 锰和锆　　D. 铝和锌

5. 适宜于制作在高温、高速、重载荷下工作的航空发动机轴承的合金是（　　）。

A. 锡基轴承合金　　B. 铅基轴承合金

C. 铜基轴承合金　　D. 铝基轴承合金

四、简答题

1. 简述工业纯铜的应用领域。

2. 变形铝合金和铸造铝合金可分为哪几种？其牌号如何表示？

3. 说明镁合金的性能特点及应用。

4. 说明钛合金的性能特点及应用。

5. 常用轴承合金有哪些？各有什么应用？

6. 指出下列材料牌号或代号的含义：H59、ZQSn10、Qbe2、ZSnSb8Cu4、LF21、LC6、ZL102。

项目 6 答案

项目 7 非金属材料

知识目标

- 熟悉常用非金属材料的种类及主要性能。
- 掌握常用非金属材料的应用。
- 了解塑料、橡胶和陶瓷材料的成型方法。

技能目标

- 能根据零件特征选取合适的非金属材料。
- 具备非金属材料的分类及分析性能的能力。

素养目标

- 培养学生爱岗敬业、团结协作、吃苦耐劳的职业精神与创新设计意识。
- 培养学生刻苦钻研的学习态度，善于思考的学习方法，脚踏实地的工作作风。
- 培养学生精益求精、追求卓越的工匠精神。

任务导航

- 任务 7.1　高分子材料认知学习
- 任务 7.2　陶瓷材料认知学习
- 任务 7.3　复合材料认知学习
- 任务 7.4　实践技能训练

引导案例

随着电动汽车的不断推广与发展，车身的轻量化问题受到人们的广泛关注。一般人认为，高强钢的汽车会更安全。尤其是各种不同型号的高强度钢板被不同色彩涂装后，给人以钢筋铁骨般的质感。但实际上了解汽车结构的人都明白，即使是钢铁也不是万能的，强度和刚度也是有限的。为何很多车企不遗余力地推广高强度钢？从经济的角度来看，高强度钢成本较低、强度高、更加轻薄并且成型较为方便，这是车企们既能达到节约成本又能保证车体结构强度目的的最适合的选择。

由于近年来，燃油经济性和排放标准更加严格，各大汽车制造商为了满足这些规定都开始将目光转向铝合金材料。同款车型车身采用铝合金能减少 100 kg 左右的质量，100 km 可降低油耗 0.3 ~ 0.6 L，并且排放量也降低了。这就意味着汽车质量每减轻 1%，油耗可降低 0.7%。

有实力的车企都着眼于开发全铝车身并且应用于高端车型上面。但目前全铝车身仅仅是一个概念，比较常见的是钢铝混合结构。

为什么不采用全铝车身呢？这样车身减重不就更明显么？因为铝受热后体积会大幅度膨胀，制造难度就会大大增加，这也就意味着多数车企想要做到这一点需要建造更高级别的工厂。目前，铝合金车身材料是现行技术中最成熟、最高效的新材料应用技术。据悉，随着法规加严及技术普及，铝合金车身也开启了全新“铝”程。那么除了常用的高强钢、铝合金，还有没有哪种材质更容易被汽车制造业推广使用呢？

知识导学

长期以来，在机械工程领域主要应用的是金属材料（尤其是钢铁材料）。但是随着生产的发展和科学技术的进步，金属材料已经不能完全满足各种产品的要求。非金属材料应运而生，以其优越的综合性能，在生产中得到了广泛应用，并且取得了巨大的技术及经济价值。

除金属以外的所有工程材料统称为非金属材料，主要有高分子材料、陶瓷材料和复合材料三大类。这些非金属材料因具有各种优异的性能，如塑料的质量轻，橡胶的高弹性，陶瓷的耐高温、耐腐蚀等，为天然的非金属材料和某些金属材料所不及，从而在近代工业中的用途不断扩大，并迅速发展。

任务 7.1 高分子材料认知学习

高分子材料是以高分子化合物为主要成分组成的非金属材料，由低分子化合物聚合而成，也称高聚物。高分子材料按特性分为橡胶、纤维、塑料、高分子胶黏剂、高分子涂料和高分子基复合材料等。

7.1.1 塑　料

塑料是以合成树脂为主要成分，通过加入添加剂，在一定条件（温度、压力等）下可塑成一定形状并且在常温下保持其形状不变的材料。

塑料是由合成树脂和添加剂组成的混合物。合成树脂决定塑料的类型和基本性能，并且在成型时，将塑料的其他成分黏合在一起。在塑料中合成树脂的质量分数为 40% ~ 100%。添加剂主要有填充剂、增塑剂、稳定剂、着色剂等。

1. 塑料的分类

塑料品种繁多，为了便于识别和应用，通常对塑料进行分类，常用的分类方法有以下两种。

（1）按分子结构及其热性能分类，塑料分为热塑性塑料和热固性塑料，如表 7-1 所示。

表 7-1　按塑料的加工性能的分类

热塑性塑料	（1）由可以多次加热加压、反复成型、具有一定可塑性的合成树脂和各种添加剂制成的塑料。 （2）只有物理变化而无化学变化，变化过程可逆。 （3）分子结构是线形或支链形的二维结构
	常见的热塑性塑料：聚乙烯（PE）、聚丙烯（PP）、聚苯乙烯、聚氯乙烯（PVC）、有机玻璃、聚酰胺、聚甲醛、ABS（丙烯腈、丁二烯、苯乙烯三种单体的三元共聚物）、聚碳酸酯等
	用于制造电缆包皮、化工管道、阀件、弯头、输油管、绝缘体和容器，也可用于制造汽车挡泥板、挡风玻璃和灯罩等
热固性塑料	（1）在初加热时软化，冷却固化后再加热时，则不再软化，不能反复重塑，一般不溶于溶剂。 （2）整个过程中既有物理变化也有化学变化，变化过程不可逆。 （3）分子结构从线形结构或支链形结构变为立体网状的交联体形结构而固化
	常见的热固性塑料：酚醛塑料、氨基塑料、环氧树脂、脲醛塑料、三聚氰胺树脂、甲醛树脂和不饱和聚酯等
	广泛用于制造各种电气绝缘件及一般机械零件，如插头、开关、齿轮和轴承等

（2）按用途分类，塑料分为通用塑料、工程塑料和特殊塑料。

通用塑料主要是指产量大、用途广、价格低的一类塑料，主要包括聚乙烯、聚丙烯、聚苯乙烯、聚氯乙烯、酚醛塑料和氨基塑料。它们的产量约占塑料总产量的 80%以上，构成了塑料工业的主体。典型的通用塑料产品如图 7-1 所示。

图 7-1　典型的通用塑料产品

工程塑料是指在工程技术中可以代替金属用作结构材料的塑料。它除了具有较高的机械强度外，还具有很好的耐磨性、耐腐蚀性、耐辐射及尺寸稳定性能。常用的工程塑料有聚酰胺（尼龙）、聚甲醛、聚碳酸酯、ABS、聚砜、聚苯醚以及聚四氟乙烯等。典型的工程塑料产品如图7-2 所示。

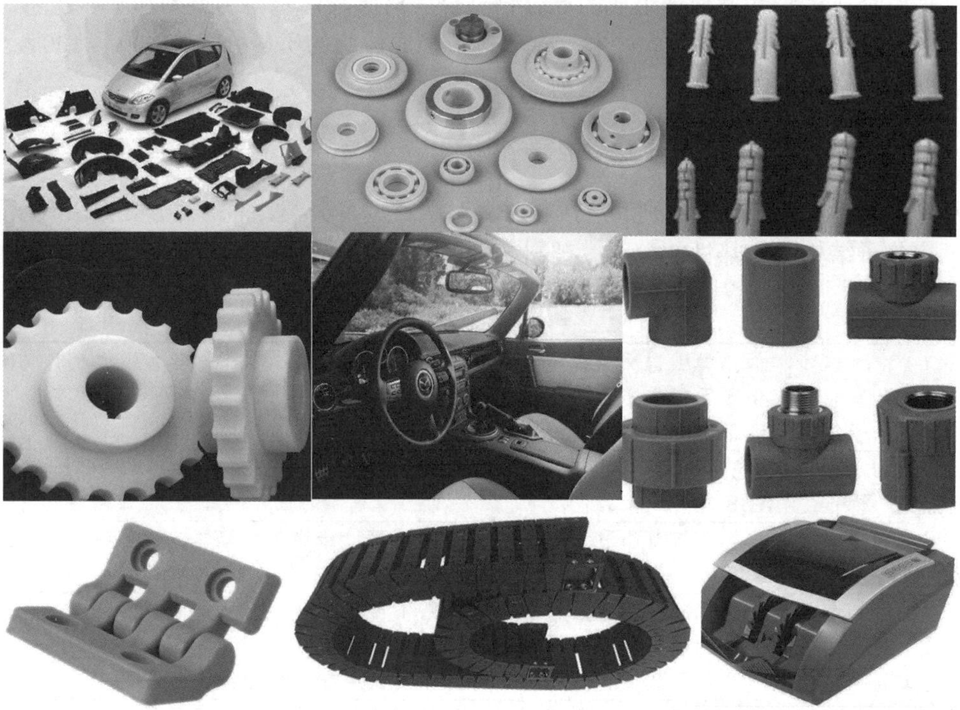

图 7-2　典型的工程塑料产品

特殊塑料是指具有某些特殊性能的塑料，可用于航空、航天等特殊应用领域的塑料。这类塑料有高的耐热性、高的电绝缘性或耐腐蚀性等性能，如氟塑料、聚酰亚胺塑料、环氧塑料以及有机硅塑料等。此外，特殊塑料还包括为某些专门用途而改性制得的塑料，如导磁塑料、导电塑料和导热塑料等。

2. 塑料的性能

（1）密度小、比强度高、质量轻、方便运输。塑料的密度一般为 0.83 ~ 2.2 g/cm^3，仅为钢铁材料的 1/8 ~ 1/4，铝的 1/2，尤其是聚丙烯塑料，其密度仅为 0.90 ~ 0.91 g/cm^3，是密度最轻的塑料。对于需要全面减轻结构自重的车辆、船舶、飞机等都具有重要的意义。

（2）可塑性强、生产效率高、成本低。塑料受热后会熔化，将熔化的材料放入模具中，经冷却凝固，就会得到不同的塑件。生产周期短，可以一次成型，比较容易实现自动化生产。

（3）化学稳定性好。塑料大多数是耐腐蚀的，不溶于弱酸弱碱。特别是号称“塑料王”的聚四氟乙烯，除能与熔融的碱金属作用外，对各种酸、碱均有良好的耐蚀能力，甚至使黄金都能溶解的“王水”也不能将其腐蚀。因此，塑料在腐蚀条件下和化工设备中被广泛应用。

（4）绝缘性优异，塑料的电化学性优异，绝大多数塑料都会阻电，因此多用于电缆线、测电表、电器外壳等绝缘材料中。

（5）减振、消声、减磨性和耐磨性好。用塑料制作传动件、摩擦零件，可以吸收振动，降低噪声，而且耐磨性好。大部分塑料的摩擦系数都较小，具有良好的减磨性。用塑料制成的轴承、齿轮、活塞等摩擦零件，可以在各种液体、半干摩擦和干摩擦条件下有效地工作。

（6）塑料的缺点。耐老化性能较差，强度比一般金属低，热膨胀系数很大（约为金属的10倍），易燃烧，导热性差等。阻燃性差是塑料最大的缺点，尤其是通用型塑料，如PP、PE、PVC等，其阻燃性普遍在HB级，极容易燃烧。

3. 常用塑料的性能与用途

常用塑料的性能与用途见表7-2。

表7-2 常用塑料的特性及用途

塑料名称	特　性	应用举例
硬质聚氯乙烯（PVC）	机械强度高，化学稳定性及介电性能优良，耐油性和抗老化性也较好，易熔接黏合，价格较低。缺点是使用温度低（在60 °C以下），线膨胀系数大，成型加工性不良	制品有管、棒、板、焊条及管件，除作日常生活用品外，主要用作耐磨蚀的结构材料或设备衬里材料及电气绝缘材料
软质聚氯乙烯（PVC）	拉伸强度、抗弯强度及冲击韧性均较硬质聚氯乙烯低，但破裂延伸率较高。质柔软，耐摩擦、挠曲，弹性良好，吸水性低，易加工成型，有良好的耐寒性和电气性能，化学稳定性较强，能制成各种鲜艳而透明的制品。缺点是使用温度低，为 −15～55 °C	通常制成管、棒、薄板、薄膜、耐寒管、耐酸碱软管等半成品，供作绝缘包皮、套管，耐腐蚀材料，包装材料和日常用品
聚乙烯（PE）	具有优良的介电性能、耐冲击、耐水性好，化学稳定性高，使用温度可达80～100 °C，摩擦性能和耐寒性良好。缺点是机械强度不高，质柔软，成型收缩率大	用作一般电缆的包皮，耐腐蚀的管道、阀、泵的结构零件，也可喷涂于金属表面，作为耐磨、减磨及防腐蚀涂层
有机玻璃（聚甲基丙烯酸甲酯）（PMMA）	有极好的透光性，可透过92%以上的太阳光，紫外线光达73.5%；机械强度较高，有一定的耐热耐寒性，耐腐蚀，绝缘性能良好，尺寸稳定，易于成型，质较脆，易溶于有机溶剂中，表面硬度不够，易擦毛	可作要求有一定强度的透明结构零件，如油杯、车灯、仪表零件、光学镜片、装饰件、光学纤维等
聚丙烯（PP）	最轻的塑料之一，有很突出的刚性，耐热性能较好，可在100 °C以上使用。除浓硫酸、浓硝酸外，在许多介质中很稳定，几乎不吸水。高频电性能不好，成型容易，但收缩率大，低温显脆性，耐磨性不高	用于一般结构零件、腐蚀化工设备和受热的电气绝缘零件，如泵叶轮、汽车零件、化工容器、管道、涂层、蓄电池匣
聚苯乙烯（PS）	有较高的韧性和抗冲击强度，耐酸、耐碱性能好，不耐有机溶剂，电气性能优良，透光性好，着色性佳，并易成型	用于一般结构零件和透明结构零件，如仪表零件、油浸式多点切换开关、电池外壳、透明零件
丙烯腈-丁二烯-苯乙烯（ABS）	具有良好的综合性能，即高的冲击韧性和良好的力学性能，优良的耐热、耐油性能和化学稳定性，尺寸稳定、易机械加工，表面还可镀金属，电性能良好	用于一般结构或耐磨受力传动零件和耐腐蚀设备，用ABS制成泡沫夹层板可做小轿车车身

续表

塑料名称		特　性	应用举例
聚砜（PSU）		有很高的力学性能、绝缘性能和化学性能稳定，并且在 100～150 °C 以下能长期使用，在高温下能保持常温下所具有的各种力学性能和硬度，蠕变值很小，用 F-4 填充后，可作摩擦零件	适用于高温下工作的耐磨受力传动零件，如汽车分速器盖、齿轮以及电绝缘零件
聚酰胺（尼龙）（PA）	尼龙 66	疲劳强度和刚性较高，耐热性较好，摩擦系数低，耐磨性好，但吸湿性大，尺寸稳定性不够	适用于中等载荷、使用温度 ≤100～120 °C、无润滑或少润滑条件下工作的耐磨受力传动零件
	尼龙 6	疲劳强度、刚性、耐热性稍不及尼龙 66，但弹性好，有较好的消振、降噪能力。其余同尼龙 66	在轻载荷、中等温度（最高 80～100 °C）、无润滑或少润滑、要求噪声低的条件下工作的耐磨受力传动零件
	尼龙 610	强度、刚性、耐热性略低于尼龙 66，但吸湿性较小，耐磨性好	同尼龙 6，宜作要求比较精密的齿轮，用于湿度波动较大的条件下工作的零件
	尼龙 1010	强度、刚性、耐热性均与尼龙 6 和尼龙 610 相似，吸湿性低于尼龙 610，成型工艺性较好，耐磨性也好	在轻载荷、温度不高、湿度变化较大、无润滑或少润滑的情况下工作的零件
	单体浇注尼龙	强度、耐疲劳性、耐热性、刚性均优于尼龙 6 及尼龙 66，吸湿性低于尼龙 6 及尼龙 66，耐磨性好，能直接在模型中聚合成型，宜浇注大型零件	在较高载荷、较高的使用温度（最高使用温度小于 120 °C）、无润滑或少润滑的条件下工作的零件
聚甲醛（POM）		抗拉强度、冲击韧性、刚性、疲劳强度、抗蠕变性能都很高，尺寸稳定性好，吸水性小、摩擦系数小，有很好的耐化学药品能力，性能不亚于尼龙，但价格较低。缺点是加热易分解，成型比尼龙困难	可用作轴承、齿轮、凸轮、阀门、管道螺帽、泵叶轮、车身底部的小部件、汽车仪表板、汽化器、箱体、容器、杆件以及喷雾器的各种代铜零件
聚碳酸酯（PC）		具有突出的冲击韧性和抗蠕变性能，有很高的耐热性，耐寒性也很好，脆化温度达 −100 °C，抗弯抗拉强度与尼龙等相当，并具有较高的延伸率和弹性模数，但疲劳强度小于尼龙 66，吸水性较低，收缩率小，尺寸稳定性好，耐磨性与尼龙相当，并有一定的抗腐蚀能力。缺点是对成型条件要求较高	可用作各种齿轮、蜗轮、齿条、凸轮、轴承、心轴、滑轮、传送链、螺帽、垫圈、泵叶轮、灯罩、容器、外壳、盖板等
氯化聚醚（聚氯醚）（CPE）		具有独特的耐腐蚀性能，仅次于聚四氟乙烯，可与聚三氟乙烯相比，能耐各种酸碱和有机溶剂，在高温下不耐浓硝酸、浓双氧水和湿氯气等，可在 120 °C 下长期使用，强度、刚性比尼龙聚甲醛等低，耐磨性略优于尼龙，吸水性小，成品收缩率小，尺寸稳定，成品精度高，可用火焰喷镀法涂于金属表面	用于耐腐蚀设备与零件，作为在腐蚀介质中使用的低速或高速、低负荷的精密耐磨受力传动零件，如泵、阀、轴承、密封圈、化工管道涂层、窥镜等

续表

塑料名称	特　性	应用举例
酚醛树脂（PF）	力学性能很高，刚性大，冷流性小，耐热性很高（100 °C 以上），在水润滑下摩擦系数极低（0.01～0.03），PV 值很高，有良好的电性能和抵抗酸碱侵蚀的能力，不易因温度和湿度的变化而变形，成型简便，价格低廉。缺点是较脆，色调有限，耐光性差，耐电弧性较小，不耐强氧化性酸的腐蚀	常用的为层压酚醛塑料和粉末状压塑料，有板材、管材及棒材等。常用作农用潜水泵密封件、轴承、轴瓦、皮带轮、齿轮、制动装置和离合装置的零件、摩擦轮及电器绝缘零件等
环氧树脂（EP）	具有较高的强度，良好的化学稳定性和电绝缘性能，成型收缩率小，成型简便	制造金属拉延模、压型模、铸造模、各种结构零件，用来修补金属零件及铸件
聚酚氧（苯氧树脂）	具有良好的力学性能，高的刚性、硬度和韧性。冲击强度可与聚碳酸酯相比，抗蠕变性能与大多数热塑性塑料相比属于优等，吸水性小，尺寸稳定，成品精度高，一般推荐的最高使用温度为 77 °C	适用于精密的、形状复杂的耐磨受力传动零件，如仪表、计算机等零件，以及涂层及胶黏剂
线性聚酯（聚对苯二甲酸乙二醇酯）（PETP）	具有很高的力学性能，抗拉强度超过聚甲醛，抗蠕变性能、刚性和硬度都胜过多种工程材料，吸水性小，线胀系数小，尺寸稳定性高，热力学性能和冲击性能很差，耐磨性同于聚甲醛和尼龙，增强的线性聚酯性能相当于热固性塑料	用于耐磨受力传动零件，特别是与有机溶剂接触的零件，增强的聚酯可以代替玻纤填充的酚醛、环氧等热固性塑料
聚苯醚（聚苯撑氧）（PPO）改性聚苯醚（MPPO）	在高温下有良好的力学性能，特别是抗张强度和蠕变性能好，有较高的耐热性（长期使用温度为 −127～120 °C），成型收缩率低，尺寸稳定性强，耐高浓度的无机酸、有机酸、盐的水溶液、碱及水蒸气，但易溶于氯化烃和芳香烃中，在丙酮、苯甲醇、石油中易龟裂和膨胀	用于在高温下的耐磨受力零件和耐腐蚀的化工设备与零件，如泵叶轮、阀门、管道等，还可以代替不锈钢作外科医疗器械
聚四氟乙烯（PTFE、F-4）	具有优异的化学稳定性，与强酸、强碱或强氧化剂均不起作用，有很高的耐热性、耐寒性，使用温度为 −180～250 °C，摩擦系数很低，是极好的自润滑材料。缺点是力学性能较低，刚性差，有冷流动性，热导率低，热膨胀率大，耐磨性不高（可加入填充剂，适当改善），需采用预压烧结的方法，成型加工费用较高	主要用作耐化学腐蚀、耐高温的密封元件，如填料、衬垫、胀垫、阀座、阀片，也用作输送腐蚀介质的高温管道、耐腐蚀衬里、容器以及轴承、导轨、无油润滑活塞环、密封圈等。其分散液可以作涂层及浸渍多孔制品
填充聚四氟乙烯（PTFE）	用玻璃纤维粉末、二硫化钼、石墨、氧化镉、硫化钨、青铜粉、铅粉等填充的聚四氟乙烯在承载能力、刚性、PV 极限值等方面都有不同的提高	用于高温或腐蚀介质中工作的摩擦零件，如活塞环等

续表

塑料名称	特　性	应用举例
聚三氟氯乙烯（PCTFE、F-3）	耐热性、电性能和化学稳定性仅次于 F-4，在 180 °C 的酸、碱和盐的溶液中也不溶胀和侵蚀，机械强度、抗蠕变性能、硬度都比 F-4 好些，长期使用温度为 − 195 ~ 190 °C，但要求长期保持弹性时，则最高使用温度为 120 °C，涂层与金属有一定的附着力，其表面坚韧、耐磨，有较高的强度	用于耐腐蚀的设备与零件，悬浮液涂于金属表面可作防腐、电绝缘防潮等涂层
聚全氟乙烯丙烯（FEP、F-46）	力学、电性能和化学稳定性基本与 F-4 相同，但突出的优点是冲击韧性高，即使带缺口的试样也冲不断，能在 − 85 ~ 205 °C 温度下长期使用	同 F-4 用于制作要求大批量生产或外形复杂的零件，并用注射成型代替 F-4 的冷压烧结成型
聚酰亚胺（PI）	能耐高温、高强度，可在 260 °C 温度下长期使用，耐磨性能好，且在高温下稳定，挥发物少，电性能、耐辐射性能好，不溶于有机溶剂和不受酸的侵蚀，但在强酸、沸水、蒸汽持续作用下会破坏，主要缺点是质脆，对缺口敏感，不宜在室外长期使用	适用于高温、高真空条件下作减磨、自润滑零件，如高温电动机电器零件

4. 常用塑料的成型方法

塑料成型是将各种形态（粉料、粒料、溶液和分散体）的塑料制成所需形状的制品或坯件的过程。成型的方法多达三十几种，目前国内外应用较多的有注射成型、挤出成型、吹塑成型、压制成型、浇注成型等。塑料成型方法的选择主要根据塑料的类型（热塑性或热固性）、起始形态、制品的外形尺寸及生产批量的大小来确定。下面仅就主要成型与加工方法做简要介绍。

1）注射成型工艺

注射成型又称注塑成型，是将粉状或粒状的塑料原料经料斗装入料筒，并在料筒内加热至熔融状态，在注射机柱塞或螺杆作用下，以较高的速度和压力注入封闭的模具腔内，待冷却固化后脱模取出得到所需塑料制件的加工工艺，如图 7-3 所示。它是目前塑料加工中最普遍采用的方法之一，注射成型制品占塑料制品总量的 20% ~ 30%。

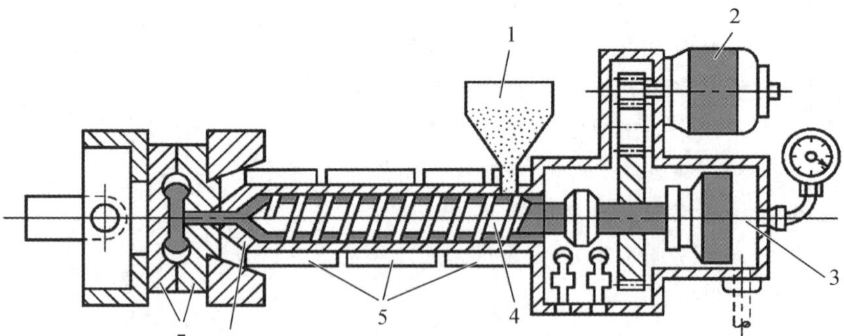

螺杆式注射机注射成型

1—料斗；2—螺杆转动传动装置；3—注射液压缸；4—螺杆；5—加热器；6—喷嘴；7—模具。

图 7-3　螺杆式注射机注射成型的工作原理图

到目前为止，除氟塑料外，几乎所有的热塑性塑料都可以用注射成型，一些热固性塑料也可以采用注射成型。其成型周期短，制件尺寸稳定，花色品种多，生产可自动化、高速化，具有极高的经济效益。

2）挤出成型

挤出成型是一种利用挤出机把热塑性塑料连续加工成各种截面形状制品的方法，主要用于管材、棒材、线材、薄膜、电线电缆和异形截面型材的加工。挤出成型是塑件成型的主要方法之一，在塑件成型生产中占有重要的地位。

挤出成型原理如图 7-4 所示，它是将颗粒状或粉末状塑料从挤出机的料斗送进加热筒中，塑料受到料筒的传热和螺杆对塑料的剪切摩擦作用而逐渐熔融塑化，然后在挤压系统作用下，塑料通过挤出模具以及一系列辅助装置，从而得到所需塑件。挤出成型生产过程连续，可以挤出任意长度的塑件，设备简单、成本低、操作方便、生产效率高。

挤出成型原理

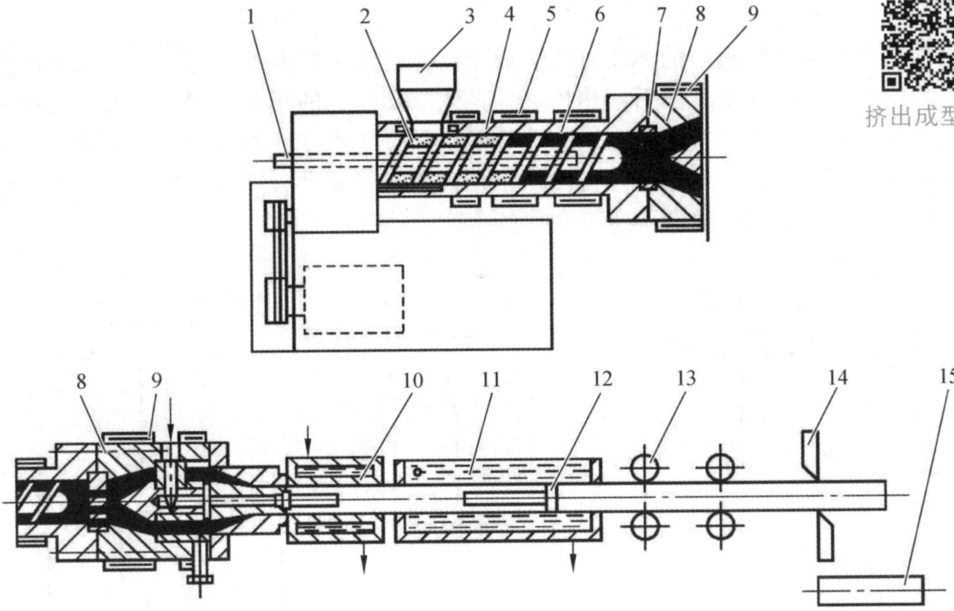

1—螺杆冷却水入口；2—料斗冷却区；3—料斗；4—料筒；5—料筒加热器；6—螺杆；7—多孔板；8—挤出模；9—机头加热器；10—定径套；11—冷却装置；12—压缩空气堵头；13—牵引装置；14—切断装置；15—管材。

图 7-4　挤出成型原理示意图

3）压缩成型

压缩成型又称为模压成型或压制成型。它是热固性塑料成型的一种主要方法，用于压缩成型的塑料有：酚醛塑料、氨基塑料、不饱和聚酯塑料、聚酰亚胺等。压缩成型所用设备为压缩机。

压缩成型的原理如图 7-5 所示，将粉状、粒状或预压成型的锭料塑料放到成型温度下的模具加料腔中。上凸模在压力机作用下进入凹模并压实，随着温度和压力的增加，熔融塑料开始固化成型。待塑件固化成型后，采用一定的脱模方式将塑件取出来，获得所需的产品。

4）气动成型

气动成型是利用气体的动力作用代替部分模具的成型零件来成型塑件的一种方法。气动成型利用较简单的成型设备就可以获得大尺寸的塑料制件，其生产成本低、生产效率高。气动成型主要包括中空吹塑成型、抽真空成型及压缩空气成型。

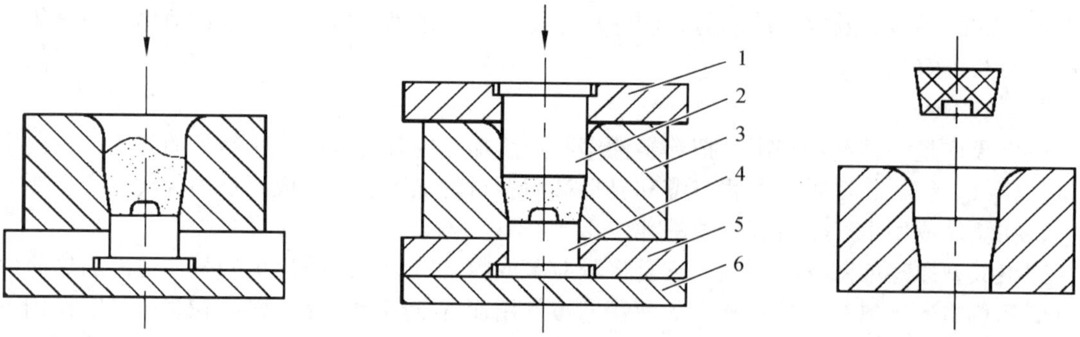

（a）加料　（b）合模加压　（c）脱模

1—凸模固定板；2—上凸模；3—凹模；4—下凸模；5—凹模固定板；6—垫板。

图 7-5　压缩成型的原理

挤出吹塑是成型中空塑件的主要方法，成型工艺过程如图 7-6 所示。首先由挤出机挤出管状型坯，如图 7-6（a）所示；然后趁热将型坯夹入吹塑模具的瓣合模中，通入一定压力的压缩空气进行吹胀，使得管状坯扩张紧贴模腔，如图 7-6（b）所示；在压力作用下充分冷却定型，开模取出塑件，如图 7-6（c）所示。挤出吹塑是目前产量最大、经济性良好的一种中空制品成型方法，可用于较大容器及复杂中空工业件的生产。

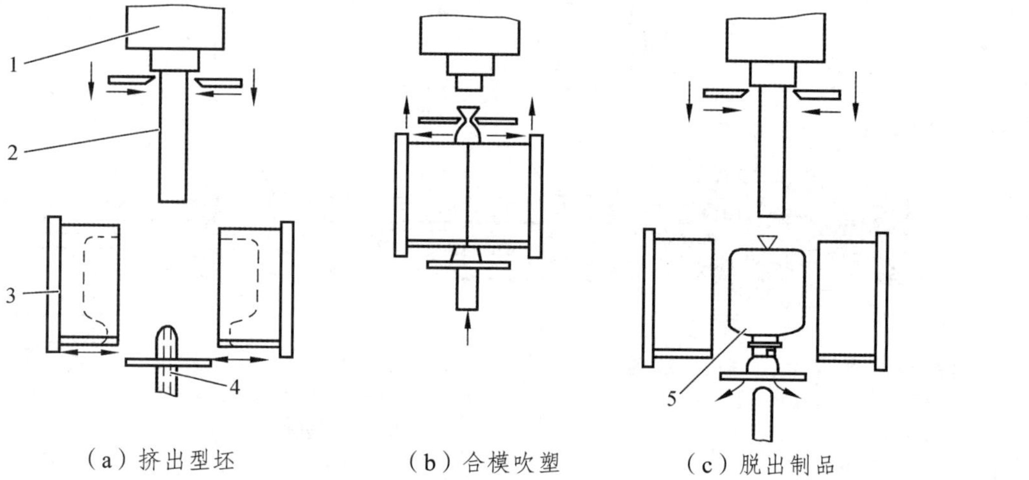

（a）挤出型坯　（b）合模吹塑　（c）脱出制品

1—型坯机头；2—型坯；3—吹塑模具；4—进气杆；5—制品。

图 7-6　挤塑吹塑成型过程

7.1.2　橡　胶

橡胶是以生胶为基体，并添加各种硫化剂、硫化促进剂、增塑剂、填充剂、防老剂和着色剂等配合剂而制成，是一种具有高弹性的高分子材料。橡胶还有良好的耐磨性、隔音性和阻尼特性，耐蚀、绝缘、吸振，能与金属、纤维、石棉和塑料等黏结提高橡胶制品的强度和承载能力。

1. 橡胶的分类

（1）根据原料的不同，橡胶可分为天然橡胶和合成橡胶两大类。

① 天然橡胶是指由橡胶类植物胶乳加工而成的片状生胶，橡胶含量达 90%以上，主要成分为聚异戊二烯。天然橡胶综合性能好，弹性高，耐碱性好，但不耐酸、油、高温和臭氧老化。天然橡胶主要用于制造轮胎、胶带、胶管和垫圈等制品。

② 合成橡胶是用丁二烯等低分子化合物经过聚合反应而制成的类似天然橡胶的高分子材料。常用的合成橡胶有丁苯橡胶、顺丁橡胶、氯丁橡胶、丁腈橡胶、硅橡胶、氟橡胶和聚氨酯橡胶等。前 3 种是应用广泛的通用橡胶，后 4 种是具有特殊的耐油、耐热、耐低温、耐酸碱、耐水、耐老化等性能的特殊橡胶。

（2）按用途分类，橡胶可分为通用橡胶和特种橡胶。

通用橡胶是指用于制造工业用品、轮胎、日常生活用品等量大面广的橡胶。其主要品种有丁苯橡胶、氯丁橡胶、乙丙橡胶等。特种橡胶主要用于高温、低温、酸、碱、油和辐射介质条件下的橡胶制品，主要有丁腈橡胶、硅橡胶和氟橡胶等。常用橡胶的种类、用途和性能如表 7-3 所示。

表 7-3　常用橡胶的特性及应用

橡胶种类	优　势	劣　势	适用范围	使用温度
天然橡胶（NR）	优良的回弹性、拉伸强度、伸长率、耐磨性、撕裂和压缩永久变形性能	不耐油，耐天候、臭氧、氧的性能较差	制作轮胎、减振零件、缓冲绳和密封零件	−60～100 °C
丁苯橡胶（SBR）	含 10%苯乙烯的丁苯-10，有良好的寒性，含 30%苯乙烯的丁苯-30，耐磨性优良	耐油、耐老化性能较差	制作轮胎和密封零件	−60～120 °C
丁二烯橡胶（BR）	常用的顺丁二烯橡胶，耐寒、耐磨及回弹性能较好	制品不耐油，不耐老化	适于制作轮胎、密封零件、减振零件、胶带和胶管等制品	−70～100 °C
氯丁橡胶（CR）	耐天候，耐臭氧老化，有自熄性，耐油性能仅次于丁腈橡胶，拉伸强度、伸长率、回弹性优良，与金属和织物黏结性很好	制品不耐合成双酯润滑油及磷酸酯液压油	适于制作密封圈及密封型材、胶管、涂层、电线绝缘层、胶布及配制胶黏剂等	−35～130 °C
丁腈橡胶（NBR）	一般含丙烯腈 18%、26%或 40%，含量越高，耐油、耐热、耐磨性能越好，但耐寒性则相反	制品不耐天候、不耐臭氧老化、不耐磷酸酯液压油	丁腈橡胶适于制作各种耐油密封零件、膜片、胶管和软油箱	−55～130 °C
聚氨酯橡胶	具有优良的拉伸强度、撕裂强度和耐磨性，耐油、耐臭氧极佳，也耐原子辐射	不宜与酯、酮、磷酸酯液压油、浓酸、碱、蒸汽等接触	适于制作各种形状的密封能量吸收装置、冲孔模板、振动阻尼装置、胶辊等	−60～80 °C
硅橡胶	硅橡胶具有极佳的耐热、耐寒、耐老化性能，绝缘电阻、介电特性优异，导热性好	强度和抗撕裂性较差，不耐油，价格较贵	一般适于制作密封圈、密封型材、氧气波纹管、膜片、减振器、绝缘材料、隔热海绵胶板	−70～280 °C

续表

橡胶种类	优　势	劣　势	适用范围	使用温度
氟橡胶（FPM）	具有突出的耐热、耐油、耐酸、耐碱性能，老化性能及电绝缘性能优良，难燃，透气性小	低温性能较差，价格较贵	适于制作各种要求耐热、耐油的密封零件、胶管、胶布和油箱	−40～250 °C，短时间可达300 °C
氟硅橡胶（MFQ）	耐油、耐化学品、耐热、耐寒、耐老化性能优异	但强度和抗撕裂性较低，价格昂贵	适于制作燃油、双酯润滑油、液压油系统的密封圈、膜片	−65～250 °C

2. 橡胶的基本特性

橡胶具有以下特点：

① 高弹性：弹性模量低，伸长变形大，有可恢复的变形，并能在很宽的温度（−50～150 °C）范围内保持弹性。

② 黏弹性：橡胶材料在产生形变和恢复形变时受温度和时间的影响，表现有明显的应力松弛和蠕变现象，在振动或交变应力作用下，产生滞后损失。

③ 电绝缘性：橡胶和塑料一样是电绝缘材料。

④ 有老化现象：像金属腐蚀、木材腐朽、岩石风化一样，橡胶也会因为环境条件的变化而产生老化现象，使性能变坏，寿命下降。

⑤ 必须进行硫化才能使用，热塑性弹性体除外；必须加入配合剂。

其他如密度小、硬度低、柔软性好、气密性好等特点，都属于橡胶的宝贵性能。

3. 橡胶的成型工艺流程

橡胶成型加工是将生胶（天然胶、合成胶、再生胶）和各种配合剂（硫化剂、防老化剂等）经过一系列化学和物理的作用制成橡胶制品的过程。

无论什么橡胶制品，都要经过混炼和硫化这两个过程。橡胶基本加工工艺主要包括塑炼、混炼、压延、压出、成型和硫化等。另外，对于一些特殊产品还包括注压、浇注和黏合，如图7-7所示。

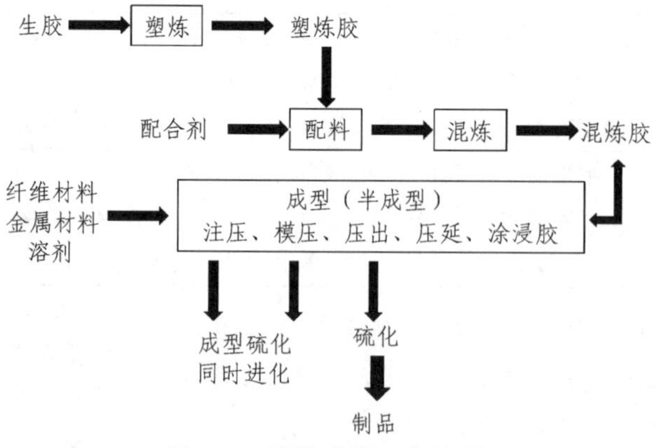

图 7-7　橡胶成型工艺流程

（1）塑炼：橡胶具有的高弹性使其不容易与各种配合剂混合，难以加工成型。为了改善生胶黏度过大和不均匀现象，在炼胶机中通过机械应力、热氧或加入塑解剂等方法对生胶进行加工，使生胶由强韧的弹性状态转变为柔软、便于加工的塑性状态。

（2）混炼：为提高橡胶制品的使用性能，改进橡胶的工艺性能和降低成本，必须在生胶中加入各种配合剂。在炼胶机上将各种配合剂加入橡胶中制成混炼胶的工艺过程称为混炼。

（3）制坯：将混炼胶通过压延或挤压等方法制成胶片或与骨架材料制成胶布半成品的工艺过程。

（4）硫化：橡胶在一定的压力和温度下，坯料结构中的线性分子链之间形成交联，随着交联度的增加，橡胶变硬强化的过程。

7.1.3 纤　维

纤维是由连续或不连续的细丝组成的物质，是高分子材料的另外一个重要应用。常见的合成纤维包括尼龙、涤纶、腈纶、锦纶、芳纶、丙纶纤维等，主要合成纤维的性能和用途如表 7-4 所示。

表 7-4　主要合成纤维的性能和用途

化学名称	商品名称	特　点	用　途
聚酯纤维	涤纶（的确良）	强度高、耐冲击性好、耐热、耐腐、耐蛀、耐酸、不耐碱、耐光性很好、吸湿性很差，染色困难，织物易洗快干，保形性好	轮胎帘子线、渔网、绳索、滤布、绝缘材料等。涤纶是目前化纤中用量最大的材料
聚酰胺纤维	锦纶（尼龙）	密度小，织物轻，弹性好，耐疲劳破坏，化学稳定性也很好，耐碱不耐酸。最大缺点是耐日光性不好，织物久晒就会变黄，强度下降，吸湿也不好，但比腈纶、涤纶好	帘子线和渔网，也可作地毯、绳索、传送带、筛网等
聚丙烯腈	腈纶（人造毛）	腈纶纤维的性能很像羊毛，所以叫“合成羊毛”。耐日光性与耐气候性很好（居第一位），吸湿差，染色难	制成多种毛料、毛线、毛毯、人造毛皮、长毛绒、膨体纱、水龙带、阳伞布等
聚乙烯醇缩醛	维纶	最大特点是吸湿性大，是合成纤维中最好的，号称“合成棉花”。化学稳定性好，不耐强酸，耐碱。织物易起皱，染色较差，色泽不鲜艳	灯芯绒、帆布、防水布、包装材料、劳动服等
聚丙烯	丙纶	丙纶纤维是常见化学纤维中最轻的纤维。它几乎不吸湿，但具有良好的芯吸能力，强度高，制成织物尺寸稳定，耐磨弹性也不错，化学稳定性好。但热稳定性差，不耐日晒，易于老化脆损	地毯、渔网、帆布、水龙带，医学上代替棉纱布，作卫生用品
聚氯乙烯	氯纶	弹性最好，强度最差，吸湿性差，有较好的耐光、耐酸、耐碱、耐磨性	休闲服、运动服、短袜、连裤袜、绷带等为主的纺织领域及医疗领域等

7.1.4 涂　料

涂料指涂布于物体表面，在一定的条件下能形成薄膜而起保护、装饰或其他特殊功能（绝缘、防锈、防霉、耐热等）的一类液体或固体材料。因早期的涂料大多以植物油为主要原料，故又称作油漆。现在合成树脂已取代了植物油，故称为涂料。涂料并非液态，粉末涂料是涂料品种的一大类。

1. 涂料的组成

涂料由黏结剂、颜料、溶剂和其他辅助材料组成。其中，黏结剂是主要的膜物质，一般采用合成树脂作为黏结剂，其决定了膜与基体层黏结的牢固程度。颜料不仅使涂料着色，而且能提高涂膜的强度、耐磨性、耐久性和防锈能力。溶剂是涂料的稀释剂，其作用是稀释涂料，以便于施工。涂料干结后溶剂会挥发掉。辅助材料通常有催干剂、增塑剂、固化剂和稳定剂等。

2. 涂料的功能

涂料主要有三大基本功能：

（1）保护功能：涂料可在被涂物面上形成牢固附着的连续薄膜，使之免受各种腐蚀介质的侵蚀，也能使涂漆物体表面减少或免受机械损伤和日晒雨淋而带来的腐蚀，从而延长其使用寿命。

（2）装饰功能：起着使制品表面光亮美观的作用，可以提高产品的使用和商品销售价值。

（3）特殊功能：可作为标志使用，如管道、气瓶和交通标志牌等。

3. 常用涂料

涂料是一种多品种的工程材料，服务面广，并可根据应用范围不同，生产出各种不同性质的涂料产品适应用户需要。它既能涂于钢铁金属表面，也能涂于各种有色金属（如铜、铝、锌等金属）、混凝土、木材、塑料、橡胶、玻璃及纤维等表面，不受材质、设备及形状大小限制，也不会影响被涂物的表面性质。常用涂料如表 7-5 所示。

表 7-5　常用涂料的品种及应用

品　种	主要用途
醇酸漆	一般金属、木器、家庭装修、农机、汽车、建筑等的涂装
酚醛漆	绝缘、金属防腐、化学防腐、一般装饰
乙烯基漆	化学防腐、金属防腐、绝缘、金属底漆、外用涂料
氨基漆	汽车、电器、仪器仪表、木器家具、金属防护
环氧漆	金属防腐、地坪、汽车底漆、化学防腐
聚氨酯漆	汽车、木器家具、装修、金属防腐、化学防腐、绝缘涂料、仪器仪表的涂装
硝基漆	汽车、电器、仪器仪表、木器家具、金属防护

7.1.5 胶黏剂

胶黏剂统称为胶，它是一种通过黏附作用，使同质或异质材料紧密地结合在一起，并在胶接面上有一定强度的物质，有时可部分代替铆接或焊接等工艺。由于胶黏工艺操作简单，接头处应力分布均匀，接头的绝缘性、耐蚀性和密封性较好，且可连接各种材料，所以在工程中应用日益广泛。

1. 胶黏剂的分类

胶黏剂按主要组成成分分类，可以分为有机胶黏剂和无机胶黏剂两大类。其中有机胶黏剂又分为天然胶黏剂和合成胶黏剂。胶黏剂的主要类型如图 7-8 所示。

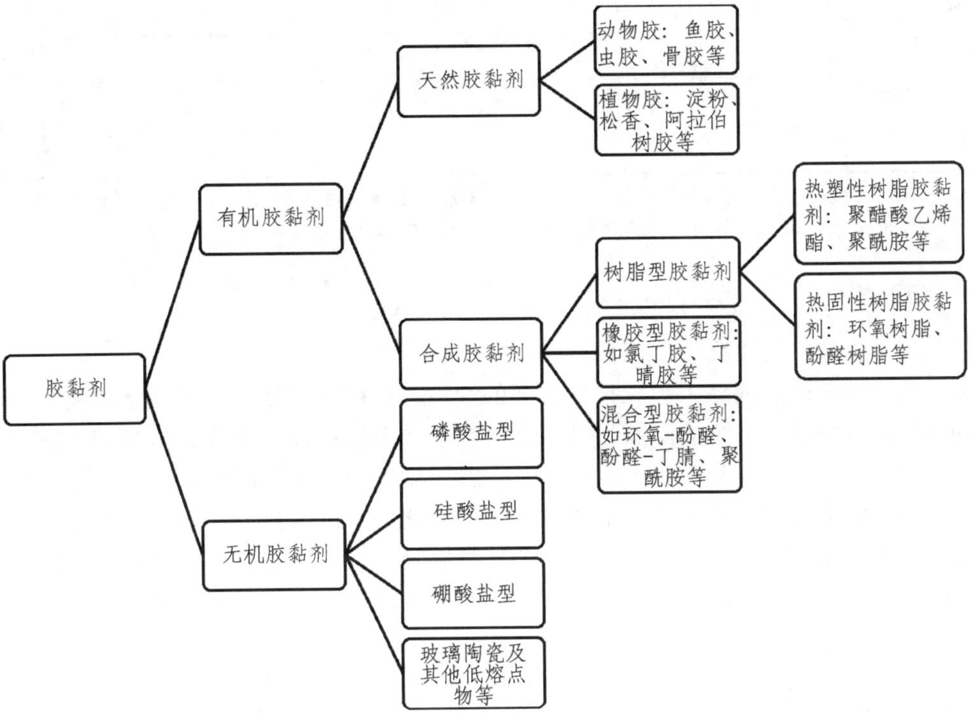

图 7-8 胶黏剂的分类

2. 胶黏剂的选用

胶黏剂不同，形成胶接接头的方法不同。有的接头在一定温度和时间条件下由固化形成；有的加热胶接，冷凝后形成接头；有的需先溶入易挥发溶液中，胶接后溶剂挥发形成接头。

不同材料也要选用不同的胶黏剂，两种不同材料胶接时，可选用两种材料共同适用的胶黏剂。此外，正确设计胶接接头，是获得高质量接头的关键。接头的形状和尺寸是否合理，以能否获得合理的应力分布为判断原则。

胶黏剂的选用要综合考虑胶黏剂的性能，被胶接材料、使用条件、胶接工艺、经济性等方面的因素，合理选用。常用胶黏剂的选择指南如表 7-6 所示。

表 7-6　常用胶黏剂选择指南

材　料	皮革、织物、软质材料	竹木	热固性塑料	热塑性塑料	橡胶制品	玻璃陶瓷	金属
金属	2，4，3，8	1，4，2，6	1，4，3，7	1，5，4，9	4，8	1，2，3，4，5，7，10	1，2，3，4，5，7，10
玻璃、陶瓷	2，4，3，8	1，3，4	1，2，3，7	1，2，4，5	4，8	1，2，3，4，5，7，10	
橡胶制品	4，8	1，2，4，8	2，3，4，8	1，4，8	4，8		
热塑性塑料	4，9	1，4，9	1，4，5	1，4，5，9			
热固性塑料	2，3，4，9	1，2，4，9	1，4，7，9				
竹木	1，2，4	4，6，7					
皮革、织物、软质材料	4，8						

注：1—环氧树脂胶；2—酚醛-缩醛胶；3—酚醛-丁腈胶；4—聚氨酯胶；5—聚丙烯酸酯胶；6—脲醛树脂胶；7—不饱和聚酯树脂胶；8—橡胶胶黏剂；9—塑料胶黏剂；10—无机胶黏剂。

3. 胶接工艺

胶接工艺一般包括下面几个工序：

脱脂处理是用有机溶剂除去被胶接件表面的油污；机械处理或化学处理是用喷砂、砂纸打毛或用酸、碱溶液腐蚀等方法去除胶接件表面的杂物或金属表面氧化皮，这是控制胶接质量的关键工序。涂胶可用刷子或刮板等工具进行，一般厚度以 0.05 ~ 0.15 mm 为宜；凉置是涂胶后放置一段时间，以使得胶黏剂中的溶剂挥发。胶合固化是将凉置好的一对被胶接件进行胶合装配和加热、加压固化，固化条件按照胶黏剂的种类制定。卸压放置是将胶合固化后的胶接成品在卸压后再自然放置一段时间（几小时至几十小时）以消除内应力；成品检验是对胶接质量进行检测，如图 7-9 所示。

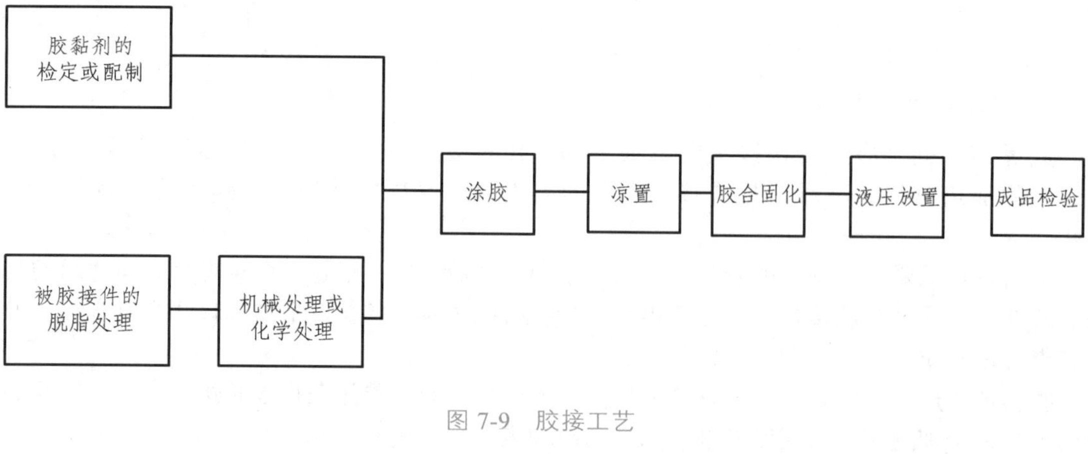

图 7-9　胶接工艺

任务 7.2 陶瓷材料认知学习

陶瓷材料是指用天然或合成化合物经过成型和高温烧结制成的一类无机非金属材料。它具有高熔点、高硬度、高耐磨性、耐氧化等优点，但抗拉强度较低，塑性和韧性很差。

7.2.1 陶瓷的分类

陶瓷按其成分、性能和用途，可分为普通陶瓷和特种陶瓷两种。

普通陶瓷又称传统陶瓷或硅酸盐陶瓷，采用天然原料如长石、黏土和石英等烧结而成，是典型的硅酸盐材料。这类陶瓷来源丰富、成本低、工艺成熟、质硬、耐腐蚀、抗氧化、电绝缘性好，加工成型性好，但强度低，耐高温性较其他陶瓷低。普通陶瓷种类多、产量大，广泛应用于电气、化工、建筑和纺织等行业，如餐具、茶具、地板砖、耐蚀容器、管道、反应塔和瓷套等。

特种陶瓷是采用高纯度人工合成的原料（氧化铝、碳化硅、氮化硅等），利用精密控制工艺成型烧结制成，具有各种特殊的力学、物理或化学性能。特种陶瓷按性能特点和应用可分为高温陶瓷、电容陶瓷、压电陶瓷、磁性陶瓷、金属陶瓷等，工业中应用最多的是高温陶瓷。表 7-7 列出了常用工程结构陶瓷的种类、特性及用途。

表 7-7 常用工程结构陶瓷的种类、特性及用途

种类		特性	用途
普通陶瓷		质地坚硬，不氧化生锈，绝缘性、耐蚀性及加工成型性好，但其结构疏松，含杂质较多，强度较低，耐高温性不及现代陶瓷（只能承受 1200 ℃ 高温）	除用作日用陶瓷外，工业上常用作电工绝缘陶瓷、建筑卫生陶瓷及化工耐酸陶瓷
工程陶瓷	氧化铝陶瓷	具有很高的硬度，能在 1600 ℃ 左右长期使用，并具有较高的强度、高温强度和耐磨性以及良好的绝缘性和化学稳定性	广泛用于制造高速切削刀具、量规、拉丝模、高温炉零件、空压机泵零件、内燃机火花塞及真空材料和绝热材料等
	氧化铍陶瓷	导热性好，热稳定性高，硬度极高，并有消散高能辐射的能力	主要用于制造熔化坩埚、晶体管散热片、真空设备、集成电路基片、激光管等，还用于原子反应堆装置中作阻滞剂
	氧化锆陶瓷	呈弱酸性或惰性，耐侵蚀，耐高温，导热系数小，但热膨胀系数较高，抗热振性差	主要用作坩埚、高温加热炉和反应堆的隔热材料及金属表面的防护涂层等
	碳化硅陶瓷	有很高的硬度和高温强度及热传导能力，较好的热稳定性、耐磨性、耐蚀性和抗蠕变性	用来制造工作温度高于 1500 ℃ 的零件，如火箭尾喷管、热电偶套管、高温电炉零件等，还可作砂轮、磨料等耐磨材料
金属陶瓷	氧化铝基金属陶瓷	高的热硬性和高温强度，抗氧化性良好，与被加工金属材料的黏着倾向小，可提高加工精度、降低表面粗糙度。但韧性差、热稳定性较低	主要用作工具材料，如刃具、模具、喷嘴、密封环等
	碳化物基金属陶瓷	又称硬质合金，虽硬度、耐磨性略低于氧化物基金属陶瓷，但强度和韧性大大提高	用作各类加工工具、表面耐磨材料等

7.2.2 陶瓷的成型

陶瓷是以离子键及共价键为主要结合键的无机非金属材料。其显微结构一般由晶体相、玻璃相及气孔组成，并且显微结构中各相的组成、数量、形状及分布不同。

陶瓷的成型工艺过程为：粉料制备→配料→坯料成型→制品的烧结。

1. 粉料的制备

粉料的制备有机械破碎法和合成法两种。

1）机械破碎法

采用机械方法将粗颗粒破碎以获得细粉的方法，其特点是生产量大，成本低，但破碎过程中易混入杂质，且难以制得亚微米级的颗粒尺寸。

2）合成法

由离子、原子、分子通过反应、成核和长大、收集、后处理而获得微细陶瓷粉的方法。该方法的特点是：微粉纯度、粒度可控，均匀性好，颗粒微细，并且可实现颗粒在分子级水平上的复合、均化。

2. 配　料

根据陶瓷材料的成分要求，将粉体原料混合，制成符合成型工艺要求的混合料的过程。

3. 坯料成型

坯料成型是将制备好的坯料，用各种不同的方法制成具有一定形状和尺寸的坯体（生坯）的过程。陶瓷制件种类繁多，形状、规格、大小不一，应该正确选择合理的坯体成型方法来满足不同制件的要求。

4. 制品的烧结

经过成型的粉末在加热到一定温度后开始收缩，在低于物质熔点温度之下变成致密、坚硬烧结体的过程称为烧结。在烧结过程中，伴随发生坯体内所含溶剂、黏合剂、增塑剂等成分的去除，坯体中气体的减少，颗粒间结合强度提高等现象。常用的烧结方法有低温烧结、热压烧结、气氛烧结。

任务 7.3　复合材料认知学习

复合材料是运用先进的材料制备技术将两种或几种不同性质的材料优化组合而成的新材料。通常是由起黏合作用的基体材料和起强化作用的增强材料复合而成，其每一组成相，都保留了它们各自的优点，从而得到比单一材料更优越的综合性能。

7.3.1 复合材料的特点

复合材料是一种各向异性的非均匀材料，与传统材料相比，具有以下特点：

（1）较大的比强度和比模量。比强度与比模量是指材料的强度、弹性模量与其相对密度之比。比强度大，零件自重小；比模量大，零件刚性好。复合材料的比强度和比模量比金属要高很多。部分金属材料与复合材料的性能比较见表 7-8。

表 7-8 部分金属材料与复合材料的性能比较

材料名称	密度/（g/cm³）	弹性模量/10² GPa	抗拉强度/MPa	比模量/10² m	比强度/0.1 m
钢	7.8	2100	1030	0.27	0.13
硬铝	2.8	750	470	0.26	0.17
玻璃钢	2.0	400	1060	0.21	0.53
碳纤维-环氧树脂	1.45	1400	1500	0.21	1.03
硼纤维-环氧树脂	2.1	2100	1380	1.00	0.66

（2）抗疲劳性和减振性好。复合材料的纤维及基体能有效防止疲劳裂纹的扩展。纤维增强复合材料的基体中密布着大量细小纤维，当发生疲劳破坏时，裂纹的扩展要经历非常曲折和复杂的路径，且纤维与基体间的界面处能有效阻止疲劳裂纹的进一步扩展，因此疲劳强度很高。同时，复合材料的强度高、比模量大，具有良好的抗疲劳性和减振性。

（3）化学稳定性和耐热性好。复合材料具有较高的高温强度，良好的抗氧化、耐酸碱和油脂侵蚀性能。

（4）工作安全性好。复合材料每平方厘米截面上的独立纤维有几千甚至几万根，当构件过载并有少量纤维断裂后，会迅速重新分配应力，由未断裂的纤维来承载，使构件在短时间内不会失去承载能力，以提高构件使用的安全性。

7.3.2 复合材料的分类

1. 按基体材料类型分类

（1）高分子基复合材料：以有机聚合物（主要为热固性树脂、热塑性树脂及橡胶）为基体制成的复合材料。

（2）金属基复合材料：以金属为基体制成的复合材料，如铝基复合材料、铁基复合材料等。

（3）无机非金属基复合材料：以陶瓷材料（也包括玻璃和水泥）为基体制成的复合材料。

2. 按增强材料种类分类

（1）纤维增强复合材料：玻璃纤维复合材料、碳纤维复合材料、有机纤维（芳香族聚酰胺纤维、芳香族聚酯纤维、高强度聚烯烃纤维等）复合材料、金属纤维（如钨丝、不锈钢丝等）复合材料等。

（2）层叠复合材料：如双金属和填充泡沫塑料等。

（3）粒子增强复合材料：如金属离子与塑料复合、陶瓷颗粒与金属复合等。

3. 按用途分类

复合材料按用途可分为结构复合材料和功能复合材料。目前，结构复合材料占绝大多数，而功能复合材料更具有与其他功能材料竞争的优势。

（1）结构复合材料主要用作承力和次承力结构，要求它质量轻、强度和刚度高，且能耐受一定温度，在某种情况下还要求有膨胀系数小、绝热性能好或耐介质腐蚀等其他性能。

（2）功能复合材料指具有除力学性能以外其他物理性能的复合材料，即具有各种电学性能、磁学性能、光学性能、声学性能、摩擦性能、阻尼性能以及化学分离性能等的复合材料。

7.3.3 常用复合材料

常见的复合材料有纤维增强复合材料、颗粒复合材料和层叠复合材料。

1. 纤维增强复合材料

（1）玻璃纤维增强复合材料

玻璃纤维增强塑料通常称为玻璃钢。由于其成本低、工艺简单，所以是目前应用最广泛的复合材料。其强度高，抗拉强度可达 1000 ~ 3000 MPa；弹性模量比金属低得多，为（3 ~ 5）× 10^4 MPa；密度小，为 2.5 ~ 2.7 g/cm^3；化学稳定性好；不吸水、不燃烧、尺寸稳定、隔热、吸声、绝缘等。但脆性较大、耐热性低，250 °C 以上开始软化。

（2）碳纤维增强复合材料

碳纤维是人造纤维（黏胶纤维、聚丙烯腈纤维等）在 200 ~ 300 °C 空气中加热并施加一定张力进行预氧化处理，然后在氮气的保护下于 1000 ~ 1500 °C 的高温中进行碳化处理而制得，其碳含量为 85% ~ 95%。由于其具有高强度，因而称高强度碳纤维，也称Ⅱ型碳纤维。在 2500 ~ 3000 °C 高温的氩气中进行石墨化处理，就可获得含碳量为 98%以上的碳纤维，又称石墨纤维或高模量碳纤维，也称Ⅰ型碳纤维。

它与玻璃纤维相比，碳纤维具有密度小（1.33 ~ 2.0 g/cm^3），弹性模量高（2.8×10^5 ~ 4×10^5 MPa）；高温及低温性能好，导电性好，化学稳定性高，摩擦因数小，自润湿性好；但脆性大、易氧化。

（3）硼纤维增强复合材料

硼纤维是用化学沉积法将非晶态的硼涂覆到钨丝上而制得的，具有高熔点（2300 °C）、高强度（2450 ~ 2750 MPa）、高弹性模量（3.8×10^5 ~ 4.9×10^5 MPa），良好的抗氧化性、耐蚀性。但密度大，直径较粗，生产工艺复杂，成本高，价格昂贵。

（4）碳化硅纤维增强复合材料

它是用碳纤维作底丝，通过气相沉积法而制得的，具有高熔点、高强度、高弹性模量。其突出的特点是具有优良的高温强度，在 1100 °C 时其强度仍高达 2100 MPa。

（5）有机纤维增强复合材料

常用的是芳纶、聚芳酰胺纤维增强材料，它具有比强度、比模量高，其强度可达 2800 ~ 3700 MPa；密度小，只有 1.45 g/cm^3；耐热性比玻璃纤维好。它还具有优良的抗疲劳性、耐蚀性、绝缘性和加工性。

2. 粒子增强复合材料

（1）颗粒增强复合材料

金属陶瓷是常见的颗粒增强复合材料。硬质合金就是以 TiC、WC（或 TaC）等碳化物为基体，以金属 Ni、Co 为黏合剂，将它们用粉末冶金方法经烧结所形成的金属陶瓷。

（2）弥散强化复合材料

随着科学技术的进步，一大批新型复合材料将得到应用。例如，C/C 复合材料、金属化合物复合材料、纳米复合材料、功能梯度复合材料、智能复合材料及体现复合材料“精髓”的“混杂”复合材料将得到发展及应用。21 世纪将是复合材料大力发展的时代。

3. 层叠复合材料

层叠复合材料是由两层或两层以上不同材料结合而成的。根据复合形式不同，层叠复合材料分为夹层结构的复合材料、双层金属复合材料、塑料-金属多层复合材料。夹层复合材料已经广泛应用于飞机机翼、火车车厢、船舶、运输容器等领域。

案例释疑

碳纤维复合材料的应用被搬进主流整车企业的议事日程。碳纤维是车身轻量化较好的材料，不仅强度高、刚度高，而且更加安全。目前，一部分车企已经将碳纤维复合材料应用于汽车车身以及其他零部件的制造中。碳纤维复合材料在汽车制造中用得比较多的还是零部件的制造，如碳纤维汽车后视镜壳、碳纤维汽车进气歧管、碳纤维汽车车门、碳纤维车牌框等。碳纤维复合材料在汽车制造业普及的重中之重是要想办法降低制造成本，提高生产工艺，图 7-10 为碳纤维汽车。

图 7-10　碳纤维汽车

技能提升

任务 7.4 实践技能训练

1. 任务内容

鼠标是常用的电子设备（见图 7-11），请为鼠标外壳选择合适的材料并思考其成型工艺。

2. 任务准备

了解鼠标的功能和鼠标外壳的性能要求。

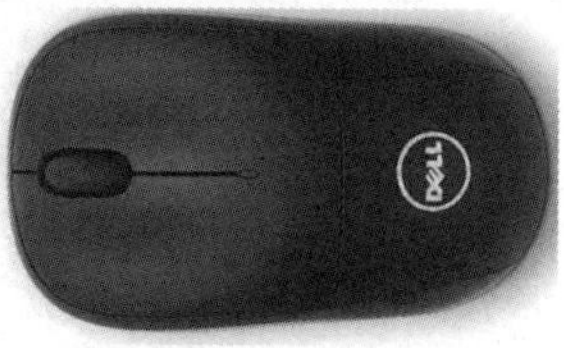
图 7-11 鼠标

3. 训练目的

通过前面内容的学习，掌握非金属材料的性能及应用，并熟悉相应材料的成型工艺。能根据零件特征选取合适的非金属材料，简述成型工艺。

4. 训练过程

（1）熟悉非金属材料的性能及应用范围。
（2）了解鼠标外壳的功能。
（3）根据鼠标外壳的功能选择材料。
（4）根据所选材料及鼠标外形选择成型方法。

项目小结

（1）除金属以外的所有工程材料统称为非金属材料，非金属材料主要有高分子材料、陶瓷材料和复合材料三大类。

（2）高分子材料是以高分子化合物为主要成分组成的非金属材料，由低分子化合物聚合而成，也称高聚物。高分子材料按特性分为橡胶、纤维、塑料、高分子胶黏剂、高分子涂料和高分子基复合材料等。

（3）塑料是以合成树脂为主要成分，通过加入添加剂，在一定条件（温度、压力等）下可塑成一定形状并且在常温下保持其形状不变的材料。

（4）橡胶是以生胶为基体，并添加各种硫化剂、硫化促进剂、增塑剂、填充剂、防老化剂和着色剂等配合剂，是一种具有高弹性的高分子材料。

（5）陶瓷材料是指用天然或合成化合物经过成型和高温烧结制成的一类无机非金属材料。它具有高熔点、高硬度、高耐磨性、耐氧化等优点，但抗拉强度较低，塑性和韧性很差。

（6）复合材料是运用先进的材料制备技术将两种或几种不同性质的材料优化组合而成的新材料。通常是由起黏合作用的基体材料和起强化作用的增强材料复合而成，其每一组成相，都保留了它们各自的优点，从而得到比单一材料更优越的综合性能。

思考与练习

一、名词解释

非金属材料、高分子材料、塑料、纤维、复合材料、烧结

二、判断题

1. 在注射成型中，料温高，流动性也大。 （ ）
2. 塑料是一种高分子材料。 （ ）
3. 同一塑件在不同的成型条件下，其流动性是相同的。 （ ）
4. 热固性塑料可以反复加热软化，冷却固化成型。 （ ）
5. 陶瓷材料的抗拉强度较低，但抗压强度较高。 （ ）
6. 天然橡胶与合成橡胶都是在高弹态使用的高分子材料。 （ ）
7. 陶瓷材料可以制作刀具材料，也可以制作保温材料。 （ ）
8. 天然橡胶一般用作轮胎、电线电缆的绝缘保护套等。 （ ）

三、单项选择题

1. 关于复合材料，不正确的叙述是（ ）。
   A. 比强度、比刚度大　　B. 抗疲劳性能好
   C. 高温性能差　　D. 减振性能差
2. 塑料注射成型适用于（ ）。
   A. 大批量生产　　B. 热塑性塑料
   C. 形状复杂、尺寸精度高的零件生产　　D. 带金属嵌件的生产
3. 非金属材料包括（ ）。
   A. 高分子材料 + 陶瓷材料　　B. 高分子材料 + 陶瓷材料 + 复合材料
   C. 复合材料 + 高分子材料　　D. 复合材料 + 陶瓷材料
4. 高分子材料主要有（ ）。
   A. 橡胶、塑料、合成纤维　　B. 陶瓷、塑料、无机玻璃
   C. 陶瓷、合成纤维、无机玻璃　　D. 橡胶、塑料、无机玻璃、合成纤维
5. 塑料的主要组成材料是（ ）。
   A. 合成纤维　　B. 合成橡胶
   C. 合成树脂　　D. 以上都是
6. 合成纤维的使用状态为（ ）。
   A. 晶态　　B. 玻璃态
   C. 黏流态　　D. 高弹态
7. 常用的有机玻璃属于（ ）的一种。
   A. 塑料　　B. 陶瓷
   C. 复合材料　　D. 橡胶
8. PVC 是一种（ ）塑料。
   A. 通用　　B. 工程
   C. 特种　　D. 热固性塑料

四、简答题

1. 塑料按加工性能可以分为哪几类？各有什么特点？
2. 简述复合材料的特点。
3. 相比于其他非金属材料，橡胶具有什么特点？

项目 7 答案

项目 8 新型材料

知识目标

- 掌握新型材料的种类、性能特点及应用。

技能目标

- 能够根据零件使用的特殊条件，选择适合的新型材料。

素养目标

- 培养学生积极上进、刻苦钻研的精神，积极接受新知识，勇于开拓创新。
- 培养学生坚忍不拔的品格，执于追求，敢于提出疑问和挑战，并通过实践进行检验。
- 培养学生的思考能力、探究能力，养成善于观察、积极反思的职业品格。

任务导航

- 任务 8.1　形状记忆合金认知学习
- 任务 8.2　超导材料认知学习
- 任务 8.3　非晶态金属认知学习
- 任务 8.4　储氢合金认知学习
- 任务 8.5　纳米材料认知学习
- 任务 8.6　吸能合金认知学习
- 任务 8.7　实践技能训练

引导案例

案例 1

在美国加利福尼亚州的道格拉斯宇航用品公司，有台发动机不烧油，不烧天然气，也不用电，而是单靠温水就能工作。中国科技馆也有件展品，名叫“魔力水车”，如图 8-1 所示。一个大大的轮子下部浸在温水中，它没有任何动力驱动，却在自动地、永不停息地旋转着。你一定会感到很奇怪，为什么它会无动力地自动旋转？是永动机吗？如不是，那动力来自何方？它们都由某神秘合金制作。近几十年来，全世界有几十个实验室默默地，有时甚至是秘密地，对此神秘合金进行研究。

以上这些是怎么回事？难道合金也具有类似人类的记忆力？

案例 2

从古至今，中国人对月亮有过无数浪漫想象。2004 年中国探月工程正式立项，从 2007 年嫦娥一号发射升空实现了中国首次绕月飞行，到 2020 年嫦娥五号发射升空，开启了我国首次地外天体采样返回之旅，而后携带月球样本平安返乡，中国人一步步将“上九天揽月”的神话变为现实，使我国成为第三个实现月球采样返回的国家，图 8-2 所示为我国嫦娥四号探测器。目前，我国已经完成了探月工程的“绕、落、回”，后续还有“勘、研、建”。未来，月球科研站、月球基地、月球村等都将是我们探索的方向。然而，月球环境复杂、表面凹坑密布，着陆过程是整个探测任务中难度最大的过程之一，不管何种型号，何时何地发射，我们都将会面临这样一个问题，探测器要如何落？怎么落？才能保证设备平稳安全可靠地落地，难道探测器的腿能自动伸缩调节吗？其实它们是由某神秘合金材料制作的支撑腿来保证的，近年来，国内外科研工作者都在对此材料大力研制，并进一步推广应用。

图 8-1　魔力水车

图 8-2　嫦娥四号

众所周知，人类几乎一切生存或活动都离不开材料，材料产业的不断壮大推动着时代和社会文明的进步。新型材料是指新出现的或正在发展中具有传统材料所不具备的优异性能和特殊功能的材料，或采用新技术(工艺、装备)使传统材料性能有明显提高或产生新功能的材料。随着技术的不断进步和现代化建设的迫切需要，新材料产业如今正值蓬勃发展势头，产值逐年提升，如图 8-3 所示，我们势必有必要关注了解掌握有关新型材料的相关知识。

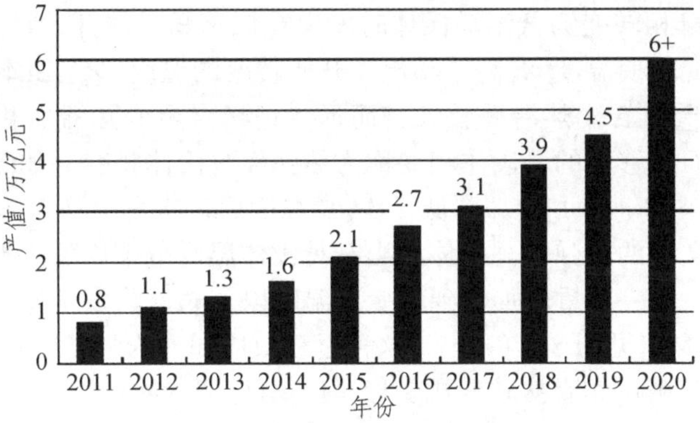

图 8-3　2011—2020 年中国新材料产业产值情况

知识导学

任务 8.1　形状记忆合金认知学习

8.1.1　形状记忆的概念及原理

形状记忆是指具有初始形状的制品经变形后，通过热、电、光等物理刺激或者化学刺激处理后又可以恢复初始形状的功能，这种具有形状记忆功能的材料称为形状记忆合金（Shape Memory Materials，SMM）。

形状记忆效应是 1951 年美国 Read 等人在 Au-Cd 合金中首先发现的，1953 年在 In-Ti 合金中也发现了同样的现象，但当时并没有引起人们的关注，直到 1964 年美国 Buehler 等人在 Ti-Ni 合金中发现形状记忆效应后，形状记忆效应才受到世界瞩目。20 世纪 60 年代中期出现了 Ti-Ni 合金制造的人造卫星天线和能量转换热机。1970 年在形状记忆合金历史上更是有两项重大突破：一是 Ti-Ni 合金管接头在 F14 飞机油压管路连接上大量应用，这是形状记忆合金的第一个批量产品；二是日本大阪大学清水和大塚对所发现的形状记忆合金进行综合研究后发现，这些合金有共性，它们都有热弹性马氏体相变，并以此为据预言，凡具有热弹性马氏体相变的合金呈形状记忆效应。超弹性是形状记忆合金的另一特性，超弹性现象与形状记忆效应同时被发现，但只是在发现形状记忆合金共性之后，才认识到超弹性也是由热弹性马氏体相变导致的性质。

自发现 Ti-Ni 合金具有形状记忆功能以来，形状记忆材料以其独特的性能在全球引起了广泛的重视，其种类与应用领域得到极大的发展。形状记忆合金是形状记忆材料的一种，除此之外，非金属材料有的也具有形状记忆效应。目前，得到应用的形状记忆高分子材料已有聚降冰片烯、苯乙烯-丁二烯共聚物、聚氨酯等。另外，含氟高聚物、聚内酯、聚酰胺等高聚物也具有形状记忆功能。与形状记忆合金相比，形状记忆高分子材料具有价格低、较易加工成型、应用范围广等优点。其中，形状记忆聚氨酯原料来源广，配方可调性较大，性能选择范围宽，能够满足较多场合的需要，现已开发出多种形状记忆聚氨酯弹性体。另外，云母玻璃陶瓷、各种晶化玻璃、精细陶瓷等，均具有形状记忆功能。

众所周知，高温母相转变为低温马氏体时发生在低于马氏体开始转变温度 M_s，而加热时马氏体转变为高温相的转变温度 A_s 高于马氏体开始转变的温度 M_s，此转变过程通常存在热滞后现象，且通常的马氏体转变热滞后较大，而形状记忆合金的热滞后相对较小。这种热滞后小，且冷却时通过界面易移动的马氏体相变称为热弹性马氏体相变。如图 8-4 所示，当形状记忆合金从高温母相[见图 8-4（a）]冷却到低于 M_s 点温度后，将发生马氏体相变[见图 8-4（b）]，即转变为形状记忆合金中的热弹性马氏体。当在马氏体温度范围内发生形变时即转变为变形马氏体[见图 8-4（c）]，进一步重新加热到转变点温度以上时，将发生逆变，这时产品变形完全消失恢复到高温母相形状[见图 8-4（a）]，这种过程效应通称为形状记忆效应。如对母相[见图 8-4（a）]施加应力也可由母相直接转变成变形马氏体[见图 8-4（c）]，这一过程称为应力诱变马氏体相变。当应力去除后，变形马氏体又恢复至母相[见图 8-4（a）]，应变消失，这种现象称为超弹性或伪弹性。

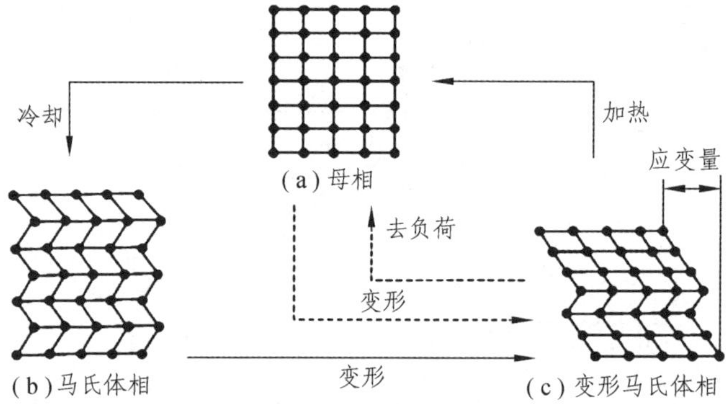

形状记忆合金

图 8-4　形状记忆合金超弹性变化过程

根据形状记忆材料的恢复形式，通常形状记忆材料可分为以下三种（见表 8-1）：

（1）不可逆形状记忆效应：材料经受力变形，加热时恢复高温形状，冷却时不恢复低温相形状的现象，也称单程形状记忆效应。

（2）可逆形状记忆效应：加热时恢复高温相状态，冷却时恢复低温相形状，即可通过温度升降自发地、可逆地反复恢复高低温相形状的现象，也称双程形状记忆效应。

（3）全程形状记忆效应：加热时恢复高温相形状，冷却时变为形状相同而取向与高温相形状相反的现象，是一种特殊的双程形状记忆效应。

表 8-1　形状记忆效应分类

恢复形式	初始形状	低温变形	加　热	冷　却
单程	∪	—	∪	∪
双程	∪	—	∪	—
全程	∪	—	∪	∩

8.1.2　形状记忆合金的应用

从 20 世纪 70 年代中期开始，各国都积极致力于形状记忆合金的应用开发，在电子、电器、汽车、机械、能源、家电、宇航、建设、医疗等领域中开始得到应用。20 世纪 80 年代许多记忆合金产品相继问世，在工程、生物医疗、航空工业及家庭生活中的产品屡见不鲜。

1. 工程上的应用

（1）紧固件、连接件：记忆铆钉特别适用于不能触到部位的连接和有强烈射线源板材的连接，因此在原子能反应堆上得到大量应用。管接头紧固力大，气密性好，可避免熔焊时焊缝区性能恶化和飞机机身的损伤，这种管接头在 F14 战斗机油压系统和石油企业输油管道系统的管材连接上已经大量应用，美国海军飞机上使用了 30 万根以上，尚未发现任何事故。示意图如图 8-5 所示。

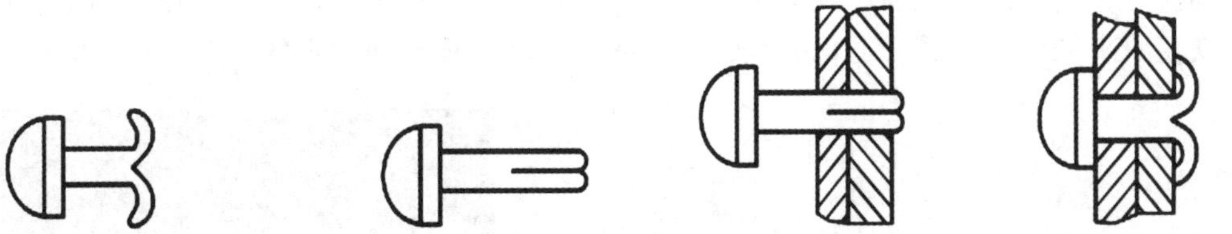

（a）成型（$T>M_s$）（T 为工作温度）（b）施力扳直（$T<M_t$）（c）插入（$T<A_t$）（d）加热（$T>A_t$）

图 8-5　形状记忆铆钉的铆接过程示意图

（2）驱动器：利用形状记忆合金的单程形状恢复弹性，形状记忆合金弹簧可以制作热敏驱动元件，用于自动控制。如美国和日本生产的育苗室、温室等天窗自动控制器，就是一种典型的单程形状记忆合金和偏置压缩弹簧构成的驱动器。将形状记忆合金制作成一个可打开和关闭快门的弹簧，用于保护雾灯免于飞行碎片的击坏。将形状记忆合金用于制造精密仪器或精密车床，一旦由于振动、碰撞等原因变形，只需加热即可排除故障。在机械制造过程中，各种冲压和机械操作常需将零件从一台机器转移至另一台机器上，现在利用形状记忆合金开发一种取代手动或液压的夹具，这种装置叫作驱动气缸，它具有效率高、装夹力大等优点。

（3）能量转换器：利用形状记忆合金的双向记忆功能可制造机器人部件，还可制造热机，实现热能与机械能的转换。在太阳热、工厂废热、汽车废热、地热、电站废热等低能热的回收上用处很大，可以把这些热能转换成电能。示意图如图 8-6 所示。

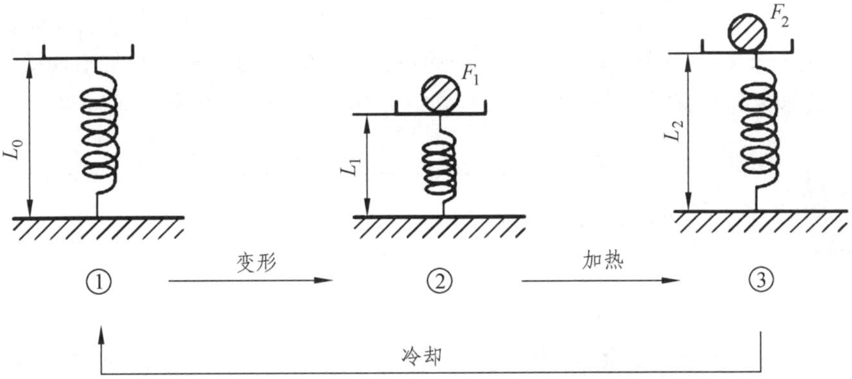

图 8-6　利用形状记忆效应制作的热力发动机示意图

2. 生物医疗上的应用

形状记忆合金在医学上也有应用，以 Ti-Ni 记忆合金应用最有成效。由于 Ti-Ni 记忆合金具有良好的生物相容性，而且在各种生理溶液或介质中可与生物体形成稳定的钝化膜而具有良好的耐蚀性，我国已将其用于齿形矫正用丝、脊椎侧弯矫正棒、骨折固定板、妇女避孕环等，居世界先进水平。其他应用实例还有血栓过滤器、脑动脉瘤手术夹、人造心脏、人造肾脏瓣膜、各种支架等。随着形状记忆的发展，其医学应用将会更加广泛，如图 8-7 所示为血管支架的应用。

3. 航空航天工业上的应用

形状记忆合金已应用到航空和太空装置，如用于制造探索宇宙奥秘的月球天线。人们利用形状记忆合金在高温环境下将呈马氏体状态的 Ti-Ni 丝制作好天线，再在低温下把它压缩成一个小铁球，使它的体积缩小到原来的 1‰，这样很容易运上月球，最后在太阳强烈的辐射下使它恢复原来的形状，成为通信天线，可按照需求向地球发回宝贵的宇宙信息，如图 8-8 所示。

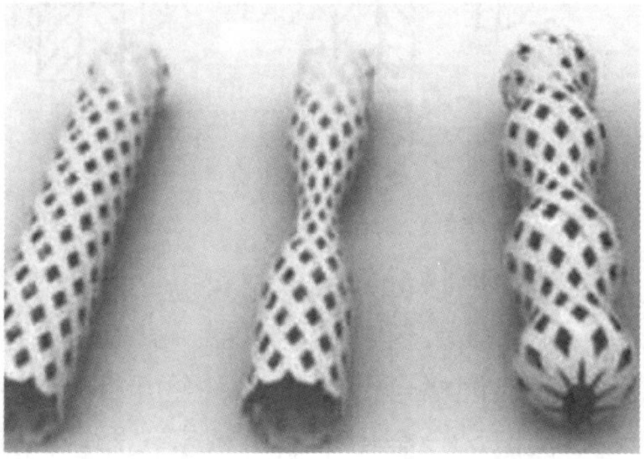

图 8-7　形状记忆合金血管支架

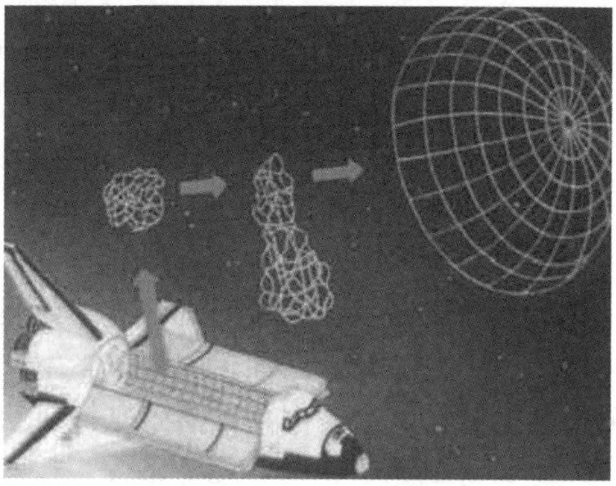

图 8-8　形状记忆合金天线打开过程

4. 家庭生活上的应用

形状记忆材料发展至今天，已经进入我们国民经济和人民生活的各个领域。利用形状记忆合金装置可以防止浴室、浴盆、洗涤槽等被意外烫伤，根据设置安全温度范围，水龙头可以进行相应调节。利用超弹性的 Ti-Ni 合金丝做镜架框，即使镜片受热膨胀，该形状记忆合金丝也能靠超弹性的恒定力夹牢镜片。移动电话天线和火灾检查阀门使用超弹性 Ti-Ni 金属丝做成蜂窝状电话天线是形状记忆合金的另一个应用。过去使用的不锈钢天线，由于弯曲常常出现损坏问题，而使用 Ti-Ni 形状记忆合金丝移动电话天线，具有高抗破坏性，受到人们的普遍欢迎。

任务 8.2　超导材料认知学习

超导材料，是指在某一温度下，呈现出电阻等于零以及排斥磁力线性质的材料。从 1911 年荷兰物理学家卡麦林·昂内斯等人发现汞在液氦 4.2 K 附近呈超导态后（见图 8-9），超导材料的研究就正式进入人们的视野。1911 年至 1932 年间，研究者们发现了 Pb、Sn、Nb 等金属元素超导材料，1932 年至 1973 年，又在很多合金材料中发现了超导电性，但是在 1986 年前发现的超导材料的临界转变温度都很低。此后瑞士 IBM 实验室的科学家首先在 La-Ba-Cu-O 体系中发现了超导电性，其临界转变温度达到 35 K，开创了高温超导研究的新纪元。随后，我国科学家在超导技术研究上也有了质的突破，1987 年朱经武和赵忠贤等各自独立研究制备了 Y-Ba-Cu-O（YBCO）陶瓷超导材料，其临界温度达到了 90 K 以上。2001 年，日本科学家发现了二硼化镁（MgB_2）在 39 K 附近表现出超导特性，2008 年日本科学家发现了铁基超导体，其最高临界温度能达到 56 K。到目前为止，人们已经发现了上万种超导材料，典型的超导材料的临界转变温度与发现时间如图 8-10 所示。

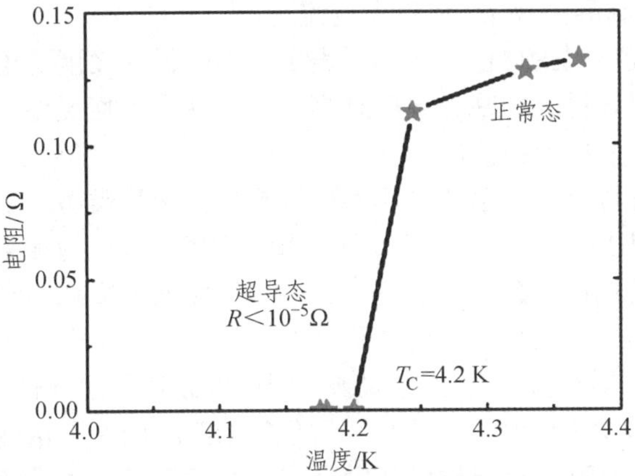

图 8-9　汞在 4.2 K 的超导转变曲线

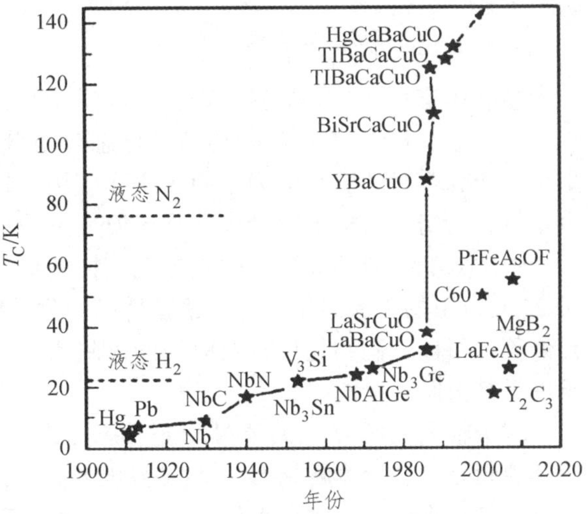

图 8-10　超导材料临界转变温度及发现年份

8.2.1　超导材料性质及参数

当超导体的温度降低到转变温度时，超导材料就从正常态转换为超导态，处于超导态的样品具有以下几个基本特性：

超导材料

1. 超导材料的基本特性

（1）零电阻效应

当材料温度 T 降至某一数值 T_C 时，超导体的电阻突然变为零，能够无损耗传输电能，这就是超导体的零电阻效应。电阻突然消失的温度称为超导体的临界温度 T_C。若将超导技术应用于输电配电，可显著降低电力传输过程中的能量损耗。

（2）迈斯纳效应（抗磁性）

1933 年，迈斯纳发现超导体一旦进入超导状态，体内的磁通量将全部被排出体外，磁感应强度恒为零，这就是迈斯纳效应。具体叙述是一个磁体和一个处于超导态的超导体相互靠近时，磁体的磁场会使超导体表面出现超导电流。此超导电流形成的磁场，在超导体内部，恰好和磁体的磁场大小相等，方向相反。这两个磁场抵消，使超导体内部的磁感应强度为零（$B=0$），即超导体排斥体内的磁场。利用超导材料的抗磁性，可以开发安静、快捷的交通工具。

（3）约瑟夫森效应（宏观量子效应）

用一薄绝缘层将两块超导材料隔开，当有直流电流 I 通过，且 I<临界电流 I_C 时，材料结合

处不产生电压；当 $I > I_C$ 时，结合处产生电压，这种现象称为约瑟夫森效应。两块超导材料与中间绝缘层的组合称为约瑟夫森结或超导隧道结。约瑟夫森效应是超导电子学的基础，可应用于弱电信号检测领域。

（4）临界性

超导体只能在一些特殊条件下具有超导性，一旦超出限制，就立马失去超导性。它具有临界温度、临界磁场和临界电流密度等特性。只有小于它的临界值才能体现出它的超导性能。此外，还有相干长度，导向只有在一定的尺度之下，它才能保持住其超导性能。

2. 超导体的临界参数

超导体有三个基本临界参数：临界温度 T_C、临界磁场 H_C 和临界电流 I_C。

（1）临界温度 T_C：超导体从常导态转变为超导态的温度，以 T_C 表示，即临界温度就是电阻突然变为零时的温度。为了便于实际应用，超导材料的临界温度越高越好，在实际情况中，由于材料的组织结构不同，导致临界温度不是一个特定的数值。

通常人们按照超导材料的临界温度把超导材料分为高温超导体和低温超导体两种类型，定义 25 K 以下的为低温超导体。超导材料的化学组成多种多样，可以是金属、陶瓷、有机物和半导体等。目前，制约超导材料应用的极限条件是其临界温度，零下一百多摄氏度的温度在通常条件下是极其奢侈的。

（2）临界磁场 H_C：对于处于超导态的物质，若外加足够强的磁场，则可以破坏其超导性，使其由超导态转变为常导态。H_C 是温度函数，当 $T = T_C$ 时，$H_C = 0$，且随着温度的下降，H_C 增大，到绝对零度时达到最大值。可见，在绝对零度附近超导材料并没有什么实际意义，通常超导材料都要在临界温度以下的较低温度使用。

（3）临界电流 I_C：产生临界磁场的电流，也就是超导态允许流动的最大电流，即破坏超导电性所需的最小极限电流，以 I_C 表示。

（4）三个临界参数的关系：要使超导体处于超导状态，必须将其置于三个临界值 T_C、H_C、和 I_C 之下。三者缺一不可，任何一个条件遭到破坏，超导状态随即消失，三者关系可用图 8-11 所示。

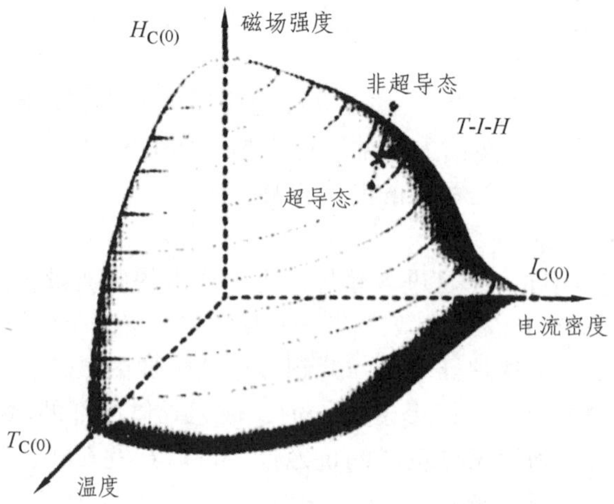

图 8-11　超导材料三个临界参数之间的关系

3. 超导材料的分类

超导体的分类没有统一的标准，常按以下方法分类：

（1）超导材料根据临界温度的高低可以分为低温超导材料和高温超导材料，超导物理中将临界温度在液氦温度（4.2 K）以下的超导体称为低温超导体，也称为常规超导体，将临界温度在液氮温度（77 K）以上的超导体称为高温超导体。

（2）超导材料按化学成分可分为金属超导体材料（元素、合金、化合物等）、超导陶瓷、有机超导体及半导体或绝缘超导材料四类。

（3）超导材料根据超导体在磁场中表现出的迈斯纳效应，可以把超导体分成两类：第Ⅰ类超导体和第Ⅱ类超导体。通常，能够破坏超导态的磁场称为临界场 H_C，部分超导体只存在一个临界场，称为第Ⅰ类超导体。但是，大部分超导体存在两个临界场，即下临界场 H_{C1} 和上临界场 H_{C2}，这类超导体被称为第Ⅱ类超导体，如图 8-12 所示。当磁场达到下临界场 H_{C1} 时，磁场进入超导体内部，完全抗磁性被破坏，但是超导电子对仍然以超导环流的形式存在，这时零电阻态继续被保持，这个中间状态便被称为混合态；当磁场进一步增加到上临界场 H_{C2} 时，这时零电阻态将被彻底破坏，超导体恢复到正常态。

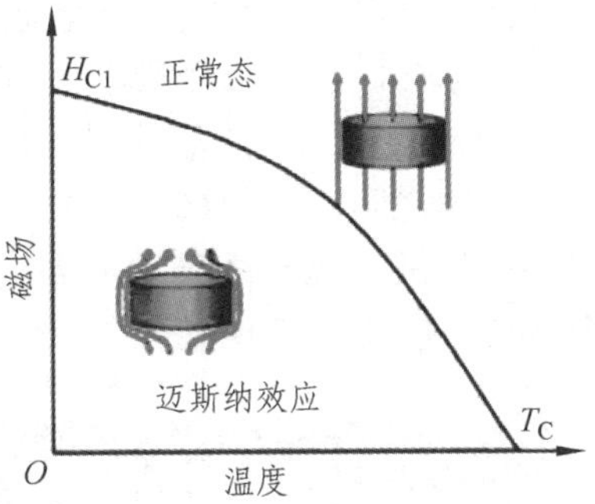

（a）第Ⅰ类超导体

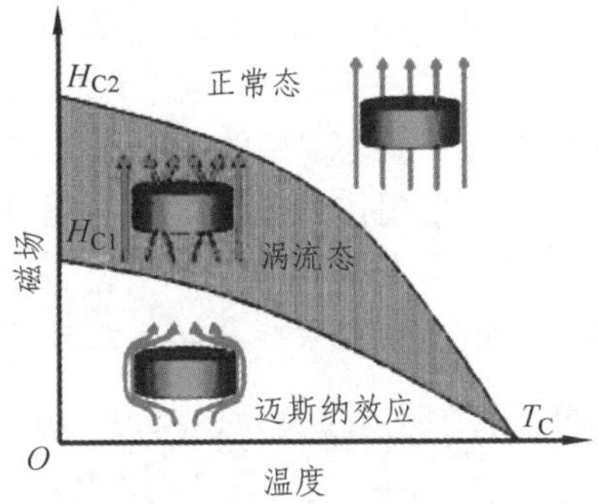

（b）第Ⅱ类超导体

图 8-12　在外加磁场下两种类型超导体

8.2.2　超导材料的应用

1986 年高温超导陶瓷的发现，使超导技术的应用及发展进入到一个新的历史阶段。超导技术领域的这场震撼全球的变革将有可能使世界跨入超导电子学的时代，超导电子器件在微弱信号的采集、传感、传输、处理、计算、储存、容量等方面的优越性都是常规半导体器件所无法比拟的。超导器件以其超高速、特宽频带、特低功耗、超高灵敏度、极低噪声、强抗干扰能力等一系列优点，使其在电子学领域中展现出十分诱人的应用前景。超导材料正在或将在以下几个方面获得应用。

1. 大电流应用

主要是指超导磁体用于发电、输电和储能等三方面。由于超导体的零电阻特性，将它用于发电输电领域可以大大降低能量损失。超导储能装置可长时期储存大量的能量，然后根据需要加以释放。大型超导储能系统可作为陆基自由电子激光器或天基定向能武器的功率源。超导电机这种电机的体积和质量将比常规电机显著缩小，功率成倍增长，超导发电机应用如图 8-13 所示，效率大大提高，可为武器装备提供动力。在能量运输上，导线电阻使一部分电能在输送中转变为热能，存在严重的电能损耗。输送 1000 万千瓦的电力，损失相当于一座 100 万千瓦发电站的发电量。超导电缆具有零电阻特性，几乎可无损耗地输送电能。使用高温超导电缆比常规电线的总成本低 15%。在超导发电上，超导磁场绕组具有极大的载流能力，能产生强磁场，却几乎不存在励磁损耗，电机机械损耗减少 1/3，总损耗降低 1/2，效率可达 99.5%。超导发电机转子外径为常规发电机的 4/5，长度为 0.4 ~ 0.6，整机质量为 1/3 ~ 1/2。超导发电机气隙磁密由常规发电机的 0.8 T 提高到 4 ~ 5 T，极限容量可提高到 10^7 kW 以上。在超导储电方面，超导环形封闭线圈中流过巨大的零电阻永久电流，可无损耗地储存巨大的电能，理论测算回收电能效率可达 90%。

2. 电子学应用

其应用主要包括超导计算机、超导天线、超导微波器件等。超导元件所制的电子元件比传统电子元件更为灵敏快捷。超导计算机中的超大规模集成电路，其元件间的互连线用接近零电阻和超微发热的超导器件来制作，不存在散热问题，同时计算机的运算速度大大提高，其超导计算机应用示例如图 8-14 所示。此外，超导量子干涉器件可以测量小到 100 亿亿分之一伏特的电压差和 100 亿亿分之一安培的电流（每秒仅通过几个电子），也可以测量小于 100 万亿分之一特斯拉的磁场（仅相当于地磁场的 100 亿分之一）。随着薄膜技术的广泛采用，陶瓷超导体可应用于电子设备，特别是用作微电路之间、超导体和半导体之间以及记忆元件之间的连接。基于超导材料所具有的约瑟夫森效应，超导材料将在超导计算机、超导量子干涉器、超导磁强计、超导表面波器件、超导陶瓷天线和超导红外微波探测器等应用上实现突破。

图 8-13　超导发电机（拥有 20 000 kW 的功率）

图 8-14　中国超导计算机

3. 抗磁性应用

超导材料制作的磁体还有一个重要的应用，就是磁悬浮。在导体截面相同时，超导体制作的导线可用比铜导线承载高出几十倍的电流。也就是说，由超导线圈制作的磁悬浮机构可以产生比传统磁悬浮机构大得多的磁浮力。另外，铜线圈通电时会不断地产生焦耳损耗，而超导线圈因为无电阻不会产生焦耳损耗。因此，在磁悬浮轨道交通系统中使用超导电磁线圈不但可以产生更大的悬浮力和驱动力，而且更加环保、节能，其磁悬浮应用示例如图 8-15 所示。

图 8-15　超导磁悬浮列车

超导材料的应用不仅能提高工作效率，在现在这个能源越来越紧缺的时代，超导材料也必然能使资源得到大大节约，减少大量污染。超导材料不仅是过去、现在的研究热点，也是将来的研究热点。随着超导体研究日新月异的变化，超导材料必将深刻影响科学发展和人们的生活，其具体研究及应用领域如表 8-2 所示。

表 8-2　超导材料及其应用

研究方向			应用领域	说　明
电工学应用	超导电力技术	超导电力电缆	高效大容量电力输送	基于零电阻、高密度载流特性、正常态—超导态转变特性及完全抗磁性的电工学应用
		超导限流器	输电网的安全稳定性	
		超导储能系统	电力质量调节和电网稳定性	
		超导变压器	高效大容量电力变压器	
		超导电动机	船舶电力推进	
		超导发电机	大型发电机和同步调相机	
	超导磁体技术	强磁场磁体	离子物理和核物理类的大科学工程，核磁共振、磁分离技术、磁性扫雷技术、高性能的材料制备、作物育种等	
		磁悬浮技术	磁悬浮列车和磁悬浮推进、飞轮、轴承和高精度陀螺仪等	
电子学应用	微波应用与单光子探测	滤波器	微波通信	基于零电阻特性的电子学应用
		谐振器	微波通信	
		延迟线	微波通信	
		单光子探测器	精密测量	
	结型器件应用	量子干涉仪	微弱信号检测，如脑磁、心磁、大地探测、无损检测等	基于约瑟夫森效应的电子学应用
		超导芯片	低能耗超级计算机	
		超导量子	超导量子计算机	
		高频应用	高频电磁波的发射与接收	

任务 8.3 非晶态金属认知学习

人类进入 21 世纪以来，由于科学技术的飞速发展，新兴材料不断得到开发和应用，如超导材料、纳米材料、储氢材料、功能材料、陶瓷材料、复合材料等。作为工业物质基础的材料，这些正发挥着越来越重要的作用。这里介绍一种被誉为“世纪材料”的新型材料——非晶态合金（金属玻璃）。

非晶态金属又可形象地称为金属玻璃（因为非晶合金原子的混乱排列情况类似于玻璃）。对于金属材料来说，通常情况下，金属及其合金在从液体凝固成固体（如钢水凝固成钢锭）时，原子总是从液体的混乱排列转变成整齐排列，即成为晶体。因为只有这样，其结构才最稳定。但是，如果金属或合金的凝固速度非常快（如用每秒高达一百万摄氏度的冷却速率将铁硼合金熔体凝固），原子来不及整齐排列便被冻结住了，最终的原子排列方式类似于液体，是混乱的，这就是非晶合金。从理论上说，任何物质只要它的液体冷却速率足够快，原子来不及整齐排列就凝固，那么原子在液态时的混乱排列被迅速冻结，就可以形成非晶。有人根据这一特点又将非晶合金称为“过冷液”。但是，不同的物质形成非晶所需要的冷却速度大不相同。例如，普通的玻璃只要慢慢冷却下来，得到的玻璃就是非晶态，而单一的金属则需要每秒 1 亿摄氏度以上的冷却速度才能形成非晶态。由于目前工艺水平的限制，实际生产中难以达到如此高的冷却速度，也就是说，普通单一的金属难以从生产上制成非晶。故非晶态金属多为合金，纯的非晶态金属则很少。

非晶态的结构模型如图 8-16 所示，微晶模型反映了“短程有序，长程无序”的特点，而硬球模型则显示原子无规则排列。目前人们倾向于用硬球模型来讨论非晶态合金。

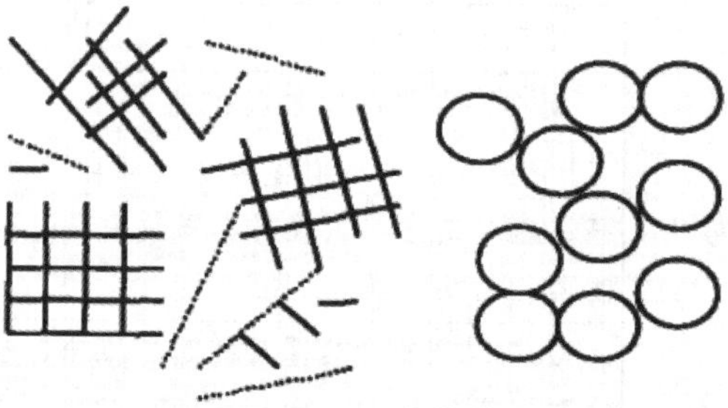

（a）微晶结构　　（b）硬球模型

图 8-16　非晶态合金两种模型

非晶态合金

8.3.1　非晶态合金的性能

与晶态合金相比，非晶态合金在物理性能（力、热、电、磁）和化学性能等方面都发生了显著的变化。而几乎所有的这些特性都可以进一步挖掘和利用，给我们带来科学的、经济的和社会的利益和价值。

1. 力学性能

非晶态合金由于内部无晶界、无位错、无相界，因此抗拉强度比一般的金属材料都高。比如，非晶态合金 $Fe_{80}B_{20}$（下标表示组成原子的百分比），其抗拉断裂强度高达 3600 MPa，而 $Fe_{72}Cr_8P_{13}C_7$，更是达到 3800 MPa（超高强度钢的抗拉强度为 1400 ~ 3000 MPa），是一般普通结构钢的 7 倍，已经接近晶须（由高纯度单晶生长而成的微纳米级的短纤维，其机械强度等于邻接原子间力产生的强度）的水平。特别指出的是，非晶态合金在保持高强度的同时，还具有高的韧性。如 $Fe_{80}Si_{20}$ 非晶态合金，当断裂强度为 2600 MPa 时，仍可进行 30% ~ 50%的冷轧。

2. 磁　性

磁性分硬磁性（磁化后能长久保持磁性，不容易失去磁性）和软磁性（具有低矫顽力和高磁导率，易于磁化，也易于退磁）。硬磁性材料主要用来制作永久磁铁，而软磁材料主要用来制造电力变压器铁心、电器的磁性元件等。非晶态合金具有优良的软磁性，备受人们的重视和研究，已经成功地应用在电力和电器工业之中，是制作变压器铁心和电器磁性元件的理想材料。

3. 耐腐蚀性

耐腐蚀也是非晶态合金的突出优点。如含 Cr 量大于等于 3%的非晶态合金耐腐蚀性能大大优于晶态合金。当含 Cr 量大于等于 8%后，非晶态合金已接近完全不腐蚀，如非晶态合金 $Fe\text{-}Cr_xP_{13}C_7$（$x > 8$）。日本有人制作出一种非晶态合金，据报道，其耐腐蚀性超过不锈钢 10 000 倍，可以抵御任何酸、碱的腐蚀。

8.3.2　非晶态合金的应用

由于非晶态合金在软磁性、耐腐蚀性、耐磨性等方面具有独特的性能，因此应用前景广阔，目前已经应用在许多行业，应用示例如图 8-17 所示。

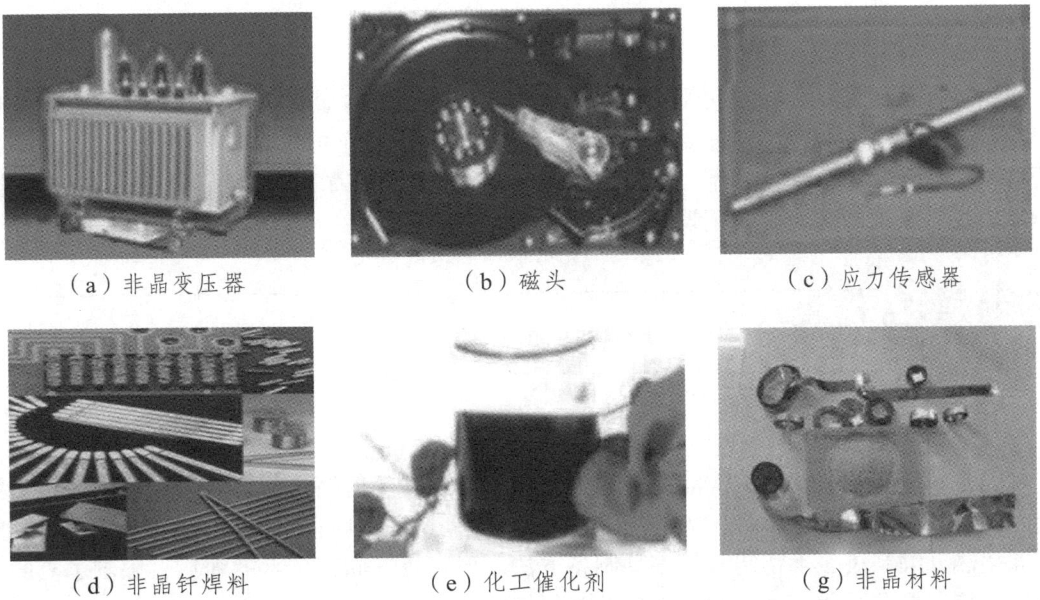

（a）非晶变压器　（b）磁头　（c）应力传感器

（d）非晶钎焊料　（e）化工催化剂　（g）非晶材料

图 8-17　非晶态合金应用示例

1. 电器行业

非晶态合金作为漏电保护器中的电流互感器铁心，大大提高了漏电保护器的灵敏度和互感器的平衡特性，工作温度稳定性好。而且产品成本低，节约了制造成本。

另外，非晶态合金一般硬度很高，多为 600 ~ 1300 HV，因此用它制作录音机、录像机的磁头等耐磨件，使用寿命会大大延长。有人做过实验，运行 1000 h 后，非晶态合金磁头的磨损量是铁硅铝磁头的 2/3，坡莫合金磁头的 1/3。日本早已生产出了非晶态合金磁头，大受市场的欢迎。

非晶态合金也应用在电源开关上。由于电源开关上有很多磁性元件，如高频功率变压器、驱动变压器、尖峰信号限制器等，非晶态合金应用后，可促进电源开关的高频化和小型化。

2. 电力行业

磁性研究是非晶态合金最活跃的领域。非晶态合金取代传统的硅钢片作为变压器的铁心，铁心损耗大大下降，仅为硅钢片的几分之一，可降低 60% ~ 80%的损耗。铁心发热温度很低（仅 10 °C 左右，而硅钢片铁芯发热有几十度），节电效果非常显著，而且体积可缩小 30% ~ 40%（省去变压器油冷却系统），这是目前应用最成功的领域。美国、日本已经投入了非晶态合金铁心的变压器商业生产。美国早已在 1986 年就开始生产非晶态合金铁心变压器，20 世纪 90 年代中期就形成年产 10 万台变压器的能力。日本在 20 世纪 90 年代中期用美国进口的非晶态合金材料建成了年产 3 万台的非晶态合金铁心变压器的生产线。

3. 军事应用

化学镀 Ni 非晶态合金镀层，经过热处理后硬度可达到 1000 ~ 1200 HV，耐磨、耐腐蚀，抗热冲击性好，结合力强，镀层内应力小，各种性能优于硬铬镀层，用于枪、炮管内膛镀层上。在坦克、装甲车发动机的气缸套、活塞顶面镀上 Ni-P 非晶态合金，耐磨、耐热、抗热烧蚀。同时，它还可以应用在齿轮、凸轮轴和排气门座上。

4. 化工行业

非晶态合金还具有优异的化学性能，研究表明，非晶态合金对某些化学反应具有明显的催化作 用，可以用作化工催化剂；某种非晶态合金通过化学反应可以吸收和释放出氢，可以用作储氢材料。由于没有晶粒和晶界，非晶态合金比晶态合金更加耐腐蚀，因此，它可以成为化工、海洋等一些易腐蚀的环境中应用设备的首选材料。

任务 8.4 储氢合金认知学习

氢能是一种非常重要的二次能源，它的资源丰富，发热值高，氢燃烧后生成水，不污染环境。因此，氢能是未来能源最佳的选择之一。目前在氢气的制备方面，已经有矿物燃料制氢、甲烷催化热分解制氢、生物制氢等多种制备方法。但是氢气储存技术的滞后，限制了氢的大规模应用，特别是在交通工具上的应用。针对氢气储存问题有一些解决方案：

（1）高压储氢法，也称气态储氢法，是将氢气加压储存在储氢容器内，其优点是在 3 种储氢方式中成本最低，储氢密度较大；缺点是安全性较低。

（2）液态储氢法是在 20.28 K（－252.77 °C）的超低温下将氢气液化，然后储存在低温容器内。其优点是储氢密度最大，缺点是成本高，附属系统庞大，故不适合作车载容器。

（3）固体储氢法是利用固体对氢气的物理吸附或化学反应等作用，将氢存于固体材料中。固态储存一般可以做到安全、高效、高密度，是气态储存和液态储存之后最有前途的研究发现。目前，常见固体储氢方式有合金储氢、纳米储氢等。其优点是安全稳定，缺点是成本过高。

20 世纪 60 年代，材料王国里出现了能储存氢的金属和合金，统称为储氢合金，这些金属或合金具有很强的捕捉氢的能力。在一定的温度和压力条件下，氢分子在合金（或金属）中先分解成单个的原子，而这些氢原子便“见缝插针”般地进入合金原子之间的缝隙中，并与合金进行化学反应生成金属氢化物，外在表现为大量“吸收”氢气，同时放出大量热量。而当对这些金属氢化物进行加热时，它们又会发生分解反应，氢原子又能结合成氢分子释放出来，而且伴随有明显的吸热效应。

8.4.1 储氢技术的原理

1. 吸放氢反应过程

第一步：先吸收少量氢，形成含氢固溶体 MH_x/α 相，合金结构保持不变。

第二步：固溶体进一步发生反应，产生相变（结构改变）生成氢化物相。

第三步：继续提高氢压，金属中的氢含量略有增加。这个反应正向是一个吸氢、放热的反应，逆向可以放出氢气。吸放氢反应可以通过改变反应的温度和压力来控制。储氢合金储氢原理如图 8-18 所示。

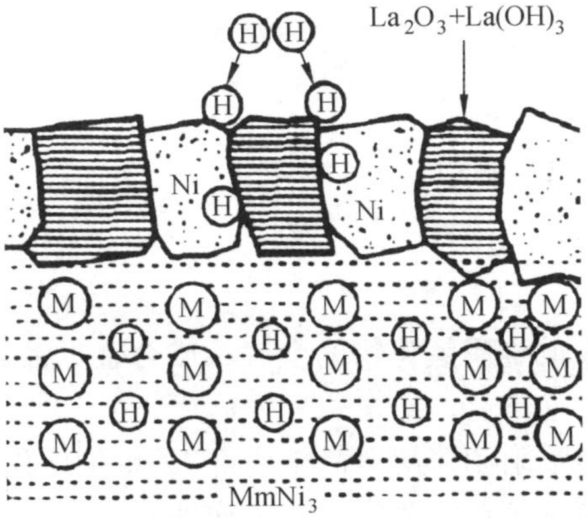

图 8-18　储氢合金储氢原理示意图

储氢合金

2. 储氢合金吸放氢的热力学分析

储氢合金 *p-c-T* 曲线（见图 8-19）的特点：温度较低时，平台压降低，反应平台较宽；温度高，平台压降较高，反应平台较窄。

3. 平衡氢压与温度的关系

图 8-20 为平衡气压与温度的关系图，由图 8-20 可以发现：温度越低，平衡氢压越低。

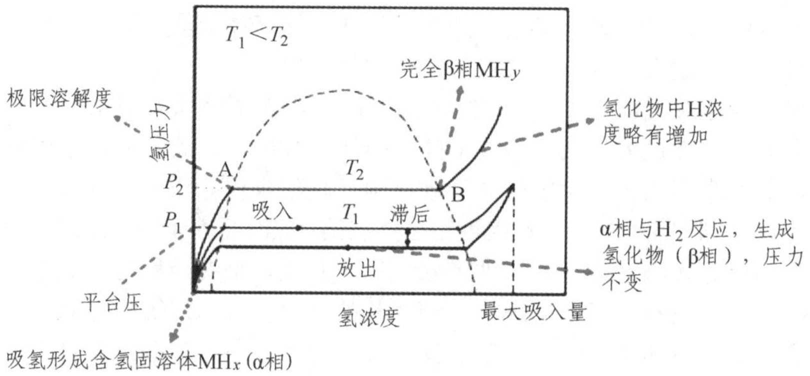

图 8-19　储氢合金放氢的 p-c-T 曲线

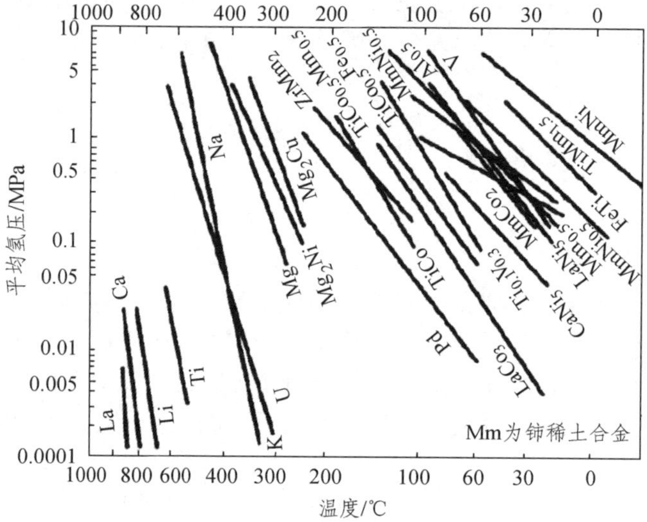

图 8-20　平衡氢压与温度的关系

8.4.2　储氢合金的条件及分类

1. 储氢合金的条件

并不是所有与氢作用能生成金属氢化物的金属（或合金）都可以作为储氢材料。使用的储氢材料应具备以下条件：

（1）容易活化（氢由化学吸附到溶解至晶格内部），单位体积质量吸氢量大。

（2）吸收和释放氢速度快，氢扩散速度快，可逆性好。

（3）有平坦和宽的吸放氢平台，平衡分解压适中，用作储氢时，室温分解压为 0.2 ~ 0.3 MPa，做电池时分解压为 0.0001 ~ 0.1 MPa。

（4）吸收和释放过程中的平台压差小，即吸放氢之后小。

（5）反复吸放氢后，合金粉碎量小，性能稳定。

（6）有效导热率大。

（7）在空气中稳定，不易受氮气、氧气、水蒸气等毒害。

（8）价格低廉，不污染环境。

2. 储氢合金的分类

能够基本满足上述要求的主要合金成分有：Mg、Ti、Nb、V、Zr 和稀土元素，添加成分有 Cr、Fe、Mn、Co、Ni、Cu 等。目前，研究和投入使用的储氢合金主要有稀土系、钛系、镁系几类。另外，可用于核反应堆中的金属氢化物及非晶态储氢合金复合储氢材料也引起人们极大的兴趣。不论哪种合金，都离不开 A、B 两类元素。A 类元素是容易形成稳定氢化物的发热型金属，B 类元素是难于形成氢化物的吸热型金属。根据原子比的不同，这两类元素主要可分为 AB5、AB2、AB、A2B 型。A 元素含量的增加，吸氢量也随之增加，但反应速度减慢，反应温度升高，容易劣化；调整 B 元素含量，反应速度和反应温度都可以调整，以此来满足实际需求。储氢合金性能比较见表 8-3。

表 8-3 储氢合金性能比较

性质	AB5	AB2	AB	A2B
氢含量	中	中/良	中/良	良
p-c-T	良	良	良	差
活化性能	良	中	中/差	中
循环稳定性	良/中	中/差	中/差	中
通用性	良	良	良	中/差
抗毒性	良	中	差	中
制造难易	良	中	良	中
自然性	中	差	良	良
成本	中	良	良	良

任务 8.5 纳米材料认知学习

纳米材料又名毫微材料，是研究结构尺寸为 1 ~ 100 nm 的材料。研究纳米材料结构、组成、制备、性质及应用的技术被称作纳米技术。自 1981 年扫描隧道显微镜微观测试技术获得突破之后，在世界范围内掀起了研究纳米材料和纳米技术的新高潮。40 年来、纳米科学、纳米技术及纳米材料的研究蓬勃发展，目前已形成一门新兴的热门边缘学科——纳米材料科学。当今的研究表明，纳米材料和纳米技术在工业、农业、国防及医学等领域均彰显出广阔的应用前景。

8.5.1 纳米材料的基本特性

纳米材料

1. 表面效应

纳米材料不同于一般的粉末颗粒和块体材料，主要由其表面效应和体积效应所决定。当粒子直径减小到纳米级别时，表面原子数占总原子数的比例大大提高，其表面积、表面能及表面结合能等都发生了很大变化，由此引起的效应称为表面效应。其微粒尺寸与表面原子数的关系如表 8-4 所示。例如，无机物的纳米粒子暴露在空气中会吸附气体，并与气体进行反应；金属的纳米粒子会在空气中燃烧。利用表面活性，金属超微颗粒有望成为新一代的高效催化剂和储气材料以及低熔点材料。

表 8-4　纳米微粒尺寸与表面原子数的关系

纳米微粒尺寸/nm	总原子数	表面原子所占比例/%
10	3×10^4	20
4	4×10^3	40
2	2.5×10^2	80
1	30	99

2. 体积效应

当纳米微粒的尺寸与光波波长、传导电子的德布罗意波长等物理特征尺寸相当或更小时，晶体的周期性边界条件被破坏，导致其声、光、电、磁、热、力学等与一般块体材料相比都有很大的变化，这些变化成为体积效应（也称小尺寸效应）。例如，金属颗粒对光的吸收效果显著增加，并产生吸收峰的等离子共振频率偏移，出现磁有序向磁无序、超导相向正常相的转变等。

3. 隧道效应

电子具有粒子性又具有波动性，因此存在隧道效应。人们发现一些宏观物理量，如微颗粒的磁化强度、量子相干器件中的磁通量等也显示出隧道效应，称之为宏观的量子隧道效应。

4. 量子尺寸效应

各种元素的原子具有特定的光谱线，如钠原子具有黄色的光谱线。原子模型与量子力学已用能级的概念进行了合理解释，由无数的原子构成固体时，单独原子的能级合并成能带，由于电子数目很多，能带中能级的间距很小，因此可以看作是连续的，从能带理论出发成功地解释了大块金属、半导体、绝缘体之间的联系与区别，对介于原子、分子与大块固体之间的超微颗粒而言，大块材料中连续的能带将分裂为分离的能级；能级间的间距随颗粒尺寸减小而增大。当热能、电场能或磁场能比平均的能级间距还小时，就会呈现一系列与宏观物体截然不同的反常特性，称之为量子尺寸效应。例如，导电的金属在超微颗粒时可以变成绝缘体，磁矩的大小和颗粒中电子是奇数还是偶数有关，比热也会反常变化，光谱线会产生向短波长方向的移动，这就是量子尺寸效应的宏观表现。

8.5.2　纳米材料的分类及应用

纳米材料大致可分为纳米粉末、纳米纤维、纳米膜、纳米块体四类。其中纳米粉末开发时间最长、技术最为成熟，是生产其他三类产品的基础，其应用示例如图 8-21 所示。

（a）纳米防弹衣

（b）纳米电池板

（c）纳米网球

（d）纳米粉末

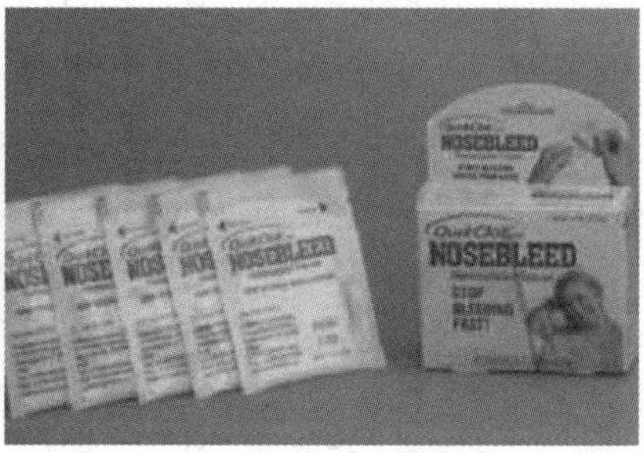

（e）纳米止血绷带

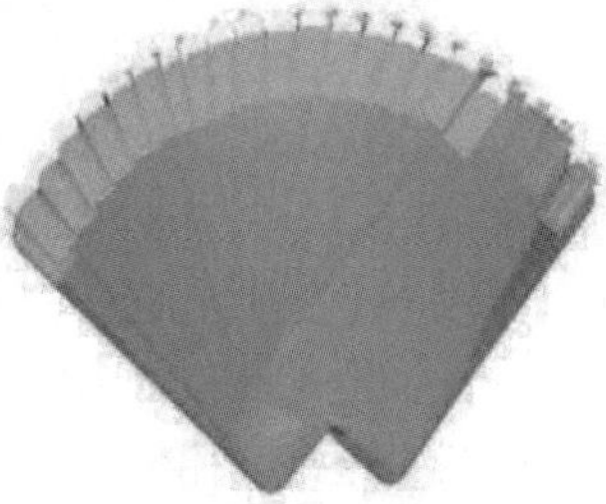

（f）纳米膜

图 8-21　纳米材料应用示例

1. 纳米粉末

纳米粉末又称为超微粉或超细粉，一般指粒度在 100 nm 以下的粉末或颗粒，是一种介于原子、分子与宏观物体之间处于中间物态的固体颗粒材料，可用于高密度磁记录材料、吸波隐身材料、磁流体材料、防辐射材料、单晶硅和精密光学器件抛光材料、微芯片导热基片与布线材料、微电子封装材料、光电子材料、先进的电池电极材料、太阳能电池材料、高效催化剂、高效助燃剂、敏感元件、高韧性陶瓷材料（摔不裂的陶瓷，用于陶瓷发动机等）、人体修复材料、抗癌制剂等。

2. 纳米膜

纳米膜分为颗粒膜与致密膜。颗粒膜是纳米颗粒粘在一起，中间有极为细小的间隙的薄膜。致密膜指膜层致密但晶粒尺寸为纳米级的薄膜，可用于气体催化（如汽车尾气处理）材料、过滤器材料、高密度磁记录材料、光敏材料、平面显示器材料、超导材料等。

3. 纳米纤维

纳米纤维指直径为纳米尺度而长度较大的线状材料，可用于微导线、微光纤（未来量子计算机与光子计算机的重要元件）材料、新型激光或发光二极管材料等。

4. 纳米块体

纳米块体是将纳米粉末高压成型或控制金属液体结晶而得到的纳米晶粒材料，主要用途为超高强度材料、智能金属材料等。

针对纳米材料奇特的性能，在力、光、热、电、磁、化、医等行业表现出有益性质，一些国家纷纷制订相关战略或计划，投入巨资抢占纳米技术战略高地。日本设立纳米材料研究中心，把纳米技术列入新 5 年科技基本计划的研发重点；德国专门建立纳米技术研究网；美国将纳米计划视为下一次工业革命的核心。其开发应用主要涉及原子能工业、电子工业、航空航天工业、化工及生物医疗等。

任务 8.6 吸能合金认知学习

钢铁工业作为国民经济发展基础，是国家经济水平与综合国力的重要标志，其发展直接影响着与之相关的工业、建筑业、精密机械、造船、航空航天、家电以及汽车等行业。

以现代汽车工业为例，为适应新形势下汽车节能、环保、安全、舒适的发展要求，轻质且具有优异吸能性能的新型高强合金钢亟待开发。吸能合金即具有突出的强韧性、轻质性和吸能性，可吸收探测器着陆的冲击能。近年来新开发的含 15%～30%Mn、2%～4%Si 和 2%～4%Al 的高锰钢（TWIP 钢）显示出极高的延伸率（60%～95%）和中等的抗拉强度（600～1100 MPa），强塑积高达 50 GPa%，其优异的力学性能来自形变过程中的孪生诱发塑性效应，即 TWIP 效应。研究发现，TWIP 钢不仅具有高强度、塑性，还有高的应变硬化率、优良的韧性、加工成型性以及无低温韧脆转变温度等特性，在航空航天、汽车工业等领域具有巨大的应用前景。

为加速 TWIP 钢产业化进程，国内外知名钢企和研究机构在 TWIP 钢成分设计、处理工艺、微观机理等方面均开展了广泛研究。其中国外较有代表性的是德国马普 Eisenforschung 研究所、日本国立材料研究所、日本京都大学、澳大利亚迪肯大学。此外，Arcelor 公司和 Thyssen Krupp Stah（TKS）公司合作研制了 X-IP FeMnl000 型 TWIP 钢，并被应用在汽车 B 型门柱上，以提高其侧面受冲击时的安全性。韩国浦项制铁 2007—2008 年在世界知识产权组织（WIPO）申请了 TWIP 钢一系列的专利技术。我国的研究机构主要有上海交通大学、北京科技大学、东北大学等高校，中科院固体物理研究所以及宝钢、鞍钢等大型钢企。但是，我国研究因起步较晚，相关研究主要侧重于微观组织与力学性能的内在联系、塑性变形的微观机制等基础性问题，产业化开发工作亟待推进。

2006 年，在探月工程二期着陆缓冲材料研制任务的牵引下，中科院合肥物质科学研究院固体物理研究所开始从事 TWIP 钢的研究与开发，从材料设计、组织调控、工艺设计、过程控制与质量保障等方面进行了全面系统的研究，获得了一系列与各过程相关的自主知识产权。与国内外同类研究相比，我国在研究的全面性、复杂性和创新性等方面具有一定特色，所研制的高效缓冲吸能部件为“嫦娥三号探测器”圆满实现月面软着陆做出了重要贡献，真正实现了 TWIP 钢产品从概念到制造再到应用的三级跳。

当前，世界材料产业的产值以每年约 30%的速度增长，化工新材料、微电子、光电子、新能源成了研究最活跃、发展最快、最为投资者所看好的新材料领域，材料创新已成为推动人类文明进步的重要动力之一，也促进了技术的发展和产业的升级。21 世纪科技发展的主要方向之一是新材料的研制和应用。新材料的研究，是人类对物质性质认识和应用向更深层次的进军。

案例 1 释疑

案例中所述发动机的动力部件是由一种有记忆力的智能金属，这种材料的微观结构有两种相对稳定的状态，在高温下这种合金可以被变成任何想要的形状，在较低温度可被拉伸变形，但若对它重新加热，它会记起原来形状而变回去，此材料称为记忆合金，主要是镍钛合金材料。

“魔力水车”的叶片也是形状记忆合金制作的，能记住自己两个温度时的形状。水槽里的水是热水，60 °C 左右，当形状记忆合金片浸入水后，它的形状发生很大的变化，在变化过程中，叶片对水有一个作用力，水对叶片的反作用力就使轮子旋转起来。当叶片出水冷却后，叶片会恢复到低温时的形状。在这两个温度之间，叶片的循环变化，就使轮子自动、永不停息地旋转着。

镍钛合金的奇特性质是美国海军军械实验室于 20 世纪 60 年代初发现的，这项发现很偶然。美国海军冶炼合金钢的冶金专家威廉·巴克勒用镍钛合金丝做试验时，这些合金丝弯弯曲曲，为了使用方便，他把这些合金丝弄直了。但是，当他无意中把合金丝靠近火的时候，奇迹发生了：已经弄直的合金丝居然完全恢复了它们原来弯弯曲曲的形状。

案例 2 释疑

案例 2 中所述我国嫦娥四号探测器，对着陆缓冲材料吸能性及其稳定性提出了极高的要求。高吸能合金是根据我国“嫦娥三号”“嫦娥四号”探测器在月面极端环境下软着陆需求而研制的一种新材料，具有极高的强韧性和吸能性，也是“天问一号”使用的唯一着陆缓冲材料。该合金具有突出的强韧性、轻质性和吸能性，可吸收探测器着陆的冲击能。

在距离月球约 6.5 万千米、环绕地月第二拉格朗日点、能同时看见地球和月球背面的中继星“鹊桥”的通信协助下，嫦娥四号上的变推力发动机被点燃，探测器的速度从相对月球 1.7 km/s 降到接近为零。探测器调整了姿态，朝着艾特肯盆地中冯·卡门撞击坑相对平坦的坑底垂直降落下去。

当它距离月面约 2 km 时，太阳从东方照射月面形成的投影被探测器上的相机捕捉到，经过计算机“大脑”处理，它识别出下方的大石块和陨石坑，进行了第一次避障。

当距离月面 100 m 时，它在空中悬停，利用激光扫描识别出月面上更小的障碍物以及坡度，它的“大脑”再次计算，寻找到一个较为安全的地点作为着陆点。

当距离月面 2 m 时，探测器上的发动机停止工作，怀抱着月球车的金光闪闪的着陆器依靠自身重力落下，四条腿稳稳站立在荒凉的灰色月面实现软着陆。

整个降落过程持续了大约 12 min，全部由探测器自主完成，地球上没有进行任何干预，但“鹊桥”将着陆的画面传回到指挥控制中心。

技能提升

任务 8.7 实践技能训练

1. 任务内容

利用夹具、芯棒和万能角度尺等（见图 8-22）检测不同规格的镍钛形状记忆合金的记忆性能，试验方法及要求参照《镍钛形状记忆合金记忆性能测试方法 第 2 部分：弯曲测试方法》（YS/T 1307.2）执行。

图 8-22 万能角度尺

2. 任务准备

（1）实训设备：万能角度尺。
（2）教学设备：多媒体机房。
（3）实训用具：夹具、芯棒、温控箱或热风枪。

3. 训练目的

（1）了解万能角度尺的基本原理和构造。
（2）掌握镍钛合金记忆性能相关指标（恢复率、恢复应变、双程恢复应变等）的测试方法。
（3）进一步认识理解掌握形状记忆合金。

4. 训练过程

（1）按标准要求准备样品，记录相关原始数据。
（2）设定预变形温度、调整温控箱测试温度。
（3）选择合适芯棒弯曲试验，计算预变形量 ε。
（4）将试样和芯棒放入温控箱保温。
（5）将试样弯曲 180°至合适应变，保持 10 s 以上。
（6）卸载并移除芯棒，记录回弹位置角 θ_d。
（7）用温控箱或热风枪加热，保证试样完全恢复，记录加热位置角 θ_h 和加热温度。
（8）将试样冷却至变形温度，记录加热后冷却位置角 θ_c。
（9）数据处理，撰写报告。

项目小结

本项目主要介绍了相关新型材料的分类、概念、基本知识及其应用，具体涉及形状记忆合金、超导材料、非晶态合金、储氢材料、纳米材料及吸能合金。通过对本项目的学习，学生进一步了解认识了什么是新型材料，并梳理掌握了新材料的关注热点、应用现状、相关行业领域的具体应用，同时进一步扩充材料相关知识面，为后续继续了解学习、深入研究新型材料铺垫基础知识储备，从而能够结合相关理论知识在工业实践中正确选用、合理利用及推广应用新型材料。

思考与练习

一、填空题

1. 形状记忆合金根据恢复形式可以分为______________、____________、___________。

2. 当材料温度 T 降至某一数值 T_C 时，超导体的电阻突然变为零，能够无损耗传输电能，这就是超导体的_________________。

3. 非晶态的结构模型中的微晶模型反映了_________________、_______________的特点。

4. 储氢合金吸放氢反应过程包括______________、____________、______________三步。

5. 当粒子直径减小到纳米级别时，表面原子数占总原子数的比例大大提高，其表面积、表面能及表面结合能等都发生了很大变化，由此引起的效应称为___________________。

二、选择题

1. 不属于形状记忆合金工程上的应用是（　　）。

A. 连接件　　B. 驱动器

C. 能量转换器　　D. 脊椎矫形棒

2. 超导体的基本临界参数不包括（　　）。

A. 临界温度　　B. 临界磁场

C. 临界电流　　D. 临界电压

3. 非晶态合金对某些化学反应具有明显的催化作用，可以用作（　　）。

A. 化工催化剂　　B. 电气元件

C. 储氢材料　　D. 变压器铁心

4. 不属于针对氢气储存问题的解决方案是（　　）。

A. 孕育处理　　B. 高压储氢法

C. 液态储氢法　　D. 固体储氢法

5. 纳米材料的特性不包括（　　）。

A. 表面效应　　B. 体积效应

C. 隧道效应　　D. 超导性

三、简答题

1. 简述形状记忆合金的概念及分类。
2. 简述超导材料的基本性质及参数。
3. 简述非晶态合金的主要性能。
4. 使用中的储氢合金需满足什么样的条件?
5. 举例说明纳米材料的特性及应用。

项目 8 答案

项目 9 工程材料的合理选用

知识目标

- 熟悉零件材料选择的原则、方法和步骤，毛坯成型方法的选择原则。
- 掌握机械零件常见的失效形式、失效原因及各种毛坯生产方法的特点。

技能目标

- 根据齿轮、轴类、箱体类零件的使用条件，正确选择合适的材料。
- 根据零件使用条件及材料性能，确定热处理工艺并安排工艺路线。

素养目标

- 培养学生科学严谨、诚信敬业的工作态度和安全质量意识及环保理念，具备良好的职业道德，遵纪守法。
- 培养学生的团队协作意识、逻辑思维能力以及发现问题和解决问题的能力，引导学生启发创造性思维能力。
- 培养学生具备查阅相关手册和文献资料的能力，具备良好的自主学习能力。

任务导航

- 任务 9.1 机械零件选材的一般原则
- 任务 9.2 零部件的失效形式
- 任务 9.3 典型零件的选材及热处理
- 任务 9.4 工程材料的应用案例
- 任务 9.5 实践技能训练

引导案例

材料选择不当，造成的经济损失巨大，引发的后果也非常惨痛。例如，1912 年 4 月 14 日晚 11 点 40 分，当时被称为“永不沉没”的豪华邮轮“泰坦尼克号”首次航行时，在北大西洋撞上冰山，于 4 月 15 日凌晨 2 点 20 分沉没，1500 人葬身海底，造成了当时最严重的一次航海事故。多个专家组经研究分析，得出结论，“泰坦尼克号”的钢板含硫量高，因此十分脆而易折。另外，船首、船尾用了矿渣成分偏高的铆钉，铆钉偏脆并容易破裂，撞击冰山后，使得船首板块四分五裂的是 6 条狭窄的裂缝，船舶专家分析铆钉就是沿着这些裂缝崩掉，海水在高压下长驱直入进入船体，导致仅仅两个半小时后船就沉没了。

另外，据《国家市场监督管理总局》网站披露，某汽车公司向国家市场监督管理总局备案了召回计划。因汽车转向机电机固定螺栓腐蚀问题，召回 2016 年 4 月 15 日至 2016 年 10 月 16 日期间生产的部分进口汽车 3183 辆。该连接螺栓材质为铝合金，电机和齿轮箱的壳体也都是铝合金材质，正常情况下这种材质的螺栓是不易造成腐蚀的，是什么原因导致螺栓腐蚀，从而引发汽车召回事件呢?

知识导学

任务 9.1 机械零件选材的一般原则

材料被广泛应用于机械工程、建筑工程、航空航天、医疗卫生等领域，现代材料种类繁多，据粗略统计，目前世界上的材料总和已经达到 40 多万种，并且每年还以 5%的速度增加。一件机械产品，从设计、加工制造到使用，是一个复杂的过程，包括材料的选择、毛坯的成型、零件的切削加工、热处理、部件和产品的装配等。合格的机械产品是优良设计、合理选材和正确加工这三者的整体结合。材料选择是指选择材料的成分、组织状态、冶金质量及力学和物理、化学性能。在选材时应根据零件的工作条件、失效形式，找出该零件选用材料的主要力学性能指标。因为性能与工艺有很大关系，因此在选材的同时还必须考虑相应的热处理方法。

在掌握各种工程材料性能的基础上，正确、合理地选择和使用材料是从事工程构件和机械零件设计与制造的工程技术人员的一项重要任务。

选择材料应考虑的一般原则包括使用性能原则、工艺性能原则和经济性原则。

9.1.1 使用性能原则

1. 零件选材主要性能指标

在进行零件选材时，应根据零件的工作条件和失效形式确定材料应具有的主要性能指标，这是保证零件安全可靠、经久耐用的先决条件。

零件的工作条件主要指受力情况、工作环境、特殊性能要求等。若材料性能不能满足零件的工作条件，零件就不能正常工作而早期失效。

一般零件的使用性能主要是指材料的力学性能。零件工作条件不同、失效形式不同，其力学性能指标要求也不同。常用零件的工作条件、失效形式及对性能的要求见表 9-1。

表 9-1　常用零件的工作条件和失效形式及对性能的要求

零　件	工作条件			常见的失效形式	要求的力学性能
	应力种类	载荷性质	受载状态		
紧固螺栓	拉、剪应力	静载	—	过量变形、断裂	强度、塑性
传动轴	弯、扭应力	循环、冲击	摩擦、振动	疲劳断裂、过量变形、轴颈磨损	综合力学性能
传动齿轮	压、弯应力	循环、冲击	摩擦、振动	齿折断、磨损、疲劳、断裂、接触疲劳（麻点）	表面强度及疲劳强度、心部强度、韧性
弹簧	扭、弯应力	交变、冲击	振动	弹性失稳、疲劳破坏	弹性极限、屈强比、疲劳极限
冷作模具	复杂应力	交变、冲击	强烈摩擦	磨损、脆断	硬度、足够的强度和韧性

2. 选材注意事项

值得注意的是，零件所要求的力学性能数据不能简单地从机械手册中直接选取，还必须注意以下情况：

（1）材料的性能不仅与化学成分有关，还与加工处理后的状态有关，金属材料尤其明显。所以要分析机械手册中的性能指标是在何种条件下得到的。

（2）材料的性能与加工处理时试样的尺寸有关，随着截面尺寸的增大，力学性能一般是降低的。因此，必须考虑零件尺寸与机械手册中试样尺寸的差别，并进行适当修正。

（3）材料的化学成分、加工处理的工艺参数本身都有一定波动范围。一般机械手册中的数据，大多是波动范围的下限值。也就是说，在尺寸和处理条件相同时，机械手册的数据是偏安全的。

对于在复杂条件下工作的零件，必须采用特殊性能指标作为选材依据。例如，采用高温强度、低周疲劳性能、热疲劳性能、疲劳裂纹扩展速率和断裂韧性以及介质作用下的力学性能指标等作为选材依据。

9.1.2　工艺性能原则

选择材料时，在满足使用性能的同时，还必须兼顾材料的工艺性能。工艺性能的好坏直接影响零部件的质量、生产效率和成本。当工艺性能与使用性能相矛盾时，有时不得不放弃某些使用性能合格的材料，工艺性能实际上成为选择材料的主导因素。工艺性能对大批量生产的零部件尤为重要，因为在大批量生产时，工艺周期的长短和加工费用的高低常常是生产的关键。

1. 金属材料的工艺性能

金属材料的加工工艺复杂，要求的工艺性能比较多，如铸造性、可锻性、切削加工性、焊接性、热处理工艺性等。

常用金属材料的工艺性能的普遍规律是：铸造性最好的是共晶成分附近的合金，铸造铝合金和铜合金的铸造性优于铸铁，铸铁又优于铸钢。可锻性最好的是低碳钢，中碳钢次之，高碳钢则较差。变形铝合金和加工铜合金的可锻性较好，而铸铁、铸造铝合金不能进行冷穿压力加工。低碳钢焊接性最好，随着碳和合金元素含量增加，焊接性下降，铸铁则很难焊接，铝合金和铜合金的焊接性比碳钢差。

热处理工艺性包括淬透性、淬火变形开裂及氧化、脱碳倾向等。钢中碳的质量分数越高，其淬火变形和开裂倾向越大。选用渗碳钢时，要注意钢的过热敏感性；选用调质钢时，要注意钢的第二类回火脆性；选用弹簧钢时，要注意钢的氧化、脱碳倾向。

2. 高分子材料的工艺性能

高分子材料的加工工艺比较简单，切削加工性尚好，但导热性较差，在切削过程中不易散热，易使工件温度急剧升高，可能使热固性塑料变焦，热塑性塑料变软。高分子材料主要成型工艺的比较见表 9-2。

表 9-2　高分子材料主要成型工艺的比较

工　艺	适用材料	形　状	表面粗糙度	尺寸精度	模具费用	生产率
热压成型	范围较广	复杂形状	很低	好	高	中等
喷射成型	热塑性塑料	复杂形状	很低	非常好	很高	高
热挤成型	热塑性塑料	棒类	低	一般	低	高
真空成型	热塑性塑料	棒类	一般	一般	低	低

3. 陶瓷材料的工艺性能

陶瓷材料的加工工艺也比较简单。按零部件的形状、尺寸精度和性能要求的不同，可采用不同的成型加工方法（注浆成型法、可塑成型法、压制成型法）。

9.1.3　经济性原则

在机械设计和生产过程中，一般在满足使用性能和工艺性能的条件下，经济性也是选材时必须考虑的主要因素，选材时应注意以下几点：

1. 尽量降低材料成本及其加工成本

在满足零件对使用性能与工艺性能要求的前提下，能用铸铁不用钢，能用非合金钢不用合金钢，能用硅锰钢不用铬镍钢，能用型材不用锻件、加工件，且尽量用加工性能好的材料。能正火使用的零件就不必调质处理。

2. 使用非金属材料代替金属材料

非金属材料的资源丰富，性能也在不断提高，应用范围不断扩大，尤其是发展较快的聚合物具有很多优异的性能，在某些场合可代替金属材料，既可以改善使用性能，又可以降低制造成本和使用维护费用。

3. 零件的总成本

零件的总成本包括原材料价格、零件的加工制造费用、管理费用、试验研究费和维修费等。选材时不能一味追求原材料低价而忽视总成本的高低。

9.1.4 选材步骤

在具体工程实践中通常按照以下步骤进行选材。

（1）确定材料的性能要求。分析零件的工作条件及失效形式，确定零件的性能要求（使用性能和工艺性能）。一般主要考虑力学性能，特殊情况应考虑物理、化学性能。

（2）对同类零件的用材情况进行调查研究。对同类零件的用材情况进行调查研究，从使用性能、原材料供应和加工等方面分析选材是否合理，以此作为选材的参考。

（3）确定零件的力学性能指标。从确定的零件性能要求中找出最关键的性能要求，然后通过力学计算或试验等方法，确定零件应具有的力学性能指标或物理、化学性能指标。

（4）合理选择材料。所选材料除应满足零件的使用性能和工艺性能要求外，还应适应高效加工和组织现代化生产的要求。

（5）确定热处理方法或其他强化方法。

（6）审核所选材料的经济性。对材料的经济性审查包括材料费、加工费、使用寿命等。

（7）进行材料试验。关键零件投产前应对所选材料进行试验，以验证所选材料与热处理方法能否达到各项性能指标要求，冷热加工有无困难等。试验结果基本满意后，可小批投产。

对于不重要零件或某些单件、小批生产的非标准设备以及维修中所用的材料，若对材料选用和热处理都有成熟资料和经验时，可不进行试验和试制。

陶瓷材料是重要的工具材料和耐高温材料，有较好的绝缘性，在航空工业、国防工业中占有重要的地位，但陶瓷材料几乎没有塑性，脆性极大，不适合制作重要的受力构件。高分子材料由于强度和刚度较低、易老化，只能制造一些轻载齿轮、壳体、密封圈等零件，在工程上还不能制作承载较大的结构零件。复合材料虽然具有很好的性能，但价格昂贵，在一般工业中应用有限。金属材料具有优良的综合力学性能和某些物理、化学性能，且可以通过不同的工艺来调整其性能，所以金属材料尤其是钢铁材料，目前仍然是机械工业中最主要的结构材料。

任务 9.2 零部件的失效形式

9.2.1 零部件失效的概念及形式

零部件的失效是指零部件在使用过程中，由于设计、材料、工艺及装配等各种原因，丧失规定的功能，无法继续工作的现象。零部件失效的具体表现为以下三种：完全破坏不能使用；虽然能工作，但不能满意地起到预定的作用；损伤不严重，但继续工作不安全。

机械设备类型很多，其运行工况和环境条件差异很大，机械零件的失效形式也很多，一般机器零件常见的失效形式有变形、断裂、磨损和蚀损四种。

1. 变　形

机械零件或构件在外力作用下，产生形状或尺寸变化的现象称为变形。根据外力去除后变形能否恢复，机械零件或构件的变形可分为弹性变形和塑性变形。过量变形包括过量弹性变形、过量塑性变形和蠕变等。

过量弹性变形是由于构件刚度不足造成的。要预防过量弹性变形，应选用弹性模量高的材料制作构件或增加构件截面面积。

过量塑性变形是由于构件的强度不够（塑性变形抗力太小）造成的，是机械零件失效的重要形式。可以从改变工艺或更换材料及改进设计的角度来解决这一问题，还可通过降低工作应力来阻止这种变形。

蠕变是由于长期在高温和应力作用下，零件发生缓慢而连续的塑性变形而造成的。蠕变一般是不可避免的，通常是以金属在一定温度和应力下经过一定时间所引起的变形量来衡量的。

2. 断　裂

断裂是零件在机械、热、磁、腐蚀等单独作用或者联合作用下，其本身连续性遭到破坏，发生局部开裂或分裂成几部分的现象。断裂是金属材料最主要也是最严重的失效形式，特别是在没有明显塑性变形的情况下突然发生的脆性断裂，往往会造成灾难性事故。按断裂原因不同，断裂可分为韧性断裂、低温脆性断裂、疲劳断裂、蠕变断裂、环境破断失效五种。

韧性断裂是零件承受的载荷大于零件材料的屈服强度，断裂前零件有明显的塑性变形，尺寸发生明显的变化。一般断面缩小，且断口呈纤维状。零件的韧性断裂往往是由于受到很大的载荷或过载引起的。

低温脆性断裂是零件在低于其材料的脆性转变温度以下工作时，其韧性和塑性大大降低并发生脆性断裂而失效的现象。

疲劳断裂是零件在承受交变载荷时，尽管应力的峰值在抗拉强度甚至在屈服强度以下，但经过一定周期后仍会发生断裂的现象。疲劳断裂是脆性断裂，断裂前往往没有明显的预兆而突然断裂。

蠕变断裂是在高温下工作的零件，当蠕变变形量超过一定范围时，零件内部产生裂纹而很快断裂的现象。

环境破断失效是指在承受一定载荷的条件下，由于环境因素（如腐蚀介质）的影响，往往出现低应力下的延迟断裂，使零件失效的现象。环境破断失效包括应力腐蚀、氢脆、腐蚀和疲劳等。

3. 磨　损

磨损失效是指相互接触的一对金属部件相对运动时金属表面不断发生损耗或产生塑性变形，使金属表面状态和尺寸改变的现象。机械零件的磨损主要分为黏着磨损、磨粒磨损、疲劳磨损和微动磨损四种类型。

黏着磨损是由相对运动物体表面的微凸体在摩擦热的作用下发生焊合或黏着，当相对运动的物体继续运动时，两黏着表面发生分离，从而将部分表面物体撕去，造成表面严重损伤。为减少黏着磨损，必须使摩擦系数减小，最好要有自润滑能力或有利于保存润滑剂或改善润滑条件。近年来在不少设备上已采用尼龙、聚甲醛、聚碳酸酯、粉末冶金材料制造轴承、轴套等。

磨粒磨损是在相对运动的物体做相对摩擦时，由于有硬颗粒嵌入金属表面的切削作用而造成了沟槽，致使磨面材料逐渐损耗的一种磨损。磨粒磨损是机械中普遍存在的一种磨损形式，磨损速度较大。根据磨损的机理，为了解决磨损失效，降低磨粒磨损，要求材料的硬度提高。在一定范围内，硬度越高，材料越耐磨。

疲劳磨损是指相互接触的两个运动表面在工作过程中承受交变接触应力的作用并使表面层材料发生疲劳而脱落造成的失效。为减少或消除疲劳磨损，常采用提高零件表面硬度和强度的方法，如表面淬火、化学热处理，使零件表面硬化层有一定的深度；同时也可提高材料的纯度，限制夹杂物数量和提高润滑剂的黏度等。

微动磨损是两个接触表面由于受相对低振幅振荡运动而产生的磨损。它产生于相对静止的接合零件上，因而往往易被忽视。例如在键连接处、过盈配合连接处、螺栓连接处、铆钉连接接头等结合面上产生的磨损。提高材料硬度及选择适当材料配副都可以减小微动磨损。一般情况下，抗黏着性能好的材料配副对抗微动磨损较好，采用表面处理（如硫化或磷化处理以及镀上金属镀层）也是降低微动磨损的有效措施。

4. 蚀　损

蚀损即腐蚀损伤，机械零件的蚀损是指零件暴露于活性介质环境中并与环境介质间发生化学或电化学作用，从而造成零件表面材料的损耗，引起零件尺寸和性能变化而导致的失效。按金属与介质作用机理，机械零件的蚀损分为化学腐蚀和电化学腐蚀。

化学腐蚀是指金属跟接触到的干燥气体或非电解质溶液等直接发生化学应而引起的腐蚀。化学腐蚀的介质一般有两种形式：一种是气体腐蚀，指在干燥气体（如 O_2、SO_2、Cl_2）等介质中的腐蚀；另一种是非电解质溶液中的腐蚀，指在有机液体、汽油、润滑油等介质中的腐蚀，它们与金属接触时进行化学反应形成表面膜，在不断脱落又不断生成的过程中使零件腐蚀。

电化学腐蚀是金属与电解质物质接触时，发生原电池反应产生的腐蚀。大多数金属的腐蚀都属于电化学腐蚀，其过程比化学腐蚀强烈。金属零件常见的电化学腐蚀形式主要有大气腐蚀、土壤腐蚀、在电解质溶液中的腐蚀、在熔融盐中的腐蚀等。

选择材料时，要根据环境介质和使用条件，选择合适的耐腐蚀材料，如含有镍、铬、铝、硅、铁等元素的合金钢；在条件许可的情况下，尽量选用尼龙、塑料、陶瓷等材料。在金属表面上覆盖保护层、隔离金属与介质、添加缓蚀剂、改变环境条件等，都可有效减少或消除电化学腐蚀。

实际上零件的失效形式往往不是单一的，随着外界条件的变化，失效可以从一种形式转变为另一种形式。

9.2.2　零部件失效的原因

造成零部件失效的原因很多，主要有设计、选材、加工工艺、装配使用等因素。

1. 设计不合理

零部件设计不合理主要表现在零部件的尺寸和结构设计上。例如，过渡圆角太小、尖锐的切口、尖角等会造成较大的应力集中而导致失效。另外，对零部件的工作条件及过载情况估计不足，所设计的零部件承载能力不够，或对环境的恶劣程度估计不足，忽略或低估了温度、介质等因素的影响等，都会造成零部件过早失效。

2. 选材不当

选材不当主要表现在选材所依据的性能指标不能反映材料对实际失效形式的抗力，不能满足工作条件的要求。另外，材料的冶金质量太差，如存在夹杂物太多、过大，杂质元素太多、偏析等缺陷，而这些缺陷通常是零部件失效的源头。因此，对原材料进行严格检验是避免零件失效的重要措施。

3. 加工工艺不当

零部件在加工或成型过程中，采用的工艺不当将产生各种质量缺陷，如冷加工不良使粗糙度过大，产生较深的切削刀痕、磨削裂纹等；锻造不良造成过热、过烧组织等；零部件热处理时，冷却速度不够、表面脱碳、淬火变形和开裂等都是产生失效的重要原因。

4. 装配使用不当

在将零部件装配成机器或装置的过程中，由于装配不当、对中不好、过紧或过松都会使零部件产生附加应力或振动，使零部件不能正常工作，造成零部件的失效。使用维护不良，不按工艺规程操作，也可使零部件在不正常的条件下运转，造成零部件过早失效。

一个零件的失效可能是多种因素造成的，因而失效分析非常重要，通过失效分析，找出失效原因和预防措施，改进产品结构，提高产品质量，发现管理漏洞，提升管理水平，从而提高经济效益和社会效益。

任务 9.3 典型零件的选材及热处理

常用的机械零件按其形状特征和用途的不同可分为轴杆类零件、盘套类零件和箱体类零件三大类。选材的一般思路或方法是以不同种类的零件所要求的不同主要性能为出发点，来确定适用的材料种类及强化方法。在选材时，材料的主要性能数据一般可以从有关国家标准或设计手册中查到，但在具体应用这些数据时必须注意成型及改性工艺对材料性能的影响、材料性能数据的波动、实际零件性能与实验数据的差距、零件硬度值的合理确定、非金属材料与金属材料的性能差别等。

减速器主要零件选材

9.3.1 齿轮类零件的选材及热处理

齿轮是机械中最主要的传动零件，其作用是传递转矩、变换速度或方向，少数齿轮受力不大，仅起分度定位作用。如图 9-1 为普通车床主轴箱中的齿轮、图 9-2 为减速箱中的齿轮。齿轮的转速可以相差很大，直径可以从几毫米到几米，工作条件、环境也有很大差别。因此，齿轮的工作条件是较复杂的，但大多数重要齿轮仍具有以下共同特点。

图 9-1 普通车床主轴箱中的齿轮

图 9-2 减速箱中的齿轮

1. 齿轮的工作条件

（1）由于传递转矩，轮齿根部承受较大的弯曲应力。

（2）齿面在工作过程中相互滚动和滑动，表面受到强烈的摩擦和磨损。

（3）由于变速、启动或啮合不良，轮齿会受到冲击载荷作用。

2. 齿轮失效形式

根据齿轮的工作特点，其主要失效形式有疲劳断裂、齿面磨损、齿面接触疲劳破坏及过载断裂等。

3. 齿轮用材的性能要求

根据工作条件和失效形式，齿轮用材应满足以下性能要求：

（1）齿轮用材应具有高的弯曲疲劳强度。

（2）齿轮用材应具有高的接触疲劳强度和耐磨性。

（3）齿轮心部应具有足够的强度和韧性。

4. 齿轮的选材与热处理

齿轮的工作条件不同，所用的材料及热处理方法也有所不同。对于受力不大或无润滑条件下工作的齿轮，如水表等，可选用塑料（尼龙、聚碳酸酯等）制造；对于在低应力、低冲击载荷条件下工作的齿轮，可用 HT250、HT300、HT350、QT600-3、QT700-2 等材料制造；对于较为重要的齿轮，一般都用钢制造。

机床、汽车、航空齿轮的选材及热处理工艺见表 9-3。

表 9-3 机床、汽车、航空齿轮的选材及热处理工艺

齿轮工作条件	所用材料	热处理工艺	硬度要求
低载、要求耐磨的小尺寸机床齿轮	15 钢	900 ~ 950 °C 渗碳，780 ~ 900 °C 淬火	58 ~ 63 HRC
低速（<0.1 m/s）、低载的不重要变速箱齿轮和挂轮架齿轮	45 钢	800 ~ 840 °C 正火	156 ~ 217 HBW

续表

齿轮工作条件	所用材料	热处理工艺	硬度要求
低速（<1 m/s）、低载的机床齿轮（如溜板）	45 钢	820～840 °C 水淬，500～550 °C 回火	200～250 HBW
中速、中载或高载的机床齿轮（如车床变速器次要载荷齿轮）	45 钢	高频淬火，水冷 300～340 °C 回火	45～50 HRC
高速、中载、要求齿面硬度高的机床齿轮（如磨床砂轮齿轮）	45 钢	高频淬火，水冷，180～200 °C 回火	54～60 HRC
中速（2～4 m/s），中载、高速机床进给箱和变速箱齿轮	40Cr、42SiMn	调质，高频淬火，乳化液冷却，260～300 °C 回火	50～55 HRC
高速、高载、齿部要求高硬度的机床齿轮	40Cr、42SiMn	调质，高频淬火，乳化液冷却，260～300 °C 回火	54～60 HRC
高速、中载、受冲击的机床齿轮（如龙门铣床的电动机齿轮）	20Cr、20Mn2B	900～950 °C 渗碳，直接淬火，800～880 °C 油淬，180～200 °C 回火	58～63 HRC
高速、高载、受冲击的齿轮（如立式车床重要齿轮）	20CrMnTi、20SiMnVB	900～950 °C 渗碳，降温至 820～850 °C 直接淬火，180～200 °C 回火	58～63 HRC
汽车变速齿轮及圆锥齿轮	20CrMnTi、20CrMnMo	900～950 °C 渗碳，降温至 820～850 °C 直接淬火，180～200 °C 回火	58～64 HRC
航空发动机大尺寸、高载、高速齿轮	18Cr2Ni4WA、37Cr2Ni4A、40Cr2NiMoA	调质，氧化	>850 HV

5. 齿轮的选材与工艺路线实例

（1）机床齿轮的选材与工艺路线

运动平稳、转速中等、负荷不大、无强烈冲击、强度和韧性要求均不太高的机床齿轮，一般用中碳钢（如 45 钢）制造，采用高频感应淬火进行表面强化处理。以 C6140 普通车床的传动齿轮为例，其制造工艺路线为：下料→锻造→正火→粗加工→调质→精加工→高频感应淬火→低温回火→精磨。对于性能要求不高的齿轮，可以在锻造后先粗加工，再正火、精加工，省去调质处理；对于极少数高速、重载、高精度或承受一定冲击的齿轮，可采用 38CrMoAlA、35CrMo 等合金渗氮钢进行表面渗氮处理，或合金渗碳钢进行渗碳 + 淬火 + 低温回火处理。

如果该齿轮受力较大，则可选用中碳低合金钢，如 40Cr。

小模数齿轮由于齿高不大，在进行高频感应淬火时，常常使齿的整个截面热透，造成淬火后硬度增加、韧性下降，会发生断齿和崩齿，这时可选择低淬透性钢，如 55Tid、60Tid。

正火的目的是使组织均匀，消除锻造应力，调整硬度，便于切削；调质可以使齿轮具有良好的综合力学性能，提高齿轮心部的强度和韧度（硬度可达 220 HBW，冲击韧度可达 40 J/cm^2），使齿轮能承受较大的弯曲应力和冲击。

高频感应淬火的目的是赋予齿轮齿面以高硬度、高耐磨性，并使齿轮表面有压应力，从而增强其抗疲劳能力；低温回火是为了消除淬火应力，防止产生研磨裂纹和提高抗冲击能力。

（2）汽车齿轮的选材与工艺路线

汽车上使用齿轮的部位主要在变速箱、驱动桥差速器中，通过齿轮传动将动力传至半轴，带动主动轮转动，驱使汽车前进，通过改变齿轮速比与方向，控制汽车行驶速度和前进、后退。另外，在发动机凸轮轴中有齿轮，汽车起动电动机、汽车里程表等处也使用齿轮。

汽车变速齿轮受力较大，超载和受冲击频繁，其耐磨性、疲劳强度、心部强度及冲击韧度等性能要求均比一般机床齿轮要高，仅选用一般调质钢进行感应淬火难以保证要求，通常要选用渗碳钢来制作重要齿轮。同时，要根据汽车齿轮批量大的特点，选用先进、合理的工艺方法，追求成本的降低。

我国应用最多的是合金渗碳钢 20Cr、20CrMnTi、20MnVB、20CrMnMo 等，并经渗碳、淬火及低温回火处理。经渗碳处理后表面含碳量大大提高，保证淬火后得到高的硬度，提高耐磨性和接触疲劳抗力。在渗碳、淬火及低温回火后其齿面硬度可达 58～62 HRC，心部硬度为 30～45 HRC。由于合金元素能提高淬透性，淬火、回火后可使心部获得较高的强度和足够的冲击强度。为了进一步提高齿轮的耐用性，渗碳、淬火、回火后，还可进行喷丸处理，以增大表层压应力。

齿轮加工工艺路线一般为：下料→锻造→正火→切削→渗碳→淬火→低温回火→磨削→喷丸。

对于大模数、重载、高耐磨和韧性要求高的齿轮，可以选用 12Cr2Ni4A 或 18Cr2Ni4WA 等高淬透性渗碳钢。

对于飞机、坦克等使用的特别重要的齿轮，可选用高性能、高淬透性的渗碳钢（如 18Cr2Ni4WA）来制造。

表 9-4 列出了汽车、拖拉机齿轮常用钢种及热处理技术要求。

表 9-4　汽车、拖拉机齿轮常用钢种及热处理技术要求

序号	齿轮类型	常用钢种	热处理	
			工艺	技术要求
1	汽车变速箱和差速箱齿轮	20CrMnTi、20CrMo 等	渗碳	层深：m_0<3 mm 时，0.6～1.0 mm；3 mm<m_0<5 mm 时，0.9～1.3 mm；m_0>5 mm 时，1.1～1.5 mm。 齿面硬度：58～64 HRC。 心部硬度：m_0<5 mm 时，32～45 HRC；m_0>5 mm 时，29～45 HRC
		40Cr	碳氮共渗	层深：大于 0.2 mm。 齿面硬度：51～61 HRC
2	汽车驱动桥主动及从动圆柱齿轮	20CrMnTi、20CrMo	渗碳	渗碳深度按图样要求，硬度要求同序号 1 中的渗碳工艺
	汽车驱动桥主动及从动锥齿轮	20CrMoTi、20CrMnMo	渗碳	层深：m_0<5 mm 时，0.9～1.3 mm；5 mm<m_0<8 mm 时，1.0～1.4 mm；m_0>8 mm 时，1.2～1.6 mm。 齿面硬度：58～64 HRC。 心部硬度：m_0<8 mm 时，32～45 HRC；m_0>8 mm 时，29～45 HRC

续表

序号	齿轮类型	常用钢种	热处理	
			工艺	技术要求
3	汽车驱动桥差速器行星及半轴齿轮	20CrMnTi、20CrMo、20CrMnMo	渗碳	同序号 1 中的渗碳工艺
4	汽车发动机凸轮轴齿轮	HT180、HT200		170～229HBW
5	汽车曲轴正时齿轮	35、40、45、40Cr	正火 调质	149～179 HBW。 207～241 HBW
6	汽车起动电动机齿轮	15Cr、20Cr、20CrMo、15CrMnMo、20CrMnTi	渗碳	层深：0.7～1.1 mm。 齿面硬度：58～63 HRC。 心部硬度：33～43 HRC
7	汽车里程表齿轮	20	碳氮共渗	层深：0.2～0.35 mm
8	拖拉机传动齿轮、动力传动装置中的圆柱齿轮及轴齿轮	20Cr、20CrMo、20CrMnMo、20CrMnTi、30CrMnTi	渗碳	层深不小于模数的 0.18 倍，但不大于 2.1 mm，各种齿轮渗层深度的上、下限之差不大于 0.5 mm，硬度要求同序号 1、2
9	拖拉机曲轴正时齿轮、凸轮轴齿轮、喷油泵驱动齿轮	45	正火	156～217 HBW
			调质	217～255 HBW
		HT200		170～229 HBW
10	汽车、拖拉机油泵齿轮	40、45	调质	28～35 HRC

9.3.2 轴类零件的选材及热处理

轴是机械工业中最基础的零部件之一，主要用以支承传动零部件并传递运动和动力。轴类零件包括各类传动轴、机床主轴、丝杠、光杠、曲轴、偏心轴、凸轮轴、连杆等，要求具有较高的强度、疲劳极限、塑性和韧性以及良好的综合力学性能。如图 9-3 为机床丝杠，图 9-4 为汽车发动机的凸轮轴。

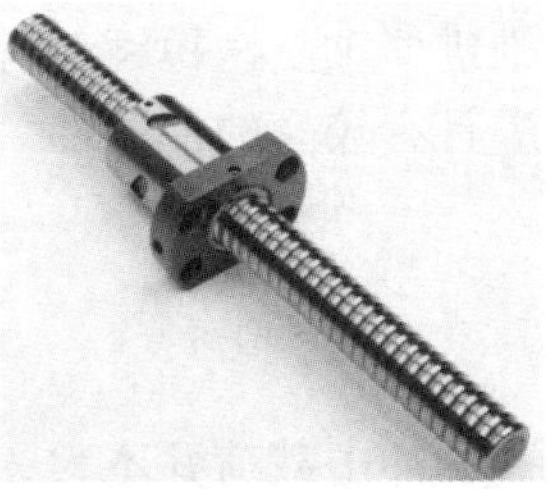

图 9-3　机床丝杠

图 9-4　汽车发动机的凸轮轴

1. 轴类零件的工作条件

轴类零件在工作时主要承受交变、弯曲和扭转应力的复合作用，有时也承受拉、压应力；轴与轴上的零件有相对运动，相互间存在摩擦和磨损；轴在高速运转过程中会产生振动，使轴承受冲击载荷。多数轴在工作过程中常常要承受一定的过载载荷。

2. 轴类零件的失效形式

轴类零件的主要失效形式有以下几种：

（1）断裂。断裂是轴的最主要失效形式，其中多数为疲劳断裂，少数为冲击过载断裂。

（2）磨损。轴的相对运动表面因摩擦而过度磨损。

（3）过量变形。在极少数情况下，轴会发生因强度不足的过量塑性变形失效和刚度不足的过量弹性变形失效。

3. 轴类零件的性能要求

（1）轴应具有优良的综合力学性能，即具有足够的强度、塑性和一定的韧性，以承受过载和冲击载荷，防止发生过量变形和断裂。

（2）当弯曲载荷很大、转速又很高时，轴要承受很高的疲劳应力。因此，要求轴具有高的疲劳强度，以防疲劳断裂。

（3）轴表面要具有高硬度和耐磨性，特别是与滑动轴承接触的轴颈部位，耐磨性要求高。轴转速越高，耐磨性要求也越高。

（4）在特殊条件下，轴还应具有较高的抗蠕变能力和耐蚀性。

4. 轴类零件的选材与热处理

作为轴的材料，用有机高分子材料，其弹性模量小，不合适；而用陶瓷材料，其太脆，韧性差，也不合适。因此，轴的材料几乎都是选用金属材料。

对轴进行选材时，必须将轴的受力情况做进一步分析。按受力情况可以将轴分为以下几类：

（1）刚度和耐磨性为主、轻载的轴。以刚度为主要性能要求、轻载的非重要轴，可以用碳钢或球墨铸铁来制造；对于轴颈有较高耐磨性要求的轴，则须选用中碳钢并进行表面淬火，将强度提高到 52 HRC 以上；对于要求高精度、高尺寸稳定性及高耐磨性的轴，如镗床主轴，则常选用 38CrMoAlA 钢，并进行调质及渗氮处理。

（2）主要受弯曲、扭转的轴。如变速箱传动轴、发动机曲轴、机床主轴等，这类轴在整个截面上所受的应力分布不均匀，表面应力较大，心部应力较小，不必选用淬透性很高的钢种，一般选用中碳钢，如 45 钢、45Cr、40MnB 等，既经济，韧性又高。

（3）同时承受弯曲（或扭转）及拉压载荷的轴。如船用推进器轴、锻锤锤杆等，这类轴在整个截面上的应力分布均匀，心部受力也较大，选用的钢种应具有较高的淬透性。

5. 轴类零件的选材与工艺路线实例

（1）机床主轴的选材与工艺路线

机床主轴在工作中承受交变弯曲应力与扭转应力，但承受的冲击载荷并不大，转速也不高且平稳。大端轴颈处因在使用中常会因轴颈磨损而导致精度丧失，造成失效；在锥孔与外圆锥面处，工作时易拉毛。这些部位应具有一定的耐磨性。因此，机床主轴可选用 45 钢，载荷较大者可选用 40Cr 等钢。

图 9-5 为 C6132 车床主轴，用 45 钢制造，其主要工艺路线安排如下：

下料→锻造→正火→粗加工→调质→精车→表面淬火、低温回火→磨削。

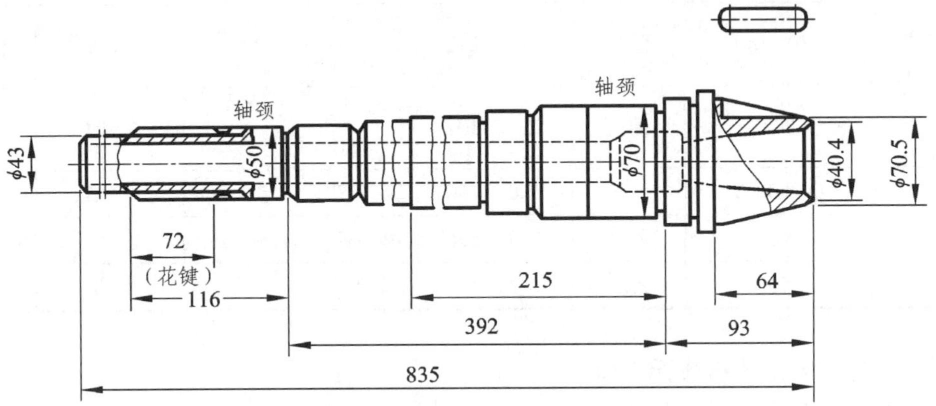

图 9-5　C6132 车床主轴

正火的目的是得到合适的硬度，便于机械加工，同时改善锻造组织，为最终热处理做好准备。调质是为了使主轴得到良好的综合力学性能和疲劳强度。将调质安排在粗加工后进行，可以更好地发挥调质的效果。

对轴颈内锥孔、外锥面进行表面淬火低温回火，是为了提高硬度、增加耐磨性，延长轴的使用寿命。

（2）曲轴的选材与工艺路线

曲轴（见图 9-6）在内燃机中工作时，将活塞连杆的往复运动变为旋转运动。曲轴是形状复杂而又重要的零件之一。气缸的气体压力通过活塞的作用，使曲轴承受很大的冲击应力和扭转应力，在复杂繁重的工作条件下，曲轴的失效形式主要是轴颈磨损和疲劳断裂。作为高速、大功率内燃机的曲轴，一般都用合金调质钢锻造成型；中、小型内燃机的曲轴常选用球墨铸铁或 45 钢。表 9-5 为各种发动机曲轴用材及热处理。

图 9-6　球墨铸铁曲轴

球墨铸铁件正火后有较高的强度及屈强比，以及高的扭转疲劳强度、较好的减振性、小的缺口敏感性。经过多次冲击抗力试验发现，在冲击应力不很高时，QT600-3 比 45 钢还好，应用球墨铸铁制造曲轴，不仅工艺性好，而且成本低廉。

表 9-5 各种发动机曲轴用材及热处理

用　途	材　料	预备热处理		最终热处理		
		工艺	硬度/HBW	工艺	层深/mm	硬度
轿车、轻型车、拖拉机	45	正火	170 ~ 228	感应淬火	2 ~ 4.5	55 ~ 63 HRC
	50 Mn	调质	217 ~ 277	碳氮共渗：570 °C，180 min 油冷	>0.5	500 H V
	QT600-3	正火	229 ~ 302	碳氮共渗：560 °C，180 min 油冷	≥0.1	650 HV
载货汽车及拖拉机	QT600-3	正火	220 ~ 260	感应淬火，自回火	2.9 ~ 3.5	46 ~ 58 HRC
	45	正火	163 ~ 196	感应淬火，自回火	3 ~ 4.5	55 ~ 63 HRC
	45	调质	207 ~ 241	感应淬火，自回火	≥3	≥55 HRC

球墨铸铁曲轴的工艺路线安排如下：

铸造成型→热处理（正火和高温回火）→机械加工→轴颈气体渗氮。

正火（950 °C）的目的是增加珠光体含量和细化珠光体，提高抗拉强度、硬度和耐磨性；高温回火的目的是消除正火（风冷、喷雾）所造成的内应力；气体渗氮是为了提高轴颈的表面硬度和耐磨性。

9.3.3 箱体类零件的选材及热处理

1. 箱体类零件的工作条件

箱体是机器或部件的基础零件，由它将机器或部件中的有关零件连接成一个整体，以保持正确的相互位置，彼此能协调运动。减速箱箱体的功用，是保证其他零部件占据合理的正确位置，使之有一个协调运动的基础零件，其质量的优劣将直接影响到轴和齿轮等零件互相位置的准确性及变速箱总成使用的灵活性和寿命。减速箱箱体是典型的箱体类零件，结构特点是形状复杂，薄壁（10 ~ 20 mm），需加工多个平面孔系和螺孔等，且刚度低，受力、热等因素影响易产生变形。减速箱箱体零件的工作条件比较恶劣，受载货量和行驶路面的影响，主要承受着振动和冲击力。

2. 箱体类零件的性能要求

箱体类零件主要要求具有较好的刚度和减振性以及良好的抗拉强度。

3. 箱体零件材料的选择

对于箱体零件材料的选择，具体要求如下：

（1）对受力较大，要求高的抗拉强度和高韧性（或在高温高压下工作）的选用铸钢。

（2）对受力不大，且受静压力、不受冲击的选用灰铸铁 HT150、HT200。

（3）相对运动件（存在摩擦、磨损）应选用抗拉强度较高的灰铸铁，如 HT250 或孕育铸铁、HT300、HT350。

（4）受力不大，要求轻且热导性好的小型箱体件，可选用铝合金铸造，如 ZAlSi5CulMg（ZL105）、ZAlCu5Mn（Z1201）。

（5）受力小，要求轻且耐热性好的零件，选用工程塑料、ABS 有机玻璃、尼龙。

（6）受力较大，形状简单或单件的，选用型钢焊接，如 Q235 或 45 钢。

4. 减速箱体选材及加工工艺路线

如图 9-7 所示为双级圆柱齿轮减速箱体，上有三对精度较高的轴承孔，形状复杂。该箱体要求有较好的刚度、减振性和密封性，轴承孔承受载荷较大，故该箱体材料选用 HT250，采用砂型铸造，铸造后应进行去应力退火。单件生产也可用焊接件。

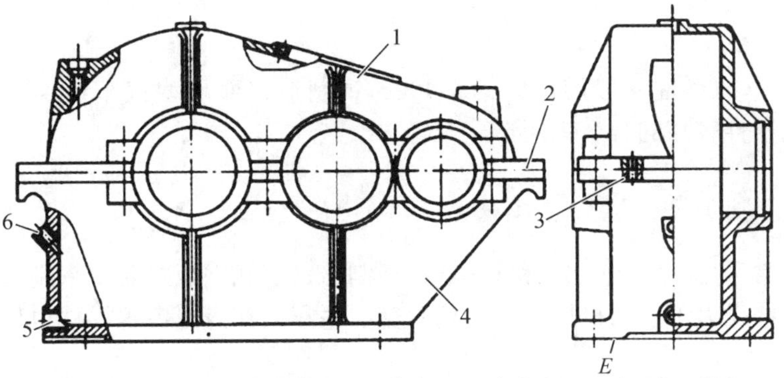

1—盖；2—对合面；3—定位销孔；4—底座；5—出油孔；6—油面指示器孔。

图 9-7 双级圆柱齿轮减速箱体

减速器箱体的工艺路线为：铸造毛坯→去应力退火→划线→切削加工。

其中去应力退火是为了消除铸造内应力，稳定尺寸，减少箱体在加工和使用过程中的变形。

任务 9.4 工程材料的应用案例

9.4.1 汽车零件用材

1. 缸体、缸盖用材

缸体常用的材料有灰口铸铁和铝合金两种。缸盖应采用导热性好、高温强度高、能承受反复热应力、铸造性能良好的材料来制造。目前使用的缸盖材料有两种：一种是灰口铸铁或合金铸铁，另一种是铝合金。

2. 缸套用材

常用缸套材料为耐磨合金铸铁，主要有高磷铸铁、硼铸铁、合金铸铁等。

3. 活塞、活塞销和活塞环用材

活塞材料一般用 20 钢或 20Cr、20CrMnTi 等低碳合金钢。活塞销外表面应进行渗碳或碳氮共渗处理，以满足外表面硬而耐磨、材料内部韧而耐冲击的要求。

4. 连杆用材

连杆材料一般采用 45 钢、40Cr 或者 40MnB 等调质钢。

5. 气门用材

气门材料应选用耐热、耐蚀、耐磨的材料。进气门一般可用 40Cr、35CrMo、38CrSi、42Mn2V 等合金钢制造；而排气门要求用高铬耐热钢制造，如 4Cr10Si2Mo。

6. 半轴用材

中、小型汽车的半轴一般用 45 钢、40Cr 钢制造，而重型汽车用 40MnB、40CrNi 或 40CrMnMo 等淬透性较高的合金钢制造。

7. 保险杠、刹车盘、纵梁等用材

这些部件通常采用 08、20、25 和 Q345 钢板制造，热轧钢板主要用来制造一些承受一定载荷的结构件。一些受力不大的机械外壳、驾驶室、轿车的车身等覆盖零件也用上述钢种的冷轧钢板来制造。

9.4.2 机器零件用材

1. 机身、底座用材

机身和底座常采用灰口铸铁制造，其牌号是 HT150、HT200 及孕育铸铁 HT250、HT300、HT350、HT400 等。机身、箱体等大型零部件在单件或小批量生产时，也可采用普通碳素钢来制造，如 Q215、Q235、Q255，其中 Q235 用得最多。

2. 齿轮用材

齿轮常采用 HT250、HT300 和 HT400 等灰口铸铁制造。灰口铸铁由于成本低、容易制造复杂形状的零件，因此常成为首选材料。在无润滑情况下，钢只能制作小齿轮，常用普通碳素钢 Q235、Q255 和 Q275 制造；强度要求高的齿轮多采用 40 钢、45 钢等经正火或调质处理的中碳优质钢制造；高速、重载或受强烈冲击的齿轮，宜采用 40Cr 等调质钢或 20Cr、20CrMnTi 等渗碳钢制造。

3. 轴类零件用材

轴类零件一般采用正火或调质处理的 45 钢等优质碳素钢来制造。不重要的或受力较小的轴及一般较长的传动轴，可以采用 Q235、Q255 或 Q275 等普通碳素钢制造；承受载荷较大，且要求直径小、质量轻或要求提高轴颈耐磨性的轴，可以采用 40Cr 等合金调质钢、20Cr 等合金渗碳钢制造。曲轴和主轴常采用 QT600-3、KTZ650-02 等球墨铸铁和可锻铸铁制造。

4. 螺纹连接件用材

螺纹连接件可由螺栓、多头螺栓、紧固螺钉等连接零件构成。无特殊要求的一般螺纹连接件，常用低碳或中碳的普通碳素钢 Q235、Q255、Q275 制造。用 35 钢、45 钢等优质碳素结构钢制造的螺栓常用于中等载荷以及精密的机床上。合金结构钢 40Cr、40CrV 等主要用于制作承受重载荷、高速、极重要的连接螺栓。

5. 螺旋传动用材

螺旋传动如丝杠螺旋传动，不进行热处理的螺旋传动件用 45 钢、50 钢制造，需进行热处理的螺旋传动件用 T10、65Mn、40Cr 等钢材制造。制造螺母的材料为铸造锡青铜，其中 ZCuSnl0Zn2、ZCuSn6Zn6Pb3 使用得最为广泛。在较小载荷及低速传动中的螺母用耐磨铸铁制造。

6. 蜗轮传动用材

制造蜗轮的材料有铸青铜、铸造铝青铜和铸铁。当滑动速度 $v \geqslant 3$ m/s 时，常采用铸造锡青铜 ZCuSnl0Pbl 或 ZCuSnZn26Pb3 等。为了节约贵重的铜合金，直径为 100 ~ 200 mm 的青铜蜗轮，应采用青铜轮缘与灰口铸铁轮芯分别加工，再组装成一体的结构。蜗轮材料一般为碳钢和合金钢，如用 15 钢、20 钢、15Cr 钢、20Cr 钢，表面渗碳淬硬到 56 ~ 62 HRC，或用 45 钢、40Cr 钢，调质后表面高频淬火到 45 ~ 50 HRC。

7. 滑动轴承用材

金属材料：包括轴承合金（巴氏合金、铜基轴承合金）和铸铁。

粉末冶金材料：可用于制造含油轴承。

塑料轴承：常用的塑料轴承有 ABS 塑料、尼龙、聚甲醛、聚四氟乙烯等。

8. 滚动轴承用材

滚动轴承的内、外圈和滚动体一般用 GCrl9、GCrl5、GCrl5SiMn 等高碳铬或铬锰轴承钢和 GSiMnV 等无铬轴承钢制造。

9. 机床其他零件

（1）凸轮用材：一般尺寸不大的平板凸轮可用 45 钢制造，并进行调质处理；要求高性能的凸轮可用 45 钢和 40Cr 制造，并进行表面淬火，硬度可达 50 ~ 60 HRC；尺寸较大的凸轮（直径大于 300 mm 或厚度大于 30 mm），一般采用 HT200、HT250 或 HT300 等灰口铸铁或耐磨铸铁制造。

（2）刀具用材：包括碳素工具钢、合金工具钢、高速钢和硬质合金。

9.4.3 仪器仪表用材

1. 壳体材料

（1）金属材料：低碳结构钢（如 Q195、Q215、Q235），再用油漆防锈和装饰；铬不锈钢、铬镍奥氏体不锈钢（如 lCrl3、lCrl8Ni9、lCrl8Ni9Ti）。

（2）非金属材料：如 ABS 塑料，易电镀和易成型，力学性能良好，是制造管道、储槽内衬、电机外壳、仪表壳、仪表盘等的优质材料。

2. 轴类零件用材

轴类零件用 Q235 等普通碳素钢、聚甲醛塑料等工程塑料制造。硬铝 LY12、LY11 和黄铜 HMn58-2 多用于制造重要且要求具有耐蚀性的轴销等零件。

3. 凸轮用材

仪器中多数凸轮所用材料为中碳钢或中碳合金钢。一般尺寸不大的平板凸轮可用 45 钢制造，并进行调质处理；要求高性能的凸轮可用 45 钢或 40Cr 钢制造，并进行表面淬火。

4. 齿轮用材

用普通碳素钢 Q275 制造齿轮，一般不需热处理。QAl10-4-4 青铜可用来制造在 400 °C 以下工作的齿轮、阀座，QAl11-6-6 青铜可用来制造在 500 °C 以下工作的齿轮、套管及其他减磨和耐蚀的零件。硅青铜 QSi3-1 有高的弹性、强度和耐磨性，耐蚀性良好，可用来制造耐蚀件及齿轮、制动杆等。

5. 蜗轮、蜗杆用材

QAl11-6-6 青铜可用来制造在 500 °C 以下工作的蜗轮、套管及其他减磨和耐蚀的零件；硅青铜 QSi3-1 有高的弹性、强度和耐磨性，耐蚀性良好，可用来制造蜗轮、蜗杆及耐蚀件等；聚碳酸酯等工程塑料可制造轻载蜗轮、蜗杆等零件。

9.4.4 模具零件用材

在现代汽车、拖拉机、电机及仪器仪表元器件等机械制造、冶金行业中，为了实现无切削或少切削生产，广泛使用模具。根据工作条件，常见的模锻、冷冲压、冷挤压、压铸、塑压等所用的模具可以归纳为冷作模具、热作模具和塑料模具等几类。

热处理是模具生产的关键。制订合理的加工工艺路线及热处理工艺，可减少模具生产中废品的产生，并且可有效提高模具的使用寿命。对于表面要求高硬度或耐蚀性的模具，还可采用适当的表面处理来提高其使用寿命，如渗氮、渗铬、渗硼等。

1. 冷作模具

在常温下对材料进行压力加工的模具称为冷作模具。常用的冷作模具有：冲裁模、拉深模、拉丝模、冷镦模、冷挤压模等。

冷作模具正常的失效形式是磨损。但如果模具的选材、热处理或结构设计不当，常会因变形、崩刃、开裂而出现早期失效。为了使冷作模具不易变形，耐磨损，不开裂，在高应力作用下保持尺寸精度不发生变化，冷作模具用钢应具有高强度、高硬度、高耐磨性和足够的韧性，并且要求冷、热加工工艺性要好，对热硬性要求不高。表 9-6 是常用冷作模具用钢的分类、牌号、特点及适用范围。

表 9-6　常用冷作模具用钢的分类、牌号、特点及适用范围

分类		牌号	特点	适用范围
化学成分	钢的性质			
碳素工具钢、低合金工具钢	低淬透性钢	T7A～T12A Cr2、9Cr2	加工性能好，在薄壳硬化状态有充分的韧性和疲劳抗力，但淬透性、耐回火性和耐磨性低	适用于制作轻载冲裁模、一般成型模和压印模等
低合金工具钢	抗冲击性钢	4CrW2Si、5CrW2Si、60Si2Mn、6CrW2Si、65Mn	低碳中合金，抗冲击疲劳性极好，耐磨性、抗压强度较差	适用于制作各种冲剪工具、精压模、冷镦模等
低合金工具钢	低变形性钢	9Mn2V、CrWMn、9Mn2、6CrNiSiMoV、7CrSiMnMoV、8Cr2MnSiMoV	淬透性较好，淬火操作简单，变形易于控制，但韧性、耐回火性及耐磨性仍不足	适用于制作中、小批量，形状复杂的模具
高合金工具钢	微变形高耐磨性钢	Cr12、Crl2MoV、Cr4W2MoV、Crl2MolVl（D2）、Cr5MolV	淬透性高，中等的耐回火性，耐磨性好，但变形抗力和冲击抗力较小	适用于制作成批大量生产的冷冲模，中等载荷的冷挤、冷镦模
高合金工具钢	高强韧性钢	6W6Mo5Cr4V、5Cr4W5Mo2V、65Cr4W3Mo2VNb（65Nb）、5Cr4Mo3SiMnVAl（0l2Al）	属于高碳高合金钢，兼有高强度和高综合性能	适用于制作各类重载冷冲模具
高速钢	高强度钢	Wl8Cr4V、W6Mo5Cr4V2	具有高的抗压强度、耐回火性和耐磨性，韧性较差	适用于制作重载、使用寿命长的拉深模、冷挤压模

2. 热作模具

热作模具是用于制造经加热的固态或液态金属在压力下热成型零件的模具。前者称为热锻模（包括热挤压模），后者称为压铸模。热作模具在高温（400～1000 °C）下工作，模膛和模具表面不仅经常摩擦，还要承受很大的冲击，同时还要在反复受热和冷却的条件下进行工作，要求其在工作温度下能保持足够的硬度和耐磨性，高的热硬性，较高的强度、韧性及抗热疲劳性能。因为这类模具尺寸往往较大，故模具还应具有好的导热性、耐回火性及淬透性，热处理变形小。其主要失效形式为磨损、龟裂、断裂。

5CrMnMo、5CrNiMo 是典型的热锻模材料，其中 5CrNiMo 主要用于大、中型热锻模。中碳是为了保证热锻模经淬火、中温或高温回火后具有足够的强度和韧性。

3Cr2W8V、4Cr5MoSiV 是典型的压铸模材料。低的含碳量可保证压铸模经淬火、高温回火后具有足够的强度和韧性。合金元素 Cr、W、V 的加入可提高钢的淬透性、热硬性、耐磨性、耐蚀性等性能。

3. 塑料模具

塑料制品在工业及日常生活中得到广泛应用。塑料常采用压制、挤出、注射、吹塑、浇注等方法成型。压制成型大多用于热固性塑料；注射成型适用于热塑性塑料或流动性较大的热固性塑料；挤出成型适用于热塑性塑料的管材、棒材及丝、网、薄膜的生产，还可用于电线、电缆的包覆等。

无论是热塑性塑料还是热固性塑料，其成型过程都是在加热加压条件下完成的，但一般加热温度不高（150 ~ 250 °C），成型压力也不大（大多为 40 ~ 200 MPa）。因此，塑料模具用钢的常规力学性能要求不高，但对塑料模具材料的加工工艺性能却要求高，如要求材料变形小，易切削，研磨抛光性能好，表面粗糙度低，花纹图案的刻蚀性、耐蚀性等均要求较高，而且要求有较好的焊接性和比较简单的热处理工艺等。随着塑料制品向精密复杂化、大型化和多型腔化的方向发展，对塑料模具用钢的性能要求越来越高。

以酚醛塑料为例，塑料模主要用于压制各种酚醛塑料（电木或胶木）粉，即将酚醛塑料粉加入压模中加热至 150 ~ 200 °C 而热压成型。酚醛塑料模在工作过程中不但受热、受力大，易磨损，易侵蚀，手工脱模时还受到冲击和碰撞，故模具的主要失效形式为长期受热、受压而产生的皱纹、凹陷、麻点、棱角堆塌等缺陷，使模具尺寸精度降低。

性能要求：较好的机加工成型性能及低的表面粗糙度，即易抛光性好，注重钢材材质纯净、组织致密；较高的硬度和耐磨性，表面硬度为 48 ~ 53 HRC，并有一定的热硬性；足够的强度和韧性，良好的耐蚀性，热处理变形微小。

酚醛塑料模常用钢种按化学成分分为渗碳钢（如 20、20Cr、12CrNi3A）、调质钢（如 45 钢、40Cr、4Cr5MoSiVl）、碳素工具钢（如 T7A、T10A）、硫系精密模具钢（如 8Cr2MnWMoVS、5NiSCa）等。酚醛塑料模常用钢种及应用范围如表 9-7 所示。

表 9-7　酚醛塑料模常用钢种及应用范围

钢　种	应用范围
20	冷挤压成型的小凹模、外套及其他导引用的辅助部件
T7A、T10A	小型轻载模（10 kg 以下），表面镀铬后可用于中型模具
CrWMn	中型复杂模具（10 ~ 20 kg），也可用于使用寿命较长的小模具
45	调质处理后用于简单件、小批量生产
40Cr	经渗氮处理后用于小型复杂模具或使用寿命不长的模具
GCrl5	用于尺寸精度要求不严的中、小型复杂模具
30Crl3	用于耐蚀性要求较高的模具

案例释疑

某汽车有限公司本次召回范围内的部分车辆在长期暴露于强效除冰盐等高腐蚀的环境时，固定转向机电机的螺栓可能被腐蚀并断裂，造成转向机电机发生移位、传动皮带打滑，从而导致转向助力减弱或丧失，可能增加车辆发生碰撞的风险，存在安全隐患。处理措施是更换新的转向机钢制螺栓，并在转向机电机壳体和电机固定螺栓上增加防腐蚀涂层；如发现固定螺栓损坏或者在拆卸过程中受到损坏，则免费更换转向机，以消除安全隐患。

技能提升

任务 9.5 实践技能训练

1. 任务内容

如图 9-8 所示为载货汽车变速箱齿轮，该齿轮在工作中受一定的冲击，负载较重，轮齿表面要求耐磨。其热处理技术条件是：轮齿表层碳的质量分数 $w_C = 0.80\% \sim 1.05\%$，齿面硬度为 58 ~ 63 HRC，齿心部硬度为 33 ~ 45 HRC，要求心部强度 $R_m \geqslant 1000$ MPa，冲击韧度 $a_k \geqslant 95$ J/cm²。试从如下提供的材料中选择制造该齿轮的合适钢种，并制定其加工工艺路线。

材料：45、40Cr、20CrMnTi、38CrMoAl、HT200。

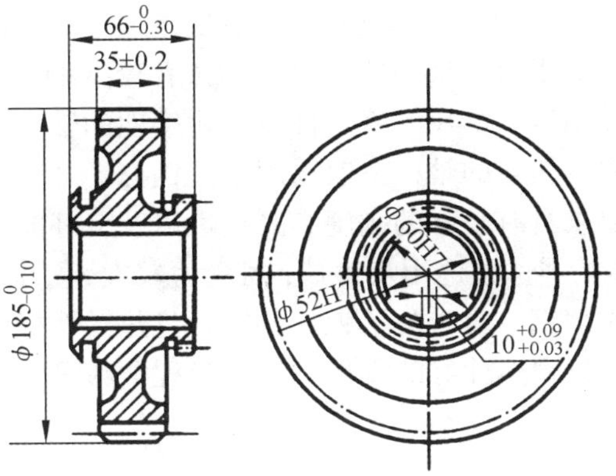

图 9-8 载货汽车变速箱齿轮

2. 任务准备

（1）根据任务内容对汽车变速箱齿轮的工作环境和工作原理进行深入了解，做好知识准备。

（2）掌握常用金属材料及相关性能指标。

（3）熟悉金属材料热处理工艺。

3. 训练目的

（1）通过本项目知识的学习，了解到材料的选择要有全局观，从成本、工艺性能、使用要求等各个方面进行分析判断，合理选材。

（2）根据所选材料确定正确的热处理工艺。

4. 训练过程

（1）读懂图纸，分析零件工作条件和技术要求。

（2）根据材料选择原则和相关要求确定零件的性能要求。
（3）根据零件的特征选择相应的金属材料。
（4）制定加工工艺路线，分析热处理目的。
（5）撰写实训报告。

项目小结

（1）选材的原则首先是要满足使用性能要求，然后再考虑工艺性和经济性。

（2）机械零件常见的失效形式有变形、断裂、磨损和蚀损四种。造成零部件失效的原因很多，主要有设计、选材、加工工艺、装配使用等因素。

（3）齿轮的工作条件不同，所用的材料及热处理方法也有所不同。重要用途的齿轮都采用锻钢制作，直径较大、形状复杂的齿轮毛坯采用铸钢制作；一些轻载、低速、不受冲击、精度要求不高的齿轮，用铸铁制造；在仪器、仪表工业中及某些接触腐蚀介质中工作的轻载荷齿轮，常用耐腐蚀、耐磨的有色金属材料来制造；对于受力不大或无润滑条件下工作的齿轮，可选用塑料制造。

（4）轴类零件选材时，应分析受力情况并确定热处理工序。以刚度为主要性能要求、轻载的非重要轴，可以用碳钢或球墨铸铁来制造；对于轴颈有较高耐磨性要求的轴，则须选用中碳钢并进行表面淬火，对于高精度、高尺寸稳定性及高耐磨性的轴，则常选用渗氮钢，并进行调质及渗氮处理。对于受弯曲、扭转的轴，一般选用中碳钢。

（5）箱体类零件主要要求具有较好的刚度和减振性以及良好的抗拉强度。对受力不大，且受静压力、不受冲击的箱体类零件常选用灰铸铁；对受力较大，要求高的抗拉强度和高韧性（或在高温高压下工作）的选用铸钢；对受力不大，要求轻且热导性好的小型箱体件，可选用铝合金铸造；对受力小，要求轻且耐热性好的零件，选用工程塑料等。

思考与练习

一、名词解释

失效、磨损失效、断裂失效、蚀损

二、判断题

1. 过量变形包括过量弹性变形、过量塑性变形和蠕变等。（　　）
2. 零件的失效形式是单一的，不能从一种形式转变为另一种形式。（　　）
3. 选择化工设备材料时，只要耐腐蚀材料就行，无须考虑环境介质和使用条件。（　　）
4. 熔盐加热炉中的盐炉电极和所处理的金属发生的腐蚀属于电化学腐蚀。（　　）
5. 在高温空气中，铁和铝生成完整的氧化膜的过程就是电化学腐蚀。（　　）
6. 热处理时，冷却速度不够、表面脱碳、淬火变形和开裂等可导致零件产生失效。（　　）
7. 毛坯有铸件、锻件、焊件、冲压件、型材、粉末冶金件、工程塑料件等。（　　）
8. 对于轧钢机、大型锻压机等重型机械的机身常，选用灰铸铁制造。（　　）

三、简答题

1. 常见的零件失效形式有哪几种?

2. 零件失效的原因是什么?

3. 选材的原则有哪些?

4. 分析下列要求能否达到，为什么?

(1)图样上用 45 钢制造直径为 20 mm 的轴类零件，表面硬度要求为 50 ~ 55 HRC，产品升级后，此轴类零件直径增加到 40 mm，为达到原表面硬度，改用 40Cr 钢制造。

(2)制造小直径的零件(如连杆螺栓)，原经调质处理时采用了中碳钢，现拟改用低碳合金钢经淬火后使用。

(3)原刀具形状简单，要求耐磨，选用 T12A 钢制造，硬度为 60 ~ 62 HRC，现改用 T8A 钢制造。

(4)汽车、拖拉机齿轮原选用 20CrMnTi 经渗碳淬火、低温回火后使用，现改用 40Cr 钢经调质、高频感应淬火后使用。

(5)要求低碳钢不经化学热处理，只经淬火，得到高硬度 58 ~ 60 HRC。

5. 指出下列工件应采用所给材料中的哪一种，并选定其热处理工艺方法。

工件：铰刀、汽车变速箱齿轮、受力不大的精密丝杠、冷冲裁模。

材料：20CrMo、Cr12MoV、T12、W18Cr4V。

项目 9 答案

参考文献

[1] 张文灼，赵宇辉. 机械工程材料与热处理[M]. 北京：机械工业出版社，2016.
[2] 王虹元，王海文. 工程材料及热处理[M]. 武汉：华中科技大学出版社，2017.
[3] 张铁军. 机械工程材料[M]. 北京：北京大学出版社，2011.
[4] 许桂云，袁秋，杨阳. 机械制造基础[M]. 成都：西南交通大学出版社，2021.
[5] 闻邦椿. 机械设计手册单行本机械工程材料[M]. 北京：机械工业出版社，2014.
[6] 马伯龙. 实用热处理技术及应用[M]. 北京：机械工业出版社，2015.
[7] 孙玉福，严亮. 新编有色金属材料手册[M]. 2 版. 北京：机械工业出版社，2016.
[8] 闻邦椿. 机械设计手册[M]. 6 版. 北京：机械工业出版社，2018.
[9] 曾正明. 实用有色金属材料手册[M]. 北京：机械工业出版社，2016.